美术设计

—

筑
梦
之
路
·
妙
手
丹
青

—

U0378522

网易互动娱乐事业群 | 编著
网易游戏学院 | 游戏研发入门系列丛书

清华大学出版社
北京

内 容 简 介

本书为"网易游戏学院·游戏研发入门系列丛书"中的系列之三"美术设计"单本。通过 8 篇（共 37 章）的篇幅，以游戏美术设计的八大美术岗位为纲，深入浅出地介绍了各大美术岗位的入门级专业知识，并结合具体实例详细介绍了各岗位的工作流程、实用工具、经验技巧等。全书以网易游戏内部新人培训大纲为框架体系，运用大量网易游戏实战图片和案例，将感性抽象的专业知识具体化，内容充实，结构完整，是游戏美术职场新手的启明灯，是游戏美术爱好者初窥门径的窗口。对于初学者及非游戏专业的读者，可以快速浏览，领略游戏美术设计的魅力；对于专业从业者，则可以结合自己的实践，灵活地汲取其中的关键技术和经验，内化出一套属于自己的方法论。

图书在版编目（CIP）数据

美术设计：筑梦之路·妙手丹青 / 网易互动娱乐事业群编著 . —北京：清华大学出版社，2020.12 （2021.11重印）
（网易游戏学院·游戏研发入门系列丛书）
ISBN 978-7-302-56816-2

Ⅰ.①美… Ⅱ.①网… Ⅲ.①游戏程序－程序设计 Ⅳ.①TP317.6

中国版本图书馆 CIP 数据核字（2020）第 220026 号

责任编辑：贾　斌
装帧设计：易修钦　庞　健　殷　琳　唐　荣
责任校对：胡伟民
责任印制：沈　露

出版发行：清华大学出版社
　　　网　　　址：http://www.tup.com.cn，http://www.wqbook.com
　　　地　　　址：北京清华大学学研大厦 A 座　　　　　邮　　编：100084
　　　社 总 机：010-62770175　　　　　　　　　　　邮　　购：010-83470235
　　　投稿与读者服务：010-62776969，c-service@tup.tsinghua.edu.cn
　　　质量反馈：010-62772015，zhiliang@tup.tsinghua.edu.cn
　　　课件下载：http://www.tup.com.cn，010-83470236
印 装 者：小森印刷（北京）有限公司
经　　销：全国新华书店
开　　本：210mm×285mm　　印　张：28.5　　　　字　　数：950 千字
印　　数：3001~4000
版　　次：2020 年 12 月第 1 版　　　　　　　　　印　　次：2021 年 11 月第 2 次印刷
定　　价：198.00 元

产品编号：085407-01

本书编委会

主　　任：文富俊

副 主 任：易修钦

秘 书 长：贾　勇　胡月红

副秘书长：江敏莹　王晨汐　柳元博　陈晓莉　陈绮清

委　　员：（按姓氏拼音顺序）

柴美惠　戴浩军　丁郭昊　董文鑫　范羽　葛丹峰　何　为　黄　振　黄馥霖
黄家力　黄孝宏　黄云飞　姜　峰　姜　鹏　Leonid　刘　荀　罗　俊　麻亚光
庞　健　邱　坤　裘　敏　宋琳琳　孙德元　汪　鑫　王　重　王秀国　王周鹏
韦　康　韦炳林　吴振丹　肖传亮　徐　博　徐卓亮　杨若男　杨双实　叶永溪
张　亮　张积强　张俊伟　张宇腾　周　婷　周家科

INTRODUCTION
OF SERIES

丛书简介

"网易游戏学院·游戏研发入门系列丛书"是由网易游戏学院发起，网易游戏内部各领域专家联合执笔撰写的一套游戏研发入门教材。本套教材包含七册，涉及游戏设计、游戏开发、美术设计、美术画册、质量保障、用户体验、项目管理等内容。本套书以网易游戏内部新人培训大纲为框架体系，以网易游戏十多年的项目研发经验为基础，系统地整理出游戏研发各领域的入门知识，旨在帮助新入门的游戏研发热爱者快速上手，全面获取游戏研发各环节的基础知识，在专业领域提高效率，在协作领域建立共识。

丛书全七册一览

01	02	03	04	05	06	07
游戏设计	游戏开发	美术设计	质量保障	用户体验	项目管理	美术画册
筑梦之路·万物肇始	筑梦之路·造物工程	筑梦之路·妙手丹青	筑梦之路·臻于至善	筑梦之路·上善若水	筑梦之路·推演妙算	筑梦之路·游生绘梦

PREFACE
丛书序言

网易游戏的校招新人培训项目"新人培训－小号飞升，梦想起航"第一次是在 2008 年启动，刚毕业的大学生首先需要经历为期 3 个月的新人培训期：网易游戏所有高层和顶级专家首先进行专业技术培训和分享，新人再按照职业组成一个小型的 mini 开发团队，用 8 周左右时间做出一款具备可玩性的 mini 游戏，专家评审之后经过双选正式加入游戏研发工作室进行实际游戏产品研发。这一培训项目经过多年成功运营和持续迭代，为网易培养出六千多位优秀的游戏研发人才，帮助网易游戏打造出一个个游戏精品。"新人培训－小号飞升，梦想起航"这一项目更是被人才发展协会（Association for Talent Development，ATD）评选为 2020 年 ATD 最佳实践（ATD Excellence in Practice Awards）。

究竟是什么样的培训内容能够让新人快速学习并了解游戏研发的专业知识，并能够马上应用到具体的游戏研发中呢？网易游戏学院启动了一个项目，把新人培训的整套知识体系总结成书，以帮助新人更好地学习成长，也是游戏行业知识交流的一种探索。目前市面上游戏研发的相关书籍数量种类非常少，而且大多缺乏连贯性、系统性的思考，实乃整个行业之缺憾。网易游戏作为中国游戏行业的先驱者，一直秉承游戏热爱者之初心，对内坚持对每一位网易人进行培训，育之用之；对外，也愿意担起行业责任，更愿意下挖至行业核心，将有关游戏开发的精华知识通过一个个精巧的文字共享出来，传播出去。我们通过不断的积累沉淀，以十年磨一剑的精神砥砺前行，最终由内部各领域专家联合执笔，共同呈现出"网易游戏学院·游戏研发入门系列丛书"。

本系列丛书共有七册，涉及游戏设计、游戏开发、美术设计、质量保障、用户体验、项目管理等六大领域，另有一本网易游戏精美图集。丛书内容以新人培训大纲为框架，以网易游戏十多年项目研发经验为基础，系统化整理出游戏研发各领域的入门知识体系，希望帮助新入门的游戏研发热爱者快速上手，并全面获取游戏研发各环节的基础知识。与丛书配套面世的，还有我们在网易游戏学院 App 上陆续推出的系列视频课程，帮助大家进一步沉淀知识，加深收获。我们也希望能借此激发每位从业者及每位游戏热爱者，唤起各位精益求精的进取精神，从而大展宏图，实现自己的职业愿景，并达成独一无二的个人成就。

游戏，除了天然的娱乐价值外，还有很多附加的外部价值。譬如我们可以通过为游戏增添文化性、教育性及社交性，来满足玩家的潜在需求。在现实生活中，好的游戏能将世界范围内，多元文化背景下的人们联系在一起，领步玩家进入其所构筑的虚拟世界，扎根在同一个相互理解、相互包容的文化语境中。在这里，我们不分肤色，不分地域，我们沟通交流，我们结伴而行，我们变成了同一个社会体系下生活着的人。更美妙的是，我们还将在这里产生碰撞，还将在这里书写故事，我们愿举起火把，点燃文化传播的引信，让游戏世界外的人们也得以窥见烟花之绚烂，情感之涌动，文化之多元。终有一日，我们这些探路者，或说是学习者，不仅可以让海外的优秀文化走进来，也有能力让我们自己的文化走出去，甚至有能力让世界各国的玩家都领略到中华文化的魅力。我们相信这一天终会到来。到那时，我们便不再摆渡于广阔的海平面，将以"热爱"为桨，辅以知识，乘风破浪！

放眼望去，在当今的中国社会，在科技高速发展的今天，游戏早已成为一大热门行业，相信将来涉及电子游戏这个行业的人只多不少。在我们洋洋洒洒数百页的文字中，实际凝结了大量网易游戏研发者的实践经验，通过书本这种载体，将它们以清晰的结构展现出来，跃然纸上，非常适合游戏热爱者去深度阅读、潜心学习。我们愿以此道，使各位有所感悟，有所启发。此后，无论是投身于研发的专业人士，还是由行业衍生出的投资者、管理者等，这套游戏开发丛书都将是开启各位职业生涯的一把钥匙，带领各位有志之士走入上下求索的世界，大步前行。

文富俊

网易游戏学院院长、项目管理总裁

TABLE
OF
PREFACE

序

读大学的时候还是懵懂少年，也算是初入美术设计圈子，四年下来深感美术设计对于个人知识技能的要求无穷无尽。毕业后进入专业领域也算是站住脚跟，却发现自己欠缺的反而更多。到后来当了老师，专业负责人，尽力规划课程，上课教学，虽倾囊传授，但依然发现知识浩瀚无边，新东西层出不穷，学生们就是不吃饭不睡觉也不可能把所有东西都学过一遍。毫不夸张地说，ACG 的美术设计领域几乎涵盖了美院的所有专业，从雕塑造型到建筑服饰，到民俗文化，再到自然地理无不涉及，既有观念，又有艺术还有技术，是一个知识结构高度复合且多元的领域。如果你想了解整个世界，就来做游戏美术设计师吧，如果你想创造整个世界，美术设计这个行业一定适合你。当然，就像上面说的那样，想要成为"造物主"绝非易事，"大神"的养成也绝不是一朝一夕可以实现的。

那么，如何成为"神"？

当然是站在"大神"们的肩膀上，尤其是借鉴他们长期在行业中摸爬滚打出的专业经验，学习如何在多元而复杂的流程工序中化繁为简，扬长避短地去快速达到设计目的。任何在行业中有过项目经验的设计师都会告诉你，设计的目的是为了解决问题，真正做过设计，懂设计的人会告诉你，为了实现目标，既要"不择手段"也要"取之有道"，思维与方法相比一笔一画的实际技能要重要得多。

对于一个理想是成为"造物主"的游戏美术设计师而言，如何清晰地去认知行业的需求，同样也是让一个人能够在浩瀚海洋中迅速找到自己方向的"捷径"。要想成为佼佼者，首先必须明确自己适合怎样的岗位，需要定位好自己的专业领域，才能在这场旷日持久的"大战"中明确自己的"职责"，掌握适合的"武器"。在不断地学习中矫正自己的"开始"比盲目地出发，漫无目的地尝试要高效得多。

道路千万条，但一定要少走弯路。

游戏行业是一个更新换代极其迅猛的产业，能够在不断的大浪淘沙中保持与时俱进、不被淘汰甚至成为中流砥柱绝对是一个巨大的挑战。能够接触到行业前沿技术，了解最新观念是每个学习者最为看重的。也正因为这一点，广州美术学院与网易游戏开展了超过 5 年的联合课程，合力让具有潜力的学生能够尽早地了解熟悉行业的真正需求，体验规范严谨的工作流程，培养职责分明分工协作的团队意识，打造精益求精不断创新的职业精神。在这几年里，大批学生顺利毕业进入行业，逐渐在行业中站住脚跟并崭露头角，这充分体现了知识共享与经验传承的价值所在。

所以这本书也许不能解答你所有的疑问，也不一定可以满足你全部的技巧学习需求，但一定能给你提供一个全面了解行业流程的窗口，同时也可以让你领略成熟设计师巧妙的项目应对思维和技巧，而这些，恰恰才是最值得我们去领略的。

—— 钟鼎

广州美术学院副教授／娱乐与衍生设计工作室主任

PREFACE

前言

在游戏中，美术就是虚拟世界中的创世主，游戏美术师们完善和丰富了游戏在审美、视觉、交互等领域的体验。艺术家们结合现实生活中的体验、游戏中的感受和艺术创作中的规律为游戏世界中的每一个生命创造了鲜活的形象，创造出虚拟世界的一草一木，一沙一尘。美术画面的冲击力远比文字来得直观，美术效果的品质很可能决定玩家对产品的好恶，如何通过美术以感官视觉传递善恶、好坏，对游戏是否成功有着决定性的作用。

随着软硬件技术的持续革新、行业竞争的加剧、用户需求的不断变化，用户对画面审美的要求越来越高。通过数字技术开发完成的游戏美术，成为一种新的重要的艺术表现形式和一种特定的文化符号，并逐渐被更多人接受。游戏美术开发经过多年的发展，已经拆分出原画设计、角色制作、场景制作、特效、动画，音频、视频、技术美术等多个细分岗位。本书深入浅出地介绍了游戏研发流程的八大美术岗位，并结合具体实例详细介绍了各岗位的工作流程和实用工具。

其中第一篇围绕场景原画岗位展开，在这里你可以看到场景原画设计师如何把自己天马行空的想象力装进游戏项目的盒子里，了解场景原画的设计步骤和辅助工具的运用，以及场景原画设计师如何巧妙地实现不同游戏视角下的游戏场景。

第二篇基于"风格化"的核心设计理念介绍了角色原画岗位。角色是玩家在游戏世界内自身的投射，角色设计也是所有游戏美术创作的开端。一个角色原画设计师需要不断提升自己在结构、造型、色彩、细节刻画、沟通表达等各方面的能力。书中通过大量的实例插图，带你领略各类美术风格对于游戏理念表达的直接影响，一窥角色设计全流程。

第三篇从技术实现的角度介绍了场景制作。作为一个承上启下的环节，场景制作需要将上游原画设计的资源按照要求制作成美术资源。3渲2、3D现世代、3D次世代等各种制作方式的流程工具方法，画风、构图、光影、韵律空间、色彩关系在场景制作中如何体现，以及未来场景技术的发展趋势在这里都有提及。

同场景制作一样，角色制作也是一个承上启下的环节，场景效果和角色效果相依托才能确保整个游戏画面的和谐统一。第四篇围绕角色制作展开，对角色制作的方式、流程和基于Neox/Messiah引擎的模型输出进行了详细介绍。

第五篇分别从2D动画制作和3D动画制作两个角度介绍了动作设计岗位。解答了动画制作流程中需要使用的工具，制作步骤，以及如何运用于游戏等一系列问题。好的动画对流畅动人的游戏体验至关重要。

特效是游戏开发中后期出现的美术表现形式，对于提升游戏的视觉冲击效果不可或缺。第六篇以游戏特效师和影视特效师的区别开篇，介绍了特效设计岗位。从风格出发，强调了节奏、创意设计、颜色和贴图等元素在特效整体效果呈现中的不同作用。不同类型的特效制作方式所采用的制作流程和工具也不尽相同。

第七篇围绕技术美术（TA）展开。TA是联通技术和美术的重要桥梁，他们既要对各类渲染实现的技术原理有了解，又要对美术开发技术流程、实现的美术效果有把控，力求在游戏运行效率和美术效果之间达到平衡。

经过前面一系列流程，最终呈现在玩家面前的就是游戏的美术表现——游戏视觉设计（GUI）是游戏和用户链接的桥梁。书籍最后一篇围绕GUI，介绍如何确定设计原则和方向，具体的设计流程，以及在具体实施中需要遵循的各种规范。

本书所有内容均由网易资深美术从业者们编写，书中运用大量的图片和实例，将感性抽象的专业知识具体化，是游戏美术职场新手的启明灯，是游戏美术爱好者初窥门径的窗口。感谢各位专家在繁忙的工作中抽出时间对本书内容进行编写和校对，如果没有他们的全心投入，本书将很难顺利完成。感谢广州美术学院副教授钟鼎为本书作序。感谢业务专家易修钦的大力支持。感谢网易游戏学院－知识管理部的同事们在内容整理和校对上注入了极大的精力。感谢清华大学出版社的贾斌老师，柴文强老师以及其他幕后的编审人员为本书进行的细致的查漏补缺工作，保证了本书的质量。

欢迎广大美术爱好者和游戏热爱者们共同学习交流探讨，祝各位开卷有益。

网易互娱·美术设计书籍编委会

TABLE
OF
CONTENTS

目录

01
场景原画
ENVIRONMENT
CONCEPT ART

02 角色原画
CHARACTER CONCEPT ART

03 场景制作
ENVIRONMENT PRODUCTION

04

角色制作

CHARACTER
PRODUCTION

05

动画设计
ANIMATION DESIGN

06

特效设计
VISUAL EFFECT (VFX)

07 技术美术
TECHNICAL ART

08 GUI设计
GUI DESIGN

ENVIRONMENT CONCEPT ART

01

场景原画

01 场景原画概述
Environment Concept Art Overview

1.1 岗位概述

游戏场景原画设计师的主要职责是，在项目要求的框架内设计出游戏中的环境、道具、机械等物体，其中包括场景概念设计、布局设计、拆分图、组件设计。

场景原画设计师需要掌握的一些基本知识：

（1）了解中西建筑史，知晓足够量的建筑类别；

（2）对地理地貌有大概的认识，并且能够从中找到适合项目的素材；

（3）需要精通各类常用透视，包括一点透视，两点透视，三点透视，鱼眼透视，2.5D 透视等；

（4）需要具备的软件基础，包括但不限于 Photoshop、Painter 等二维软件来设计 2D 范围内的设计图，3ds Max、Maya、Cinema4D 等三维软件来辅助设计或者主导设计，同时可以涉猎 Octane、Vray、Arnold 等渲染器来调节氛围材质的设计。

随着时代的发展，承载游戏的媒体也越来越多，越来越强大，从最早的雅达利黑白机，到现在的 PS4，XBOX 等家用机；随着每一个游戏承载的内容越来越庞大，所有场景原画设计师需要接触很多其他专业的知识，包括人文、地理、科幻、机械等，并且要仔细观察生活，随时随地积累经验来丰富自己的设计源泉，让自己有天马行空的能力。

因为设计是用来满足需求的创作，所以场景原画师同样是一个受限于框架内的职业。每个游戏项目都有自己的行事方法，规则步骤，而场景原画师就是用来制定项目有关场景的规则步骤，找到最适合项目的开发方式，从而将自己天马行空的想象力装进这个盒子。

1.2　需求分析和沟通

1.2.1　对策划的充分理解

在设计前期，需要对策划提供的文档有充分的理解，这需要我们仔细阅读，然后和需求提出方去讨论，从而理解他们心中真正想要的东西是什么。

1.2.2　自我创作

这点是非常重要的，也是一个负责任的原画师必备的特质。如图 1-1 新人在拿到需求后会根据甲方的需求一板一眼地设计，这样在大部分时间确实能够完成需求，但往往让设计平淡无奇。设计人员需要有足够的创造能力，所以我们要做的就是在充分理解甲方的需求后，在需求的基础上进行自我创作，甚至当遇到不符合自己审美预期的需求时也要敢于沟通和推翻。

图 1-1　策划需求

谈到设计需求沟通，有两种最为常用的方式：

（1）基于美术视觉方面的设计沟通；

（2）基于需求所包含的想法 / 点子 /idea 的沟通。

基于美术视觉方面的设计我们后续会提到，也就是所谓的构成技巧等，人们希望看到的是一个美的东西。

这里由于紧跟策划案需求分析，我们重点说基于需求的想法如何来阐述：

在收集图素或者网络上的创作图时，大家不难发现很多概念设计都比较上乘，有很优秀的创意。这些创意很大的特点就是"让你一眼就能识别出设计的是什么东西"，在场景设计中也需要把功能性特征化强调到极致。

所以在设计时，我们要首先考虑需求的功能性，在满足功能性的基础上再做造型设计，见图1-2，这样往往更能说明产品。

图1-2 在策划案的基础上再设计的结果

1.3 场景概念图

概念设计是从分析用户需求到生成概念产品的一系列有序的、可组织的、有目标的设计活动，它表现为一个由粗到精、由模糊到清晰、由抽象到具体的不断进化的过程。

由于它拥有由粗到精、由模糊到清晰、由抽象到具体的特点，在接收需求时，往往头脑里会出现一个最原始的想法，所以概念在前期往往需要大量的碰撞，可以参考第一点所说的"需求分析和沟通"。在碰撞的过程中，产品更加希望看到一些实质的图像，这时候的图像就是概念图。

设计场景的概念图在流程上起着至关重要的作用：当一个场景处于文档时期，大家都不知道视觉效果最终是什么样子，甚至在连参考都没有符合要求的情况下，概念图便起到了沟通的作用。这里的概念图往往不需要很细致的绘制和很美丽的效果,只需要能够说明你想要设计的是什么即可。然后拿着这个图告诉其他人:"我会设计成差不多这个样子,大家觉得怎么样"。基于此策划会去分析这个环境氛围符不符合游戏需要,TA(技术美术)会分析有没有什么技术难题,程序会去分析这个场景符不符合数据要求等。

在游戏设计中,我们所提倡的概念图是:耗时短,方案多。可以理解为,是为了符合需求而去做的一系列方案用来优化筛选。这种图不需要细化,足以表达意思即可。

确认方向后,再对氛围图进行上色细化,细化的要点在于一定要在游戏的框架特点里去细化,比如说视角,显示范围等,力求接近真实的游戏效果。

大部分人认为概念的诞生很艰难,觉得是一个不轻松的工作。其实可以有很多种减少难度的方法。这里有如下4个小技巧:

(1)首先就是实用性,这个之前在"需求分析和沟通"中有提到过,放大功能性。

(2)代换法,例如:古代今,拿一个建筑来说,用古代的建筑形式代换现代的材料布局,这个方式可用于很多新中式建筑设计中;今代古,用现代建筑的形式代替古代的建筑结构,这种方式用于很多幻想式设计中。

(3)能源替换,例如:正常世界依靠电力驱动,设计时可以将电力转化成别的能量,然后随着这个能量的变化,各种以电力驱动的装置都会产生变化。这个手段多用于多文明世界观中。最著名的例子就是《最终幻想》的水晶神话系列,这些作品中,驱动力都来自于永恒的水晶。

(4)减少设计量,只设计需要的设计,这点很重要。多数的概念设计新手往往会陷入"设计陷阱"中,往往会从一块石头一草一木开始设计,从而让整个设计看起来虚浮,可信度低,不扎实。这里所说的只设计需要的设计,就可以完美解决这个问题。我们的设计需要基于现实基于生活,在日常生活中,我们生活在什么样的世界,讨论着什么,都是很好的素材,而这些素材是不需要被设计的,只用把这些素材按照需求搭配起来,就可以获得很好的效果。

1.4　规划图

它是关卡设计最重要的部分,用于规划游戏所需场景范围内的路线和组件布局等。规划图相当于一个图纸,决定了游戏地图施工的方向。

规划图根据游戏类型的不同需要分不同的设计方式,不管什么方式都需要很清楚地展现——屏幕下游戏的效果和整体关卡的设计走向。

场景原画的各个环节都是相互依赖的,每个环节都有上下推敲的延伸空间,规划图自然不会例外。在规划的过程中,因为视角的不同,要时刻注意整个规划图对氛围图的还原,而且对摄像机的角度要很敏感,这样在规划一个物体的占地大小时就不会出现比例问题,或者干脆失去了氛围图的感觉。图1-3、图1-4《武魂2》中可以很明确地看到布局图完美地还原了氛围图的效果。

图1-3 网易游戏《武魂2》七煞门派场景1

图1-4 网易游戏《武魂2》七煞门派场景2

对于向下的拆分环节，布局图至关重要，下面会有详细讲解。绘制布局图的原画师要对场景编辑有很深的理解。哪些组件可以复用，哪些可以衔接，都要解释得很详细。对于组件的复用（可以多次利用的组件），每个游戏的要求各不相同，这牵扯到设计师的技巧、开发成本以及平台限制。技巧丰富的设计师会更多利用复用的资源去尽可能地设计出不同的场景；开发成本的高低也决定了组件的多少；平台限制对设计师来说也是一个挑战，比如在手机平台上，设计师需要慎之又慎地考虑资源的规划问题。

1.5 细化

如图 1-5 和图 1-6，细化氛围图以及规划图，让它变得更加细致，细致到可以看清楚组件的形态颜色等信息，为后续的细节设计做铺垫，同时细化场景的氛围，为后续场景编辑做指引。

这个环节更加注重设计师对氛围的把控，主要工作是解决场景的光影效果。

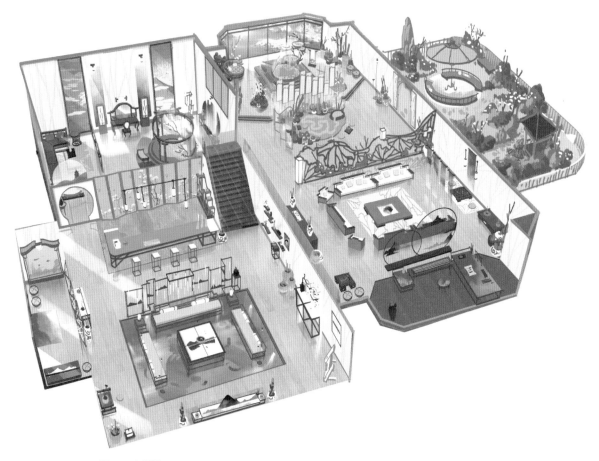

图 1-5　布局图

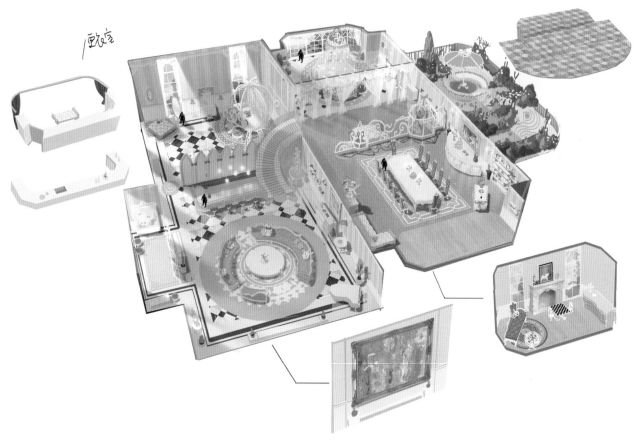

图 1-6 布局细化效果

1.6 组件拆分

这又是一个非常重要的步骤，这个步骤涉及的知识内容有很多。

1.6.1 说明

公司有外包机制，拆分后的组件大部分是发包制作，如图 1-7，所以在拆分的过程中需要做很充分的说明，包括对物件的形态，材质，以及用途都要有很详细的解释。

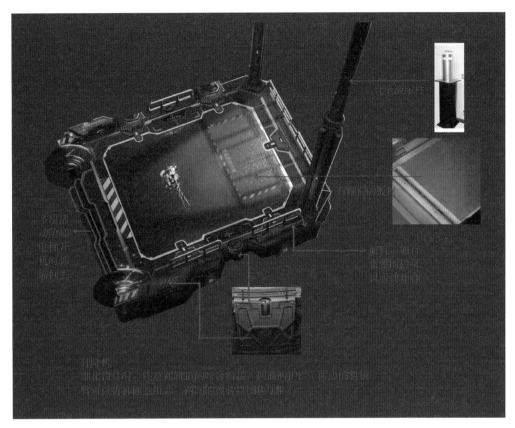

图 1-7　场景拆分图

1.6.2　衔接

1.6.2　衔接

组件的衔接很重要，尤其是复用组件，科学的衔接可以让组件像搭积木一样相互拼组。同时要做到组件少且看起来不重复，这要求场景设计师对场景编辑有深入的了解，最好自身就是一名出色的编辑师。

1.6.3　预算

每个游戏的预算不同，所以做一个场景的成本也不同，而拆分组件这个步骤直接影响场景的成本，组件拆得越多所需要做的就越多（规划图也会对此产生影响，所以设计时要前后整体考虑）。所以要尽量去拆复用多的组件，降低成本，根据实际情况尽量少地设计个性化组件。

不同的项目对于拆分的要求也是不同的，所以根据项目累积经验，去做拆分，这会影响到有序的场景编辑。

图 1-8 和图 1-9 为《永远的 7 日之都》中双层工厂的设计，由于是手游，投入没有端游那么巨大，而且手机承载能力有限，所以在设计的时候多采用回廊的形式，既可以减少组件，又可以用回廊拼接出多个形式的平台关卡。

图1-8　《永远的7日之都》拆分

图1-9　双层工厂地图设计

再次强调，平台限制对设计师来说是一个很大的挑战，比如在手机平台上，设计师对资源规划的问题要慎之又慎！不同的平台对各个指数的要求是不同的，拿面数来说，手机平台上10万面以内算是可以流畅运行的，这就意味着不可有过多的圆形或者树等耗面模型。

1.7　组件细化设计

细化设计场景组件，要求在游戏视角下进行，达到能够进行三维或二维制作的标准。

如图 1-10，细化过程中，要对布局图所拆出来的组件做更加细致的设计。细化图直接牵涉制作环节，所以需要尽可能地解答制作可能会遇到的困惑。

场景原画永远都是要处于一个说明的状态。不单要解释清楚外部效果，同样要解释清楚内部效果。

细化完成本体后，还需要在设计上附上材质说明，这点必不可少，尤其是在有自己创作材质的情况下，以便辅佐制作素材。

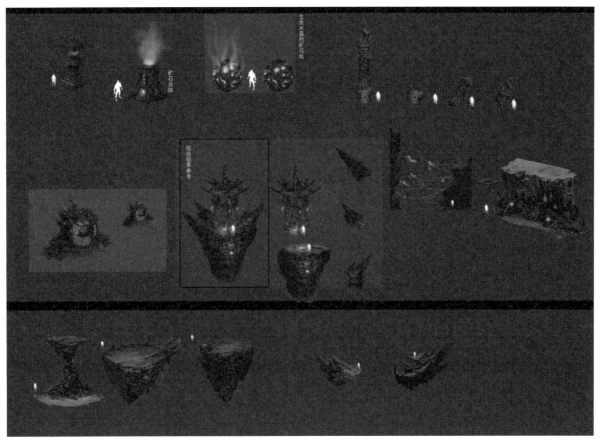

图 1-10　《武魂 2》组件细化

做到以上要求后并不算完全完成了细化的要求，还需要在素材 3D 化制作的时候跟踪反馈，避免制作过程中对组件的效果还原有所偏差！这点尤为重要，如图 1-11。

对于组件细化的要求，各个游戏项目的规则也大不相同，可能会受到开发时间的影响，也可能会受到人员配置参差不齐的影响。例如有时候一个团队原画人员经验不足但是制作经验丰富，可以再细化得足以看出各个大型组件的基础上多赋予材质说明。开发项目的过程中坎坷颇多，但是都能找到合适的应对方法，一个优秀的场景设计师可针对游戏的特点去制定最适合自己的规则来保质保量地完成工作。

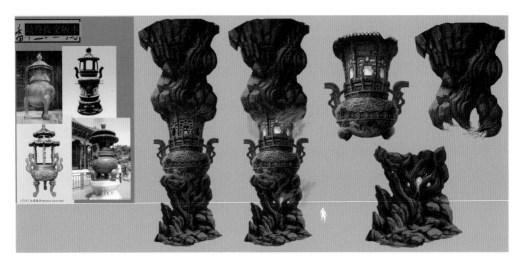

图 1-11 《武魂 2》组件细化效果

1.8 输出设计图

输出设计图，主要是要求排版。每个项目都需要有自己的一套统一提交模板，这个模板对于审核、展示都有比较重要的作用，同时也是对自己的作品负责的一种表现。

提交模板一般有两种作用：一种是表现效果，体现项目的文化内涵；另外一种就是用于审核，这里重点说一下审核的重要性。

有些游戏的原画可以完全模仿游戏实际效果，比如 COC，星际争霸等锁定视角的游戏。这类游戏需要制作审核模板，方便对单个物件和整体游戏所有物件做对比。下面举例说明：

图 1-12 为手游《权力与纷争》的游戏效果，从图中可以看到此游戏属于 SLG 经营建造游戏，所以会有巨量的建筑需要设计。在设计过程中，如果每个建筑单独分开设计，就会遇到建筑结构重复、比例错误、风格差别过大的问题。所以这个时候审核模板就应运而生。

图 1-12　《权力与纷争》建筑（1）

图 1-13 为此项目的审核模板，这个模板贯穿了从建筑设计到提交的所有步骤，待审核的内容必须放在提交模板中，这样就从设计上杜绝了风格不一、比例有误等致命问题，可以保证设计出来的所有建筑都是成套的。

图 1-13　《权力与纷争》建筑（2）

1.9 跟踪实现

这点很容易被新手忽略，但是却是极其重要的一点，万不可忽视，一个负责的原画会对自己的作品跟踪到底，直到实现成为游戏效果。

在场景编辑过程中，会出现跟设计有出入，或者最终实现效果不理想，还须提升的情况。这个时候需要场景原画再次介入，调整场景的氛围以及编辑效果，再次返回到场景编辑直到实现最终的效果。

编辑的效果如图 1-14。

图 1-14 场景编辑

由于图 1-14 中场景编辑的效果和原画差距太大，后期原画重新在编辑效果上做调整。同样的模型，只是修改了贴图的明暗灰和细微的小设计，就可以提升游戏画面效果，见图 1-15~图 1-17。

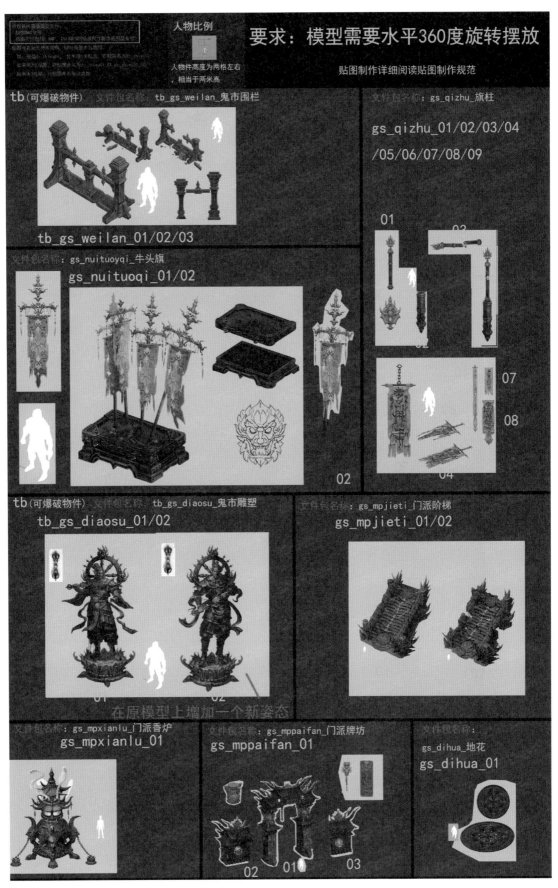

图 1-15　《武魂 2》带有模板的设计图（1）

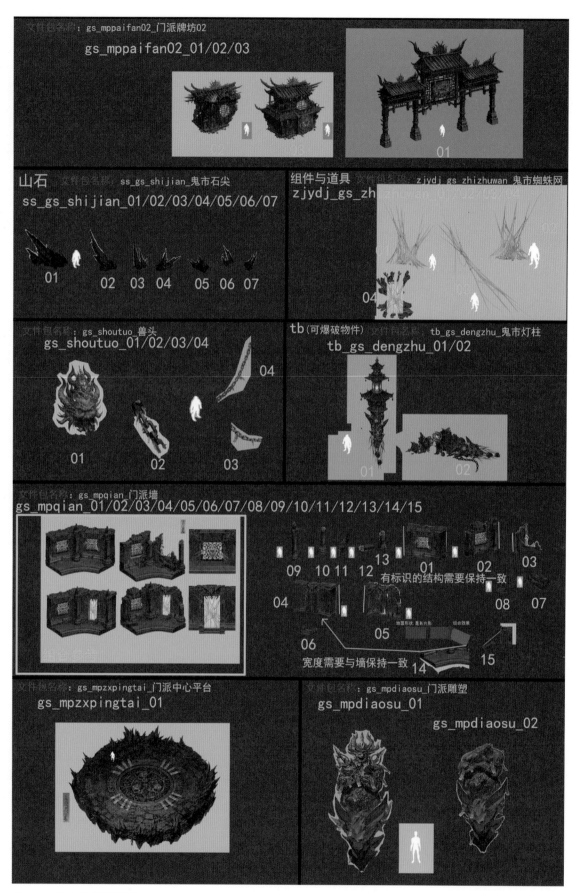

图1-16 《武魂2》带有模板的设计图（2）

图 1-17　场景编辑优化

02 场景原画进阶讲解
Advanced Concept Art

2.1 游戏视角分类及特点

2.1.1 第一人称视角

顾名思义第一人称视角就是以玩家的主观视角来进行游玩，玩家们不再玩像别的游戏一样操纵屏幕中的虚拟人物来进行游戏，而是身临其境地体验游戏带来的视觉冲击，这就大大增强了游戏的主动性和真实感。这类游戏往往更加具有代入感，所以它需要增加精细的视觉效果来支撑游戏的代入感。这就是为什么超强力3A画面效果往往是FPS游戏，这类游戏关卡设计需要考虑全方位的布局效果，而不只是单纯考虑俯视和仰视。视觉视线往往在屏幕中上位置，类似于真人的视平线，这决定了游戏细节放在哪个位置，下面以《明日之后》《突击英雄》为例：

/ 地表范围

图2-1区域1的地表范围基本处于干净统一的色块范围内，而且色块是与立面四周区分开的，相对较为明显。

/ 角色高度范围

图2-1区域2这个范围会出现大量规则的物体结构，此区域的色块中会有色彩变化，是表现较为丰富的地方，但是此区域也会做到高度统一，目的是用来衬托敌方玩家。FPS游戏的另外一个特点，就是在玩家视线尽头都会出现一个相对特殊的物件，此物件会有形的特殊和色的特殊，如图2-1区域3。

图2-1 网易游戏《明日之后》

抬头显示部分：图 2-2 区域 4，此区域在 FPS 游戏设计中，屏幕占比基本上与地表面积占比相当。重要程度会相对高于其他视角的游戏，这取决于游戏视觉中心偏中上的特点，该区域经常设计过头结构效果来增加压迫感和纵深感。

图 2-2　网易游戏《突击英雄》

2.1.2　第三人称视角

这类游戏中可以看到游戏者，你好像一个旁观者或者操控者，而不是类似第一人称游戏中那样的"本人"。主角在游戏屏幕上是可见的，所以第三人称射击游戏更加强调动作感。这也是为什么像《怪物猎人》《鬼泣》等这种强调动作和打击感的游戏都是第三人称视角。这类游戏的场景在设计过程中，视平线往往在正常视平线以下 3/4 的位置（全视角第三人称游戏，例如《巫师系列》《魔兽世界》等），这决定了设计的重心应该放在什么位置上。此处以针对荣耀战魂为例再细节分析：

第三人称视角游戏，屏幕占比为：地表面积 > 两侧高度 > 抬头面积。我们不需要着重设计，甚至不需要设计图 2-2 区域范围 4 的效果。第三人称视角游戏场景可以被划分为近景、中景和远景。

/ 近景

根据游戏全视角的设计，视觉重点在近景的地标，建筑的中下部。

所以设计密度需要集中在这部分进行，其中，地表主要以材质为主，避免堆放过多结构，甚至禁止堆放，从而通过材质的表现来达到细节程度。由于是全视角，地表和视角经常会呈现光的反射角度，增加法线的效果扫光感会很强烈，所以地表也是法线的重点表现区域。建筑中下部分主要以大结构为主，辅助细结构，如图 2-3。

图 2-3　网易游戏《逆水寒》设计密度与造型的分布归纳

如图 2-4，避免出现过于尖锐的造型，层级关系上应该是：

A 为简单型，层级关系最低，B 为中等型，层级关系中等，C 为复杂性，着重表现类型。场景层次关系只需选择 A、B、C 留给角色。

图 2-4　层级说明

/ 中景

由于全视角关系，角色所能走到的地方都可以算作近景，中景只能定义为离角色四周高度 1.5~2.5 人的高度范围（往上高度 2.5 人，往下高度 1.5 人）。如图 2-5，这部分不需要过多的设计，不可以有过多的结构和细节，用重复性资源拼凑即可，节省资源。

图 2-5　网易游戏《逆水寒》中景建筑结构

/ 远景

远景一般以整体建筑的造型为外剪影。如图 2-6，过高的地方只需要看清楚色块和轮廓即可，这部分设计主要以规则几何体为主，形状分布在 A 和 B 之间。比近处普通装饰突出，但是近景重点设计造型简单。

图 2-6　网易游戏《逆水寒》物品层级关系堆放效果

2.1.3　2.5D 游戏

2.5D 游戏通常是指类似《梦幻西游》《大话西游》这种 45°俯视的二维游戏，这类游戏的透视是假的。一般透视为三点透视、鱼眼透视等，这种游戏只有两点透视，在纵轴的透视是没有的。这类游戏在设计中需要严格在游戏视角下设计地图，能够做到原画设计成什么样子地图就能做成什么样子，可以很好地在原画阶段就把控游戏效果。

2.1.4　45°3D 游戏

这类游戏类似于 2.5D 游戏，不同点在于它有真实的三维透视效果，比如《暗黑破坏神 3》DOTA2 等。这类游戏的地图设计和 2.5D 游戏有所不同，不能很直观地在原画上去控制可见程度，所以需要通过三维软件辅助，多高的组件可以被看到或者不被看到都需要在预研的时候严格控制。

2.2 设计限制

2.2.1 可见性

即设计的场景在游戏中能看到的区域，对各种游戏视角而言，能够看到的就设计，不能看到的就不设计，减少工作量。可参考游戏视角来做对比。

2.2.2 还原可能性

即能够实现为游戏画面的效果，这个对于手游来说非常重要。往往一个游戏开发中，由于多方面的限制，比如机能、技术、甚至是程序人员的强弱，都时时刻刻制约着设计师的设计。例如镜面在手游中的运用就非常消耗，这时就要尽可能地避免用水面或者玻璃等（只是举例，当然也有作假的解决方案）；透明贴图会非常消耗，所以要尽量避免做透明材质或者体积雾效等。根据各种游戏的独特性去制定最适合此项目的前期设计规范是非常重要的。

2.3 跟踪实现

2.3.1 透视

绘画基础，需要再次强调场景原画的核心是对空间进行设计，而构成空间的核心就是透视，所以一个标准的透视是场景原画的基准。透视主要分为：一点透视、两点透视、三点透视、鱼眼透视。而游戏设计主要用到两点透视，三点透视，以及前面所讲的特殊的 2.5D 透视。

两点透视多用于设计较小的组件上，这个透视可以清楚地展示 45°侧视的效果，如图 2-7，对于一个堆成物体来说，用了这个透视就不用再去画水平面上的视图了。

图 2-7   《武魂 2》两点透视的原画稿

三点透视多用于三维游戏的氛围图，效果图能够很真实地展现三维游戏一屏的效果，如图 2-8。

图 2-8   《神都夜行录》三点透视的效果图

/ 2.5D 透视很特殊

可以说是设计图专用透视，通常可以用来绘制关卡图、布局图以及整体的组件对比图等尺寸跨度较大的地图，减少绘画难度的同时也避免了透视死角带来的表现问题，如图 2-9。

图2-9　某项目两点透视的组件对比图

透视线绘制简单教程：

2.5D 透视线

如图 2-10，这种线很好制作，正方形网格旋转 45°，然后压缩 1/2 高度即可得到。

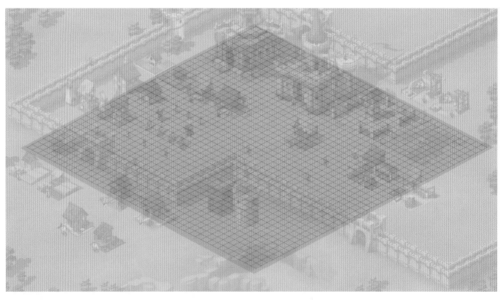

图2-10　2.5D 透视线

/ 三点透视

多边形工具，调整边数到 99，如图 2-11，星形勾选即可得到一点透视的密线形状，复制并且平移一个星形，然后在红框交叉处可得到想要的任何二点透视，然后再根据自己的画面视觉中心，做出纵向即可得到三点透视，见图 2-12。

图 2-11　三点透视（1）

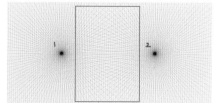

图 2-12　三点透视（2）

2.3.2　三大构成浅谈以及在场景原画中的运用

平面构成、色彩构成、立体构成三大构成是复杂且基本的理论问题，我们这里不详谈细节，主要探讨一下每种构成在游戏设计中的运用。

/ 平面构成

平面构成是设计时运用最多，也是设计前期的核心要素。

1. 特点和应用（游戏设计）

在抽象形态设计前，以一种高度强调理性活动的、自觉的、有意识的再创造过程，也就是从复杂到简单去找到设计方向，用最简单的图形概括出构图、设计节奏、外剪影等基础效果；自然形态，即具象形态，从简单到复杂。在设计后期，运用自己创造的概括图形，来还原自然形态，从抽象到复杂，通过自己所需要的抽象程度逐步完成设计。以下举例浅谈游戏设计中常用的几点技巧。

2. 对称与平衡

对称种类有轴对称、中心对称、旋转对称、移动对称、扩大对称。对称是对象对折的方法，以最简单的方式来达到视觉平衡且具有视觉冲击力。平衡的特点是在视觉上更加活泼，有适度比例让呈现出的效果更加适宜。两者的关系是平衡不一定对称，但对称一定平衡。应用到游戏设计上，我们大多时间是在寻找平衡，这样可以在达到视觉平衡的情况下表现出更加活泼的设计理念，一般用于游戏场景设计中独特组件的设计上。对称在游戏设计中也有一些小的优势，通常用于花纹和物件设计，可以减少贴图数量和制作难度。

3. 比例

比例是非常重要的设计工具。比例种类分为：黄金比例、等差数列、等比数列。其中场景设计运用最多的是黄金分割比例——最美的分割比 1：1.618。对象的数量关系形成符合人们生理或习惯的某种特定标准之间的大小关系，也即视觉上形成合适性。不合适的比例即不符合习惯和视觉适应度。

4. 节奏感

节奏感反映同类元素的组合、类似元素的组合、不同元素的组合。节奏感使整个画面更加和谐，统一节奏与韵律。在游戏设计中大多运用在组件造型设计上，节奏感决定了组件造型的张力等视觉效果，其种类包括等距离的连续、渐变、大小、长短、明暗、形状、高低等的排列构成，这里以线条长短举例（图 2-13）。

图 2-13 建筑剪影

图 2-13 建筑的外剪影，密集分布了各种短线，而且出乎意料的平均一致，导致整体造型呆板毫无节奏感可言，张力极差。

图 2-14 经过修改的建筑长线、短线、中长线、短线、长线的交错使用，让节奏有变化有起伏，达到造型外剪影凹凸有致的效果，体现了节奏的重要性。

图 2-14 建筑剪影

平面构成最基本的三大元素：点、线、面。

● 点

等点构成、差点构成、网点构成。在设计中，点可以不是一个几何意义上的点（几何意义上点是某个位置，没有形状没有面积），在设计中"点"可以是一个集中焦点、一个重要内容、一个特殊形状等。

● 线

从造型的含义来讲，线只能以一定的宽度表现出来。线来源于点，线的粗细也是由点的大小来决定的。线是最具有指引性的基本元素，在构图中不可或缺，线对重点的辅助指引以及对视觉适应性的调整极为重要。在造型上，线具有强烈的感情性格，一般来说，直线表示静，曲线表示动，曲折线有不安定的感觉；直线代表刚，代表力量，曲线代表女性，代表柔，优雅圆滑。

线的构成方式主要有以下几种：①面化的线；②粗细变化的线；③疏密变化的线；④不规则的线。

● 面

面在几何学中的含义是线移动的轨迹。①直线平行移动可形成方形的面；②直线旋转移动可形成圆形的面；③斜线平行移动可形成菱形的面；④直线一端移动可形成扇形的面。面的种类有很多，直线形、几何曲线形、自由曲线形和偶然形。面比线和点更加能够表现空间性，所以在构图时可以通过这些面的种类堆砌出想要的空间效果。

比如直线型更具有指向性，如图 2-15 和图 2-16。

图 2-15 《阴阳师》（1）

图 2-16　《阴阳师》（2）

综上所述的平面构成，以点线面三位一体，运用平衡对称、比例分割等技巧，搭配自己的设计思路，即可创作出前期的黑白概念设计稿。

/ 色彩构成

色彩构成，即将两个以上的色彩，根据不同的目的性，按照一定的原则，重新组合搭配，在互相作用下构成新的和美的色彩关系。色彩构成，是在色彩科学体系的基础上，将复杂的视觉表现还原成最基本的要素。色彩的三要素为色相、明度、纯度。色相——色彩的相貌；明度——色彩的骨架，明度是辨别色彩明暗的程度；纯度——"彩度"指色彩的饱和度或纯净程度。

通常对于新手来说，黑白易得，色稿难求。这是因为在上色过程中，对于美的色彩构成形式没有比较明确的认识，上色时没有很理性的分析，导致感性过强而让画面杂乱无章。对于美的色彩构成形式需要掌握：均衡、强调（画龙点睛的作用）、节奏、呼应、层次、点缀、衬托、渐变这些层次关系。均衡、呼应这两点讲究一张图或者一屏幕游戏画面的色相的跨度，跨度越大，视觉效果越均衡，且色彩关系越相互呼应。强调是指最想表现的物体颜色的色相、明度、纯度应该处于最尖端位置。节奏感主要针对色相和明度，同时转换成黑白平面构成后的点线面效果不可乱掉。层次主要是拉开空间关系，大气透视的主要方法，同时关乎到渐变效果。点缀、衬托这两点需要和强调区分开，很多杂乱无

章的色稿主要是对于点缀衬托的比例掌握不当，导致画面色彩过多过花。

以上是色彩构成的理论方面，具体运用到游戏场景中色彩搭配，容易出现误区的主要是色彩层级，色阶等，我们可以具体举例分析：

/ 明度层级

角色和场景以及辅助物之间的明度层级需要区分开，这样才不会乱作一团。图 2-17 主角和地表的明度对比，而现实中场景的素材千变万化，如果不区别明度层级，情况可能会更糟。

图 2-17　明度不区别，来自《倩女幽魂》

在层级关系上，地表和两边装饰场景统一在灰度范围内，最重效果留给角色，场景不可过曝和过暗。

饱和度层级：场景需要大量处于灰色色调，然后统一点缀一个色系，给角色留有足够的展示空间。

/ 角色和场景的色彩明度比照分析

以某个国战游戏为例，每个角色都有代表自己国家的主色，这个主色为最鲜亮的颜色，此外再有两个辅色。游戏风格属于写实游戏，根据竞品分析，主色和辅色的比例关系如下（图 2-18）：

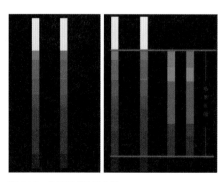

图 2-18　色彩明度比照分析

场景的明度配比和角色是同样的，而且最亮颜色和最暗颜色是不可以超过主角的，根据对竞品的分析，它的明度关系应该在主角的以上红框范围。

/ 物件的饱和度

通过对荣耀战魂组件的分析，饱和度和颜色的运用基本可以归纳为：

（1）物件 80% 为色调高度统一的灰色色系，其中有丰富的色彩变化来保证颜色的多样性；

（2）具有 15% 的点缀色 1 和 5% 的点缀色 2。

其中饱和度的范围见图 2-19。

主体颜色　　　　　　　点缀色1　　　　　　　点缀色2

图 2-19　饱和度范围

它的色彩搭配比例遵循了"美学色彩构成"的层次关系。

/ 物件的明度变化

上面讲到对大环境整体明度的分析，现在对细节设计时单个物件的明度变化进行分析。

物件的上下关系分布需要在原画阶段就开始注意，如图 2-20 所示。

图 2-20　Ubisoft《荣耀战魂》

1、2、3 三个区域的明度变化比较明显。中段视觉最常见区域呈现比较灰的明度，最大限度地衬托主角的存在感，上下分割的 1 和 3 区域明度变化是自上而下的，减少单调感也突出此物件的上下关系。结合上面所说，明度在角色配色的中段范围内，从而达到不强于主角又有细节的效果。

如图 2-21，小区域内色彩变化丰富，但是灰度达到高度统一：

图 2-21　Ubisoft《荣耀战魂》小区域色彩丰富

/ 写实

东方写实：代表作品有《一梦江湖》《逆水寒》（见图 2-22）等，宣扬中国文化的产品，其中风格包括武侠、玄幻等。

图 2-22　《逆水寒》

美式写实：3A 大作比较多的都是欧美的写实游戏，和东方写实的不同之处就在于宣扬的文化内容不同而已。

二次元场景：二次元市场也是我司比较重视的市场，它的场景也归类为写实场景，因为比例和设计思路基本上都来自于写实手法，在贴图风格上会有些许不同，这要根据游戏的特点来制定。

科幻：科幻最主要的特征是需要设计机械，在很多人眼里，机械在场景原画中是另一个分类，大多数场景原画不擅长或者没接触过机械。机械也分硬线条机械，最具代表性的有 EVE 和弧面线条机械《守望先锋》。

/ Q 版

东方 Q 版：最具代表性的是《梦幻西游》，如图 2-23。

图 2-23　《梦幻西游三维版》

欧美 Q 版：如果细分欧美 Q 版，也包括了很多类，最明显的有美式卡通和欧式卡通，迪士尼、皮克斯的动画都属于美式卡通，而欧式卡通包含的种类更多，比如英式、法式。

2.4　三维辅助

通过三维软件的辅助设计，来让自己的工作变得轻松和更有条理。

2.4.1　必要性

之前大多中国游戏的原画制作较为简单，都是单纯的一张地图，有合适的行走道路即可。但是随着公司游戏类型的扩展，场景原画设计的范畴变得越来越大，设计难度也变得越来越高。例如射击竞技类型的游戏，图 2-24 和图 2-25 所示，每个建筑有三四层房间，这个时候单凭手头绘制变得缓慢和困难。我们需要更加快捷的方式来改善工作效率，所以三维软件是很好的工具。

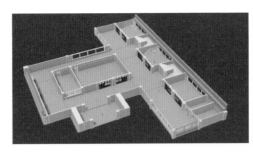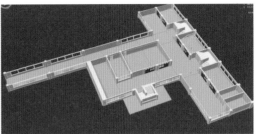

图 2-24 《机动都市阿尔法》- 通过 3ds Max 辅助设计的学校场景（1）

图 2-25 《机动都市阿尔法》- 通过 3ds Max 辅助设计的学校场景（2）

三维工具是一个很好的辅助工具，但是请注意它仅仅是辅助工具。往往新人原画在接触到三维工具后都非常兴奋，觉得不费吹灰之力就可以做出空间感，或者更好的材质效果。但是对于原画来说，最重要的还是设计师内在的素质。在自身有了好的设计理念、好的造型能力、好的色感后，再去接触三维工具，用自己的内在能力去驾驭三维工具，使自己的工作效率提高，这才是材质三维辅助工具对于原画设计师的核心意义。

2.4.2　三维工具介绍

（1）3ds Max：常见的用于游戏制作的三维软件。

（2）SketchUp（草图大师）： 园林设计常用的三维草图软件，可以快速地出结构图和线稿。

（3）Keyshot：一个简易的材质渲染软件，基于 GPU 渲染，可以实时观览渲染效果。

（4）Cinema 4D：一款拥有大量插件支持的影视三维软件，优势在于拥有大量插件支持，可以快速得到出色且真实的材质、光影效果。

（5）Octane Render：一款多平台的渲染插件，基于 GPU 渲染，可实时观览渲染效果，且材质球功能强大，是做大氛围场景的利器。

（6）Arnold：一款多平台的渲染插件，好处在于它的材质球功能比较强大，尤其是在透明材质的运用上。

2.5 结语

以上是一些场景原画的基本知识。

但要成为一个好的场景原画，需要具备更多的要点，比如：

（1）表现能力——正常是指画一张好图，但这只是基础，还需要用时间来磨练以形成自己的方法论。

（2）沟通能力——游戏是一门多环节协作的艺术，是极端理性和极端感性的共同结合。作为极端感性的美术设计师，作用尤为重要，要站在美术环节的最前端和极端理性的游戏性做对话。多年的经验积累在某种程度上比表现力更重要，这也是原画和插画最大的不同之处。

（3）观察力——主要指对生活的观察，是设计的衍生，观察得越仔细设计得越详细。

（4）设计——设计从来不是天马行空，只有满足需求、在框架内的作品才是设计。

综上所述，场景原画不易，但也不难，只要加强内在设计能力和外在表达力的提升，以产品为核心，就能做出最合适的设计。

CHARACTER CONCEPT ART

02

角色原画

03 角色原画岗位概述
The Role of Character Concept Artists

角色设计环节是所有游戏美术创作的开端，是整个游戏美术开发由文字转变为图像的纽带。游戏角色本身是玩家在整个游戏中最关心的部分，因为角色本身就是玩家在游戏世界内自身的投射。在策划设计的玩法层面，游戏角色承担了所有玩法相关的数值设定，也承担了部分游戏世界观的表现，是整个游戏美术创作流程中最核心的环节。

如图 3-1，角色设计的主要工作内容包括主角设计、NPC 设计、敌对势力角色（Boss、怪物等）的设计等等，其中各个类别下面又分别包含装备、武器、道具等小物件的设计。除了这些具象化的物体以外，还要对原画风格进行设计。总而言之，只要是角色相关的设计内容都在我们的工作范围内。

图 3-1　角色设计范围

3.1 结构基础与造型能力

3.1.1 结构

结构是所有原画都应该具备的基本能力，对结构的理解和表达，包括最基础的人体结构、动物、器具等。

3.1.2 造型

在结构的基础上，夸张程度或写实程度根据每个项目的风格不同而各异，没办法一概而论。但体块与结构关系是共通的，都要符合解剖学，如图 3-2，这是绘画的基本技能。熟练的人体结构和符合美学的造型是一切体块变形与概括的基础。

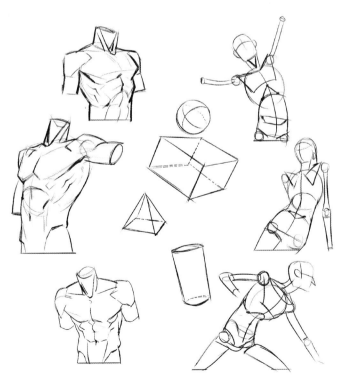

图 3-2 人体结构

3.2 色彩基础及配色

3.2.1 色彩

如图 3-3，色彩是我们感知世界最直观的方式之一，角色设计需要熟练地掌握并运用对色彩的表达。

图 3-3 色彩表达

3.2.2 配色

配色需要主观地去理解和使用颜色，而不是被动地去临摹或者照搬色彩方案，从每一个角色的个性、功能和所处环境等方面出发，抓住角色的核心特点，做专属的色彩方案。

◆ **实战案例**

图 3-4~ 图 3-6 是项目角色配色设计图。在做角色配色设计时，很多时候考虑的不仅是角色本身的美观度，还需要把整个游戏画面、世界观、角色自身的功能甚至是人物性格，都考虑进去。

图 3-4 某项目角色设计（1）

图 3-5　某项目角色设计（2）

图 3-6　某项目角色设计（3）

3.3　细节刻画与塑造能力

3.3.1　质感

不同的材质和细节的表达，能够更好地丰富游戏世界，提供更强的真实感和代入感。

3.3.2 刻画

细节决定成败，满足了上面的大部分要求，我们基本能看到一个基础的角色成型，但角色是否能够打动玩家，是否具备很强的感染力，都取决于我们对细节的追求。这需要每一位角色设计师都具备一定的细节刻画和深入能力，设计的完整性和质量往往取决于最后的细节刻画。

◆ **实战案例**

第五人格中，原画（图 3-7）与模型（图 3-8）对比，模型忠实的还原了原画的身材比例和笔触，见图 3-9。

图 3-7　细节刻画（1）

图 3-8　模型还原

图 3-9　细节指引

3.4　沟通与表达

一个合格的角色设计师应该是善于沟通表达的，既能够很好地理解策划的想法和意图，也能够很好地把自己的想法表述给其他岗位的人，从而指引整个角色流程的制作和实现。我们是美术环节中的策划，是策划环节中的美术，是上下游流程的衔接者，也是美术流程的引领者。每个角色设计师都应该是一个非常专业的方案推销人员：讲方案，描绘自己的设计意图，打动产品团队与美术团队，从而达成一致的目标，如图 3-10。

图 3-10　《阴阳师：妖怪屋》推销 PPT 页面

3.5　设计思维与成长（审美与知识储备）

3.5.1　设计

角色设计工作有它自身的规律，有很多前辈总结的经验，其中最核心的两点在于，你是不是能很好地抓住角色的个性表达，用最合适的方式把角色的闪光点展现出来；是否能够很好地处理各种设计元素之间的关系、重点、疏密等，从而形成自己的设计思维，带着思辨的眼光看设计，如图 3-11。

图 3-11　先民头盔 - 珊海模式 NOSTOS

3.5.2 成长

审美能力和知识储备是每个角色设计师成长的基础，只有不断保持自己对新事物的渴望，保持饥渴，持续吸收新的事物，涉猎更多的设计领域，不断刷新自己的审美观和知识版图，才能在这个行业走得更远。

角色原画包罗万象，所以要适应题材与风格的多样化，图 3-12 至图 3-15 为 Nostos 角色原画负责的游戏世界观设定。原画除了能画还要能写，不仅要把自己设计的点说清楚，让原理合理化，同时还要符合世界观的科技逻辑树。

图 3-12　先民壁画 - 科技逻辑 NOSTOS（1）

图 3-13　先民壁画碎片（海洋大开发与污染）NOSTOS（2）

图 3-14　先民壁画碎片（战争与意识上传）NOSTOS（3）

图 3-15　先民壁画碎片（故土与珊海）NOSTOS（4）

04 游戏类型 & 美术风格
Game Genre & Art Style

4.1 游戏类型及表达选择

这两项是一个复杂的交叉匹配的关系。我们常见的游戏类型主要包括：MMORPG、ARPG、ACT、SLG、卡牌、模拟养成等，随着手游的不断开发，机能的不断加强，会有各种类型的产品出现在我们的开发环境中。

相应地，每种游戏类型都可以选择适合自己的表达方式，包括全 3D 无锁视角、第一人称、第三人称追尾、2.5D 锁视角、横版等，这其中并没有约定俗成的规则，比如横板也可以做出很好的RPG 和射击游戏，关键需要依据题材和内容选择更合适的表达方式。

4.2 美术风格的简要归类

两条简要的规则交叉就基本能解决关于美术风格的大部分疑问：地域线（不同地理和文化区域的差异）和写实度（不同的写实程度和身高比例）。

欧美、日韩、国风属于地域线，不同地域之间会有明确的审美倾向，比如美国更喜欢爽快直接的美术风格，英法会对艺术风格化接受度更高，日本地区又会有明确的二次元取向。写实度更多是外在的表现方式，如线稿配色、厚涂刻画、不同的头身比例等。

图 4-1 　《第五人格》X《阴阳师》

如图 4-2 和图 4-3 所示，第五人格与阴阳师，东西方审美存在明显的差异。

时间线是构成美术风格的最后一个要素，过去、现在、未来，历史要素和时间坐标能够帮助我们更快地理解世界观的构建。

图 4-2　《第五人格》

图 4-3　《阴阳师》

/ 时间差异案例

同样是阴阳师元素，图 4-4（阴阳师本体）与图 4-5（阴阳师偶像事务所），不论在周边环境、
世界观感、还是角色穿着上，都存在着本质差异。

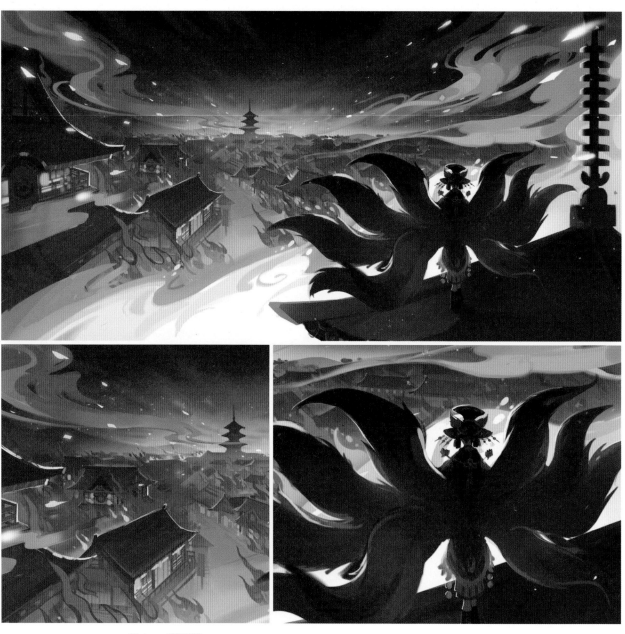

图 4-4 《阴阳师》

图 4-5 《阴阳师偶像事务所》

4.2.1 写实

/ 东方写实

比较有代表性的作品有如图 4-6 所示的《一梦江湖》和《天涯明月刀》等。

图 4-6　典型中式武侠风格《一梦江湖》

还有典型中式武侠风格的作品，如《武魂手游》（图4-7），它是一款宣扬中方文化的产品，包括了武侠和玄幻等元素，这类作品的角色通常会比较美型、干净和仙气。

图4-7 典型中式武侠风格《武魂手游》

/ 美式写实

如图 4-8，3A 大作比较多的都是欧美写实游戏，相较于东方写实风格，它更在乎真实度，尤其是材质方面（比较多做旧）。

图 4-8　写实材质射击游戏《明日之后》

二次元主要包含写实（如图 4-9）和 Q 版，这类风格识别更多在于脸的刻画。同时，对市场上流行的二次元卖点，设计师也要随时更新和了解（二次元在这方面的更新非常频繁）。

图 4-9 唯美和风二次元手游《阴阳师》

4.2.3 科幻

科幻主要就是机械设定，目前国内这类型的项目比较少，欧美会比较多。机械设定对于国人设计师来说是一个比较陌生的领域（最多的无非就是画过些枪械），如图4-10。

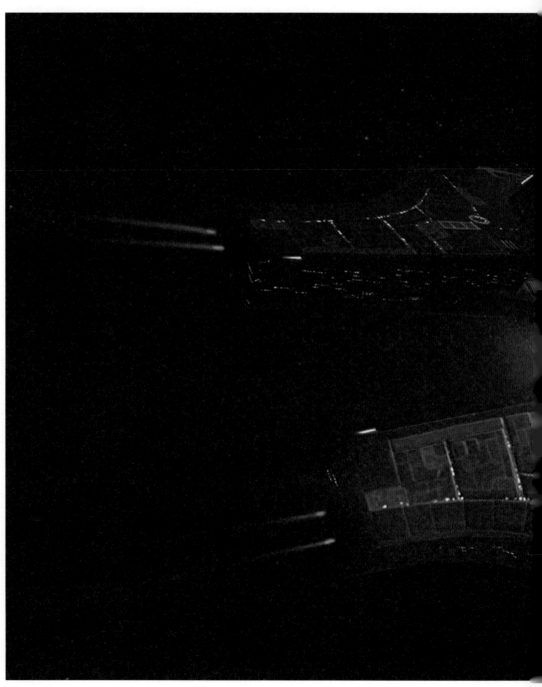

图 4-10　科幻机械星际类游戏《星战前夜》

机械设定需要设计人员对科技和机械方面有所了解，设计既要合理也要好看，而国内大多数设计师对机械基本都处在知其然而不知其所以然的状态（主要是缺乏文化氛围）。

4.2.4　Q 版

/ 东方 Q 版

最具代表性的是《梦幻西游》，还有阴阳师衍生的《阴阳师：妖怪屋》（图 4-11）等。

图 4-11　和风纸艺休闲游戏《阴阳师：妖怪屋》

4.2.5 BQ 版

/ 欧美 Q 版

例如图 4-12，如果细分欧美 Q 版，也包括了很多，最明显的有美式卡通和欧式卡通。迪士尼、皮克斯的动画都属于美式卡通，而欧式卡通包含的种类更多，比如英式、法式等。

图 4-12　暗黑童话竞技游戏《第五人格》

05 角色设计工作流程
Character Concept Design Process

5.1 需求分析和沟通

前期刚接手，需要对策划文档有充分的理解，并分析策划的意图与需求。对于角色，尤其是主角部分，必然是项目着力最多的地方，会存在每个人都对某某角色有不同看法的问题。这时候角色原画需要频繁地跟项目沟通，以理解掌握他们心中想要的真实东西。

文案只是文字描述，包括角色性格、身世以及故事背景。原画岗位需按需求还原出令人满意的效果，但经常会出现一个问题：在一个角色需求中出现过多的属性，甚至是互相矛盾的设定。这时候设计人员需要动用自己的审美能力与设计能力，对这些属性进行分析提炼以及取舍，想办法通过设计方案让甲方明白，自己真正需要的是什么，如图 5-1 和图 5-2。

图 5-1　素材归类图

与项目沟通项目风格时所做的素材归类图，
用以向项目阐述美术人员对文档的看法与理解

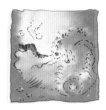

图 5-2　珊海倾斜方向图、被珊海吞噬的大陆图《NOSTOS》

如图 5-3，Nostos 早期风格制定的时候，就是通过找图对思路的方式跟项目沟通的，同时通过排版包装，加强项目风格灌输的力度。

图 5-3　先民印象、珊海结构解剖图《NOSTOS》

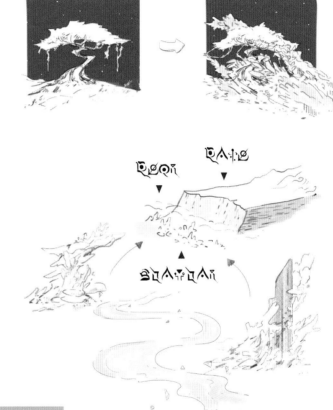

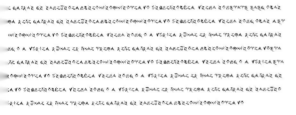

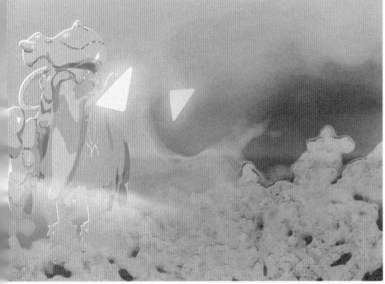

5.2 概念设计环节

角色设计一般是整个游戏美术最先行的部分，往往起到给整个游戏定风格、定基调的作用，所以前期概念设计就变得非常重要。当角色还处在文档阶段，视觉效果全靠脑补，每个人都会有自己的主观想法，这时设计师需要根据项目对角色的定位，加上自身审美和经验上的一些考虑，将角色形象、画风、性格、着装、通过多种方案表现出来，并简单勾勒出角色的生存环境、文化以及使用工具等辅助设计图，让设计整体丰满起来。策划可以以此检验自己的想法，是否具备视觉上实现的可能性。经过多轮沟通与试稿，最终定下角色初步风格。

NOSTOS 项目的早期试稿环节，就是原画跟项目组确认大致方向后，在一定的创作区间内进行设计和创作的，如图 5-4 至图 5-6。

动力背包：
喷气背包等动力背包是拓荒者特色发明之一
方便携带更大的中量的物品

拓荒者驯养的的宠物

图 5-4　NOSTOS 风格（1）

图 5-5　NOSTOS 风格（2）

Alastor Moody
阿拉斯托·穆迪
=========

阿拉斯托·穆迪有一个会动的魔眼，这个魔眼可以
透视，就是这副让人觉得不安的外表给予他"疯眼
汉"的绰号。
他的一只眼睛小小的，黑黑的，珠子般，很正常。
另一只则大大的，圆溜溜的，有种鲜明的亮蓝色，
可穿透墙壁、衣物和他自己的后脑勺。

他的真眼活动自如，魔眼则一眨不眨地动个不停，把周围的一切都看透了。穆迪
缺了只腿，取而代之的是木头做的假腿。
在他浓密的深灰色的头发下，他的脸显得伤痕累累，这些都是他作为傲罗，无数
次对抗黑魔法的印记。

图 5-6 海鬼种族设定排版

5.3 正稿制作

概念方案确定后会针对角色的造型进行深入处理，制作角色的正稿，选取最能展现角色性格的动作和角度进行细化，做出完整的角色设计。

在试稿环节结束后，最终定下正式的风格，正稿制作开始。比起试稿阶段，这一步骤设计会更加细致周全，包括人物的严格比例、身高、材质（如图 5-7）、表情等，以及模板的初步制作。

图 5-7　拓荒者草原伪装服

5.4 拆分，三视图

这一步工序比较多而且杂，但必不可少。如图 5-8，拆分以及三视图主要是为了将效果图中被遮挡和隐藏的部分展现出来，为后续模型制作提供更详尽的参考。在此过程中，比例和结构要画得非常严谨，以防模型制作过程中对设计出现误解，从而影响了制作效率。

图 5-8 《NOSTOS》三视图

部分角色的造型、道具和招式比较复杂，需要更详尽的设计说明和原画拆分，如图 5-9。

图 5-9　《NOSTOS》拆分，三视图

5.5 模板定制

模板定制是让设计方案达到最优可视化的必经步骤。如图 5-10 和图 5-11 优秀的模板除了能明确展示设计意图和细节，还能带给观众整体感与代入感，例如古风项目可以适配以水墨效果与毛笔字模板，科幻项目可以搭配未来感甚至全息效果的模板。这样，策划在看方案的时候也能沉浸其中，好的包装无形中增加了方案推销的力度。

图 5-10　《NOSTOS》游骑兵装备

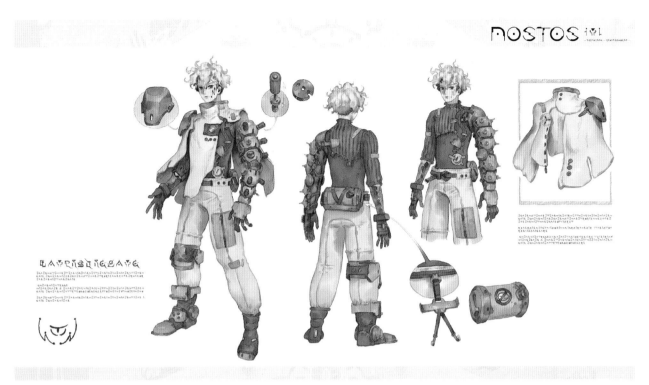

图 5-11　《NOSTOS》工具包皮肤

5.6　后续跟进与反馈

除了建模跟踪反馈，后续的特效和动作也经常需要原画设计的支持。因为设计师最了解自己的设计，所以与角色适配的动作和特效，也经常需要设计师与策划沟通设计好，有时原画设计也会出一些简单的草图指引，交给后续制作。

06 角色设计工作内容展示及案例分析
Content Display & Case Study

6.1 各类型工作的标杆展示

下面我们将围绕主角相关设计、NPC 相关设计、BOSS、怪物、武器、坐骑、道具等的配图，通过选择更多题材、更多地域文化差异的方案，结合不同的美术风格做案例分析。

◆ **案例 6-1**

阴阳师偶像事务所

文案只是文字描述，包括角色性格身世以及故事背景，原画岗位需按需求还原出令人满意的效果。但经常会出现在一个角色需求中出现过多属性，甚至互相矛盾的设定。这时候设计人员需要动用自己的审美能力与设计能力，对这些属性进行分析提炼以及取舍，想办法通过设计方案让甲方明白，自己真正需要的是什么。

日系现代风格的人类主角，与传统古风或宅向那种华丽丽的风格不同。事务所的风格主打的是潮流换装和街头摇滚主题，设计的是日常服饰，要求是"真人也能穿着上街"。这种需求以前未曾有过，算是一个突破尝试。

无论是拆分还是立绘，都使用了潮流杂志衣装搭配的方式，并加入了一些象征个人性格的小物件进行点缀。排版风格使用了潮流杂志版式来包装，如图 6-1 至图 6-3。

图 6-1 《阴阳师偶像事务所》（1）

特辑 ●

阴阳师アイドル事务所

ONMYOJI
IDOL OFFICE

[式神の記録]

般若

はんにゃ

人間は誰でも、醜い妖怪が嫌いだ
けれど何より醜いのは、人間の心だ
ボクは一枚また一枚と自分の顔を剥ぎ、その皮でお面を作った
何度も血だるまになって、のたうち回って……
だんだんと美しく綺麗な顔になっていった
……フフ、今度はボクが、醜悪な人間どもに復讐する番だ
甘く見ないほうがいいよ
手加減なんて、てきそうにないから

06 / 34

可愛い男の子 ｜ フフ、今度はボクが、醜悪な人間どもに復讐する番だ
甘く見ないほうがいいよ。手加減なんて、てきそうにないから……

ONMYOJI IDOL OFFICE
Fashion magazine of Onmyoji Idol
Office, designed in 2028, idols
cultivation plan

图 6-2　《阴阳师偶像事务所》（2）

图 6-3 《阴阳师偶像事务所》（3）

◆ **案例 6-2**

NOSTOS

NOSTOS 人形角色，不同的体型对比图见图 6-4：

图 6-4 《NOSTOS》Q 版

NOSTOS 人形角色，7~8 头身比例，同时也存在一些矮小或者肥胖的特殊体型，造型简练概括，颜色鲜艳明快，体现出世界观相对快乐有趣的氛围。

如图 6-5 和图 6-6 动物 &NPC，与人形角色同理，造型概括夸张，做出趣味性。

图 6-5　《NOSTOS》动物造型

图 6-6　《NOSTOS》NPC

◆ 案例 6-3

阴阳师：妖怪屋

风格特殊的日系 Q 版，整个项目用"剪纸"来包装，包括造型、玩法、GUI，考虑到角色放在游戏中会很小，因此走的是尽量简化、突出脸部的路线，身体被压缩的很小，并且高度概括，尽可能减少细节，保证特征识别度，如图 6-7。

图 6-7　《阴阳师: 妖怪屋》

三个版本体现了细节逐渐减少的过程，左边是早期迭代前的角色雪女，尽管也是纸艺风格的 Q 版，但造型相对复杂，不利于游戏效果，右边两个分别是简化过程与最终简化的结果。最终方案如图 6-8，以色块位置为主体，去掉所有诸如睫毛，花纹等细节，以保障在游戏中的视觉效果。

图 6-8　角色放入场景中的视觉效果

◆ 案例 6-4

Nostos

机械设定，帝国军的大型飞行艇。Nostos 虽然采用的是写实比例，同时又是废土风格，但由于整体格调比较鲜艳童话，因此即使是战争武器，设计得也不能过于凶恶。飞行艇整体使用圆弧造型，如图 6-9。

功能方面，飞行艇主要作用是运输，因此参考了现代运用运输机的货仓形式，舱门翻下可作为车辆登机的坡道。同时参考舰船目视通信的方式，在座舱后方增加一道桅杆，用来挂信号旗。

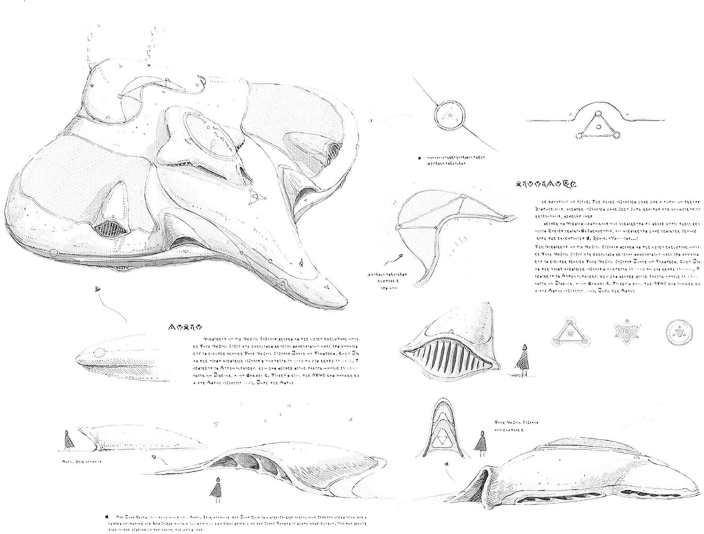

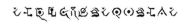

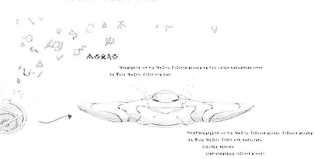

图 6-9   先民飞船《NOSTOS》

图 6-10　小动物《NOSTOS》

如图 6-11，爱偷东西的小动物，在游戏中的功能是偷窃玩家的行囊，当然玩家若是发现了这种动物的巢穴，可以获得很多战利品。

小动物原型是节尾狐猴，而为了体现盗贼本色，体型又更偏向老鼠，黑眼圈可以让人联想到盗贼的眼罩。

如图 6-11，原画花了大量篇幅描述这种动物偷窃、偷窥和搬运战利品的生活行为，使设定变得丰满，制作人能迅速准确地给出原画想表达的关键点，而这种感觉上的东西，靠文字是很难描述的。

图 6-11 《NOSTOS》小动物演化

6.2 宣传资源

6.2.1 海报绘制

海报绘制是一项针对不同风格不同类型产品开展的宣传工作，如图 6-12。

图 6-12 产品宣传

6.2.2　素材修图

◆ **案例 6-5**

堡垒前线

一些高精度素材的整体精修、整合。

干净写实风格的角色一般采用 3D 修图，以保证精度，而背景则全是手绘，如图 6-13。

图 6-13　《堡垒前线》宣传图 & 构图

构图方面，图 6-14 采用以爆炸点为中心的放射构图，所有透视线都指向爆心，形成类似漫画中常见的放射线视觉引导。主角大面积占满前景，定格在向前冲的运动瞬间，配合放射线增加了紧张感。同时色彩保持比较鲜艳的搭配，让画面轻快诙谐，维持游戏本体轻松搞怪的包装风格。

漫画分镜原理也可以使用在宣传插画上，在吸引与引导观众的方面，方法是相同的。

图 6-14　轻松漫画

6.2.3　素材修图

◆ 案例 6-6

阴阳师

典型的日系古风、充满仪式感的居中构图以及剧场感的打光，很符合阴阳师古朴庄严的格调，如图 6-15。

构图方面，采用带有仪式感的对称构图，主体（红色）部分剪影非常讲究，与之对应的是背景不规则的云带（用以打破过于规整的构图）和弧形的大地剪影（对应上方的圆月），人物组则在其中起到连接的作用，如图 6-16 和图 6-17。

颜色方面，使用聚光灯的打光形式，主角之外的区域全部压暗，营造出古朴庄重的舞台剧效果。

图 6-15　《阴阳师》产品宣传图

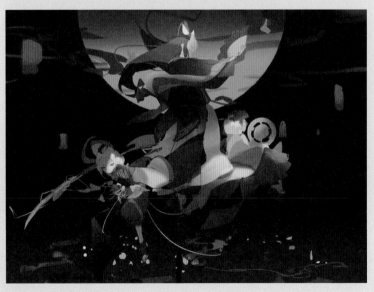

图 6-16　《阴阳师》构图

图 6-17 《阴阳师》构图

6.2.4 素材修图

◆ 案例 6-7

阴阳师偶像事务所

阴阳师偶像事务所同样以玉藻前为主角，但观感却大相径庭，如图 6-18。窥视感的镜头、反射着窗外绚丽夜灯景色的沙发，以及车窗上的雨雾，渲染出浓重的都市生活感。

图 6-18 《阴阳师偶像事务所》

如图 6-19，整个画面透视线消失点集中在角色部分，起到引导视线的作用，让观众注意力集中在主角身上。

图 6-19 《阴阳师偶像事务所》镜头

如图 6-20，细节方面，采用疏密处理方式，将密集部分集中在人身上，而其他部分，尤其是靠近镜头的近景，则采用稀疏的方法处理。这样不仅能再次突出主角，还能让画面产生纵深感。

图 6-20 《阴阳师偶像事务所》透视线消失

如图 6-21，色彩搭配上，车内采用较暗的冷调，与之形成反差的是车外采用暖光街灯，形成气氛对比。

图 6-21　《阴阳师偶像事务所》色彩搭配

6.3　**结语**

角色设计从来都不是天马行空的随意想象，要有界限，上面提到的所有内容都是必须遵守的界限，是我们放飞想象的基础，没有这些基础我们产生的设计更多是个人创作。游戏的美术设计要面向更广大的游戏群体，这是一场个人审美和公众审美的碰撞，这也是设计者的乐趣和追求所在。

ENVIRONMENT PRODUCTION

03

场景制作

07 3D 场景制作
3D Environments

7.1 场景制作岗位介绍

3D 场景设计师的主要职责是，将原画设计按照项目要求制作成 3D 美术资源，并符合场景环境要求。

场景制作是一个承上启下的岗位，只有做出高品质的场景物件，才能为整个游戏的美术品质打下扎实的基础。

场景制作师需要具备的专业知识：一方面是对各制作软件的熟悉掌握，另一方面是对现实场景的观察与了解。例如古风类游戏场景，需要对各时代古建筑构架样式特点有一定的专业研究；再例如物件在什么样的环境容易潮湿出现较多青苔，各种材质的表现特点等，都需要有较多的积累和观察才能做得更出色。

7.2 场景制作方式分类介绍

谈及制作方式分类，不得不从游戏的发展史开始了解。开发游戏项目，会根据选用的引擎和游戏的玩法来选择游戏画面的表现途径。但在游戏短短几十年的成长史中，因为硬件效率的飞速提升，做法上发生了很多衍生与更迭。

上世纪 70-80 年代起，电子游戏开始走进普通家庭的生活。当时，游戏画面只能是低像素点阵的绘制方式，场景画面的主要变革在于黑白 - 彩色的转变，这类风格的最大优势是极其省资源，而且概括能力强，开发成本低。代表作品有《超级玛丽》《拳皇》《恶魔城》等。

上世纪 90 年代后，对游戏画面精致度的更高追求以及 3D 软件的问世，使得游戏画面及其制作方式产生了革命性的变化，至新千年之际，游戏界对画面制作方式的尝试呈现出百花齐放的景象，诞生了无数的游戏巨作。

初代《暗黑破坏神》诞生于 1996 年，当时 3D 的 CG 技术并不普及，制作人员制作 CG 动画时一度打算用黏土动画来完成，最终在克服技术困难后，选人界面采用了 3D 画面，实际的游戏场景画面则是 2D 的；到了《暗黑破坏神 2》，场景就部分运用了 3D 建模来完成 2D 图片场景，这种制作方式在精度质量和效率上会比单纯的 2D 绘制高很多，后来这种方式被称作 3 渲 2，在网络游戏界得到了极大的发扬。如图 7-1，《梦幻西游》就是早期使用 3 渲 2 技术的典型案例。

图 7-1　网易游戏《梦幻西游》端游

新千年之后，制作软件和游戏机硬件飞速发展，2001 年问世的《光晕》最初是 3D 现世代做法，画面已是相当不错了。到了 2004 的系列第二代，就采用了次世代做法，在当时被誉为最接近 CG 的游戏画面。而 2007 的系列第三代，高度使用次世代做法更是让画面表现上越发精彩，该作因为史诗的剧情、精美的画面、宏大激烈的网战被欧美玩家公认为 Xbox 360 上最伟大的游戏。

在世纪之交的那些年，因为游戏主机机器性能的提升，以及技术流程的改进，游戏在制作方式上进化出了许许多多的分支。而在 PC 平台、手机平台的网络游戏界，也在经历着类似的改变并产生全新的分支。另外，在追求画面更精致、氛围更浓厚的进程中，并非所有玩家都会去追寻最前沿的画面形式，各种制作方式产生了各种画面风格，而这些风格也因玩家的年龄、地域、文化喜好等因素的不同诞生了各自的群体。

网易作为游戏界自研实力一流的公司，必然在各种制作方式上都有积累，其游戏玩家更是覆盖全球各类群体。接下来介绍几种常见的制作方式。

8.2.1　3 渲 2 制作

3 渲 2 制作诞生的年份比较久，最初是为了制作 2D 图时提升质量和效率，现今它已成为一种单独的制作方式和美术风格。也因其 2D 画面细致、游戏客户端包体小、对非硬核玩家要求友好等诸多原因，在网络游戏界使用广泛，例如网易自研的《梦幻西游》系列、《大话西游》系列、《率土之滨》等，这类游戏通常具备一定的策略性。

制作方式是使用 3D 软件制作高面数模型来还原原画，之后将渲染出的 2D 图片整合在一起。绘制光影和静态特效，达到 2D 画面上的光影契合，最后在游戏编辑器中添加序列帧动画、特效，呈现给玩家的便是用 3D 做法完成的 2D 场景，如图 7-2。

图 7-2　网易游戏《梦幻西游》

7.2.2　3D 现世代制作（传统手绘）

手绘不是风格，但是却被用来凸显风格和特性。在现今的游戏中，依然或多或少掺杂着一些可以被称为手绘的元素。传统手绘游戏曾经风靡一时，在很少能看到传统写实游戏的今日，依然可以看到很多传统手绘游戏的身影。典型的如《魔兽世界》《英雄联盟》《倩女幽魂》（图 7-3）等。

图 7-3　网易游戏《倩女幽魂》

手绘风格是一种非常重要的艺术风格，这往往比画面技术实力重要许多。如《魔兽世界》并没有因为落后的引擎和技术，而使得画面丧失应有的表现力。使用手绘方式制作的游戏不在少数，但是出彩的比例并不大，归根结底是没有统一的艺术风格，或是风格不突出，特点不鲜明。

传统手绘游戏的 3D 制作部分并没有太多流程，大体上就是模型 – 分 UV – 绘制贴图三个步骤。它不像次世代一样用法线来表现细节，高光来区分质感，一张贴图就需要表现出质感和结构，这对于制作者的绘画功底有比较高的要求。

7.2.3 3D 次世代

次世代技术的使用，让游戏在画面和制作水准上有了很大的提升。与传统 3D 游戏相比，次世代游戏把技术和艺术融合到了一个新的高度，通过增加模型面数，提高贴图质量，综合运用颜色贴图、法线贴图、高光贴图、反射贴图等使模型具有了更丰富的立体细节。

近几年的《刺客信条》和《逆水寒》（图 7-4）等游戏，精美的画面，立体逼真的细节，极大地震撼了玩家的感官。

图 7-4　网易游戏《逆水寒》

随着次世代技术的广泛运用，我们对游戏真实度的要求越来越高。传统次世代在模型渲染上的问题越来越凸显。光线与物体表面的正确关系、阴影的位置、亮度和明暗的表现，以及材质与光影互动的结果，在现有的环境下都难以达到"真实"的要求。常规的渲染技术达到了效果的瓶颈。

于是，基于物理的渲染这一方式，也就是我们常说的 Physically Based Rendering（简称 PBR），逐渐成为了目前次世代游戏主流的开发方式。通过 PBR，玩家可以体验到更贴近自然、真实的视觉效果。

与传统次世代相比，PBR 精准定义了材质的属性，在美术上能有更好的表现。

《守望先锋》更是将 PBR 技术运用到了一个比较成熟的水平，成为了游戏行业的一个标杆，如图 7-5。

图 7-5　暴雪《守望先锋》

PBR 的制作方式大体分为两种：Specular-glossiness 和 Metal-roughness。

Specular-glossiness 的制作方式不太常见，相较于 Metal-roughness 而言在非金属类的材质上表现好一点。Metal-roughness 的制作方式，是目前游戏制作的主流选择，其将固有色贴图跟材质完全地区分了开来，通过金属度和粗糙度贴图来对材质进行定义。缺点是简单地将材质分为金属和非金属，对于卡通或者手绘类的材质表现相对比较困难。

7.3　制作流程介绍

7.3.1　3 渲 2 制作

3 渲 2 又被称为 2.5D，3 渲 2 场景的制作流程大致如下：

> 高模——材质贴图——灯光渲染——单物件修图——地形编辑光景合成
> （3D 模型制作与灯光渲染）

/ 3D 模型制作与灯光渲染

通常 3 渲 2 游戏会使用 3ds Max 和 ZBrush 来结合制作，用 Vray 的材质球，并使用 Vray 渲染器渲染出图。其实一般来说，只要效果好，3 渲 2 制作通常不会限制工具。

常规的做法是，在 3ds Max 里统一摄像机角度，然后进行对应角度下的模型制作，之后高模可能会使用到 ZBrush。为使最终效果更好，模型在渲染出图时会考虑材质变化的丰富性，尝试渲染多种材质，多种光照条件的版本，再在 PS 里做修图合成。

多种材质的混合也可以直接用 3D 软件来完成，使用材质球的黑白通道来混合材质（见图 7-6B），然后使用 Vray 的顶点绘画来控制混合的范围（见图 7-6C），此环节不用分模型的 UV 就可完成），最终达到图 7-6A 到图 7-6D 的变化。

图 7-6　网易游戏《梦幻西游》3D 软件制作流程

3 渲 2 制作通常会储备较多的 3D 模型材质库，通常为 3ds Max 中的 Vray 材质球。

3 渲 2 制作不受工具的限制，特殊材质可以借助其他软件插件来达到效果，例如：毛发用 3ds Max 的 Hairtrix 工具、Maya 的 Xgen 工具、ZBrush 的 FiberMesh 工具等都可，使用什么软件取决于制作人员对工具使用熟练度。

常见的玉石材质，使用传统 3ds Max 的 Vray 材质球就可以有良好的渲染效果，如图 7-7。

图 7-7　网易游戏《梦幻西游》玉石材质

室内的灯光则会更加复杂，需要在 3ds Max 里打许多灯光才能较好地模拟真实的光影关系。

渲染出图后，多数物件都需要在 PS 中进行修图处理，主要目的是：修整剪影造型、调整颜色变化、强化材质特征、丰富材质过渡变化。如下图 7-8 和图 7-9 为模型渲染效果，图 7-10 为修图后效果。

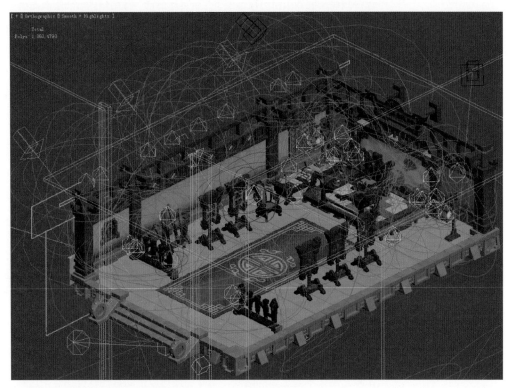

图 7-8 网易游戏《梦幻西游》单体物件修图

图 7-9 网易游戏《梦幻西游》渲染效果图

图 7-10　网易游戏《梦幻西游》渲染出图对比

/ 地图编辑光影合成

常见的山石地形、花草树木素材等，项目之前做好的各种地图素材会被整理归类，如图 7-11，有时素材缺少或画质老旧时，也会单独制作更新这些素材库的素材。使用素材库的图素资源和修好的新地图单体素材进行编辑整合。

0材质；贴图；灯光　　1野外地表　　2城市地表　　3花草植被　　4道具物件

5山石　　6水荷云瀑　　7海底类珊瑚焦石　　8冰天雪地　　9迭代图JPG集合

图 7-11　修图素材库分类

/ 修图素材库分类

使用素材进行 2D 编辑摆放，与其他所有形式的场景编辑一样，是以原画为基础进行的二次创作。讲究摆放组合时的剪影造型设计和疏密变化的节奏感，道路的编辑应具备主题之间的指引性，而副本入口或跳转点等特定主题需营造符号化的特征，加强玩家的独特记忆，如图 7-12。

图 7-12　网易游戏《梦幻西游》场景。左图为修好的单体素材，右图为编辑摆放后。

摆放完毕后，将以原画为基础设计整图的光影关系，让整图的光影调整至契合，这一步类似 3D 引擎的烘焙，只是在 3 渲 2 中这一步是手绘来完成的，如图 7-13。

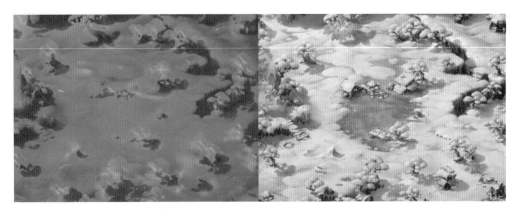

图 7-13　网易游戏《梦幻西游》整图效果展示

美术效果完毕之后，绘制玩家可走层和阻挡遮罩，就完成了一张 3 渲 2 场景的制作，如图 7-14。

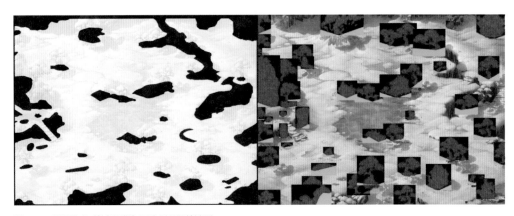

图 7-14　网易游戏《梦幻西游》可走层及阻挡遮罩

7.3.2 3D 现世代（手绘）

手绘的制作流程，大致如下：

低模——UV——贴图绘制

制作前，需分析原画，结合设计结构预判拆分方式，如图 7-15。

图 7-15 网易游戏《墟土之争》原画拆分

对着原画设计，我们逐一制作出模型，如图 7-16。制作模型的时候需要尽量丰富形体剪影，同时要节省面数。制作出的模型需要进行大概的拼接，以验证整体的效果。

图 7-16 网易游戏《墟土之争》低模制作

然后开始制作每一个组件，把模型打上光滑组，并进行 UV 的拆分，见图 7-17。

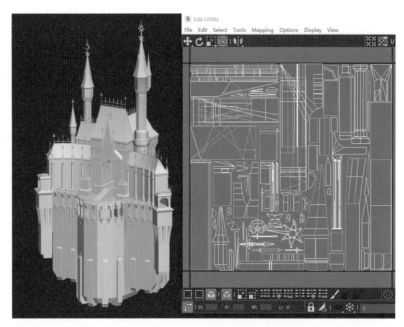

图 7-17　网易游戏《墟土之争》UV 拆分

如图 7-18，根据 UV 信息，可以先把结构固有色绘制出来。

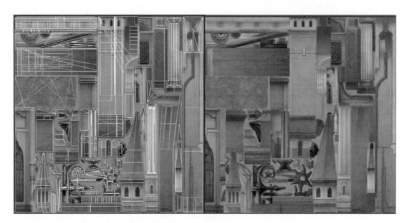

图 7-18　网易游戏《墟土之争》粗贴版本和最终完成版

如图 7-19，我们绘制出所有部件的贴图。

图 7-19　网易游戏《墟土之争》部件整图

最终，我们将制作完的所有组件拼合成一个整体，并从整体的角度对贴图再进行一些调整，增强它的整体感，最后我们得到一个完整的场景，如图 7-20。

图 7-20   网易游戏《墟土之争》完整场景

7.3.3   3D 次世代

对于传统次世代的制作来说，流程大体如下：

中模——高模——低模——UV+ 烘焙——贴图绘制

制作前我们拿到原画设计，需要规划好哪些是需要制作的，哪些是可以共用的。这样可以提高制作效率，避免不必要的制作量。

如图 7-21，屋顶瓦片只需要做 1-2 大块公用，木棍制作 3-4 根公用，整个炉子制作半个公用。

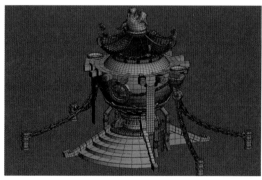

图 7-21   设计规划和中模制作

其次，开始按照原设比例等，制作中模的细节，并进行表面的均匀细分，方便进行 ZB 雕刻，如图 7-21 "中模制作"。

然后进入 ZBbrush，利用蒙版，特殊笔刷，并为笔刷创建快捷键等提高效率，进行高模的制作。制作过程中要把握好材质的细节度，尽量拉开材质质感区别，如图 7-22。

前期蒙版的绘制：

图 7-22　高模雕刻

图 7-22 展示的高模雕刻完成后，我们就进行低模的制作了。这个模型是真正使用在游戏里面的，所以剪影要丰富，面数要精简。一般可以用中模进行减面，或者使用拓扑工具，流程如下：做完低模，分好 UV，进行法线烘焙和 AO 烘焙的时候要注意软硬边的区分。工具使用 3ds Max、xNormal、Substance Painter 均可，烘焙结果如图 7-23。

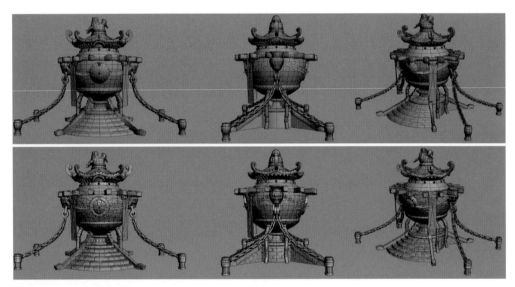

图 7-23　低模 +UV+ 烘焙

烘焙完 AO 和法线了，就开始 Diffuse 和高光贴图的绘制。

对于传统次世代而言，还需要适当增加一些 AO 效果，并且要把材质的感觉绘制在贴图之上，效果会更好一点，如图 7-24。

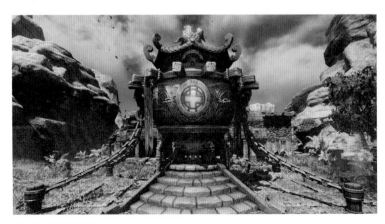

图 7-24　次世代完成

最后导入引擎，加一些特效润色，这样一个完整的传统次世代物件就制作完成了。

对于 PBR 方式的制作来说，大体流程如下：

除了使用传统的流程进入 Substance Painter 绘制贴图以外，PBR 制作最大的变革就是，可以运用 Substance Designer 来进行材质制作，然后给到 SP 去使用，效果调节参数即可。最重要的是 Substance Designer 制作出来的材质是可以重复利用的，这对于游戏开发来说，延续项目的材质复用能使开发成本节省不少。

跟传统次世代一样，我们还是需要进行中模－高模－低模－烘焙的过程，获得一张 Normal 和 AO 贴图，然后在 Photoshop 中对材质进行一个大致的区分，制作一张 ID 贴图，这是为了在 Substance Painter 中可以快速地进行选区操作。前期准备工作完成后，就可以进入 Substance Painter 进行制作了。

把模型和几张贴图导进去之后，第一步需要先烘焙，如下：

Substance Painter 导入设置如图 7-25。

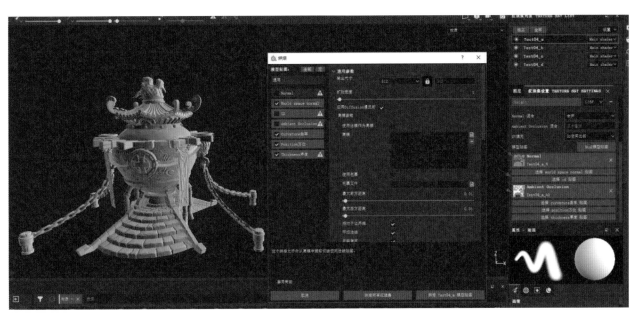

图 7-25　贴图设置

绘制大致分为基色绘制，粗糙度绘制和金属度绘制，可以通过图 7-26 左侧选项查看每个绘制的效果。

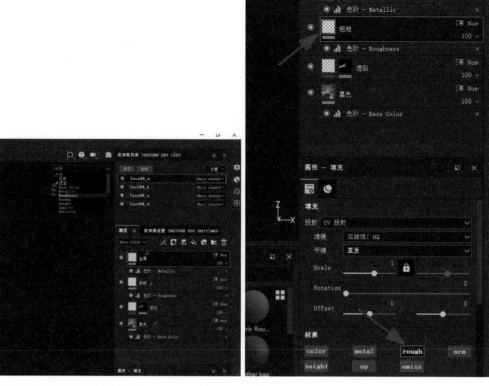

图 7-26　绘制效果查看和分图层制作

重点是需要区分清楚粗糙度和金属度，尽量分开图层制作，方便调整控制，明确区分每一个图层需要控制的属性。

接着，通过 Substance Painter 的工具功能，如一些边缘磨损效果添加细节，再对每一块区域的质感进行调整和定义，区分金属和木头，我们得到了一个最终的效果，如图 7-27。

图 7-27　在 Substance Painter 中进行细节调整

这样，我们可以把 Substance Painter 中的贴图导出去了。实际设置根据引擎来进行勾选，如
我们要进引擎（以虚幻 4 为例）进行效果查看，如图 7-28。

图 7-28　PBR 完成

PBR 的流程就完成了。

最后，导入一个传统次世代的模型跟 PBR 的效果进行一个对比，如图 7-29，不难看出 PBR 的
制作效果，在质感上区分得更明确。

图 7-29　效果对比

7.4 使用工具介绍

7.4.1 2.5D（3 渲 2）

3 渲 2 场景常规做法：使用 3ds Max 和 ZBrush 来制作模型；PS 和 Crazybump 制作贴图；使用 Vray 材质球和 Vray 渲染器做效果；PS 做 2D 修图。

/ *3ds Max 模型*

造型不太复杂的模型只在 3ds Max 中制作就可以。由于模型可以不分 UV，因此模型是可以分成许多小块来制作的，并不需要合并在一起，制作好大造型的低模后 Smooth 圆滑，无需分 UV，使用 UVW Map 命令就可以对模型快速上贴图。

/ *ZBrush 模型*

造型不规则的模型，会在 3ds Max 里做好低模，之后再进入 ZBrush 中制作细节，如图 7-30。

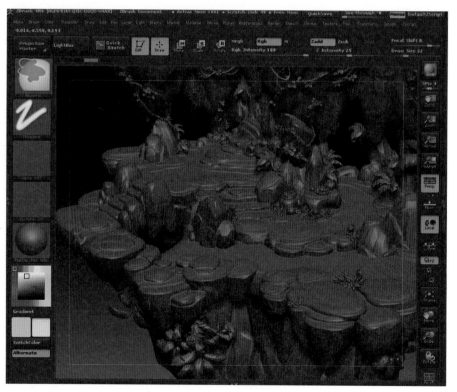

图 7-30　ZBrush 模型

/ 贴图制作

3 渲 2 的 Diffuse 贴图还有 Specular 贴图使用现成的一些手绘贴图库或者照片，一般是四方连续的，以方便 UVW Map，而法线贴图是使用 Crazybump 转化 Diffuse 贴图得来。

3ds Max 材质：材质使用 Vray 材质球。如图 7-31，以玉石为例，反射、折射、半透明等参数会根据周围的环境产生变化，即便准备了 3D 材质库，还是需要花费较多时间做测试以符合当前的环境，不过长期使用软件会对参数更为敏感，使工作效率大幅度提升。

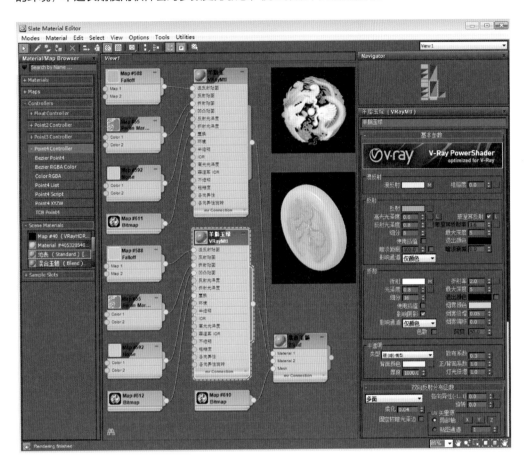

图 7-31　3ds Max 材质

/ Vray 渲染器

3ds Max 的默认渲染器也是可行的，但 Vray 的渲染效果会好很多，而且需要调试的内容不多，主要调节天光的颜色和间接照明的参数。

7.4.2　3D 现世代制作（传统手绘）

/ 3ds Max

是制作场景最常用的 3D 软件之一，上手比较容易。其强大的 POLY 编辑功能是我们制作复杂模型的保障。对于杂乱的大型场景来说，它的层级关系命令可以很方便地管理每个模型。

图 7-32　3D 现世代使用工具

/ Maya

也是 3D 制作常用软件之一，它有非常强大的动画功能。相较于 3ds Max 而言，其操作更加人性化，点选命令很流畅，也不用很多的插件支持。

/ Unfold3D

是模型展开 UV 的独立软件，比 UVLayout 界面清晰美观，操作快捷方便，主要以菜单和按钮命令为主，尤其 9.0 以后，功能上已经可以跟 UVLayout 媲美。

/ Headus UVLayout

是一款非常专业的展 UV 软件，它在高度智能展开的同时，具备好几种不同的算法。它和 Unfold3D 不一样的是，这款软件主要以快捷键操作为主。

/ Adobe Photoshop

简称"PS"。它具有强大的图形处理能力，是绘制模型贴图的基础工具之一。

/ Cinema 4D

是一款综合性的三维软件，和 Maya、3ds Max 等功能类似，包括建模、渲染、动画等模块。其中我们最熟悉的 bodypaint 3D 就被作为一个模块整合了进去。bodypaint 3D 可以直接在三维模型上用笔刷绘制纹理图案，就像是 3D 版本的 PS。

7.4.3　3D 次世代

/ ZBrush

如图 7-33，是一个数字雕刻和绘画软件，它以强大的功能和直观的工作流程彻底改变了整个三维行业。我们可以使用 ZB 的立体笔刷工具，随意的雕刻，轻易塑造出各种造型和肌理效果，是一个极其高效的建模工具。

图 7-33　3D 次世代使用工具

/ xNormal

是一款非常实用的次世代游戏制作工具，该款工具最大的特色就是烘焙速度快，可以直接在 ZB 制作的超高面数模型上进行烘焙。几乎所有的贴图都包括一个 MIN/MAN 渲染选项，可以用来控制光线的明暗。

/ Substance Designer

Substance Designer 简称为 SD，它采用了全新的材质系统和流程，并且随着 PBR 技术的不断深入进步，SD 越来越多地被制作者们提及和运用。更早地掌握这款软件对于大家来说非常有帮助。SD 是基于程序节点的纹理制作软件，侧重是在制作具有各种功能性的材质，如可缩放分辨率，可调节粗糙度和金属度的参数，等等。

/ Substance Painter

Substance Painter 简称为 SP，是一个全新的 3D 贴图绘制工具，也是全新的次世代游戏贴图绘制工具，支持 PBR 渲染技术，也具备一些很新奇的功能。例如一些粒子笔刷可以模拟粒子自然的下落，形成轨迹纹理。另外有一些生成器可以快速帮助制作出模型的边缘磨损细节，功能非常强大，如图 7-34。

图 7-34　Substance Painter 工作界面

7.5　模型导入导出方法

模型的互导最常用的是 OBJ 和 FBX 格式。当然不同的项目使用的引擎不一定是同一个，所以也有可能需要安装开发引擎的导出插件。比方说，网易的 NeoX 引擎需要安装专门的导出插件，使用 GIM 格式的文件。

虚幻 4 引擎导入还是比较方便的，如图 7-35，点击导入，选中模型 FBX 文件即可导入引擎，同时会把材质信息一起导入进去——选择你的贴图进行导入。虚幻 4 和虚幻 3 不一样，不需要选择法线的格式。

图 7-35　Epic Games 开发的虚幻 4 引擎

导入后双击材质球，跳出如图 7-36 所示界面，把对应的贴图拖进去，并进行对应的连线，最后保存查看模型贴上贴图的效果即可。

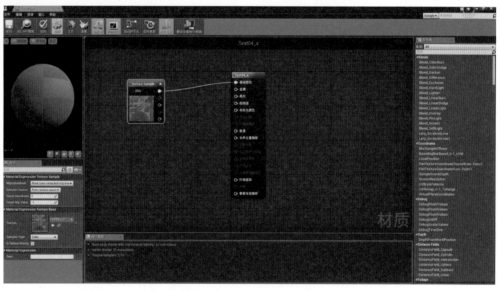

图 7-36　材质球跳出

优秀的游戏场景制作有两个比较重要的特点。一个是色调，统一的色调能够第一时间烘托整个场景的气氛，这个比模型的形状更加重要，如场景的主体是森林还是沙漠，是冰雪天还是炎热的气候。色调过多会使人感觉场景想要表现的气氛混乱。但是当整个场景的颜色数量少，又没有差异的时候，在游戏时间较长的情况下会使人视觉疲劳。所以 7-2-1 的色彩搭配就比较重要，70% 的色彩统一，20% 的色彩变化，10% 的色彩强烈。

第二是模型和纹理制作。场景的主要作用是烘托氛围，给角色做铺垫，所以场景的纹理制作不能
抢了角色的戏。比如，好的场景会将细节区分得比较清楚，像是能够行走的地面和山石部分，纹
理的低频部分会比较多，而周围的装饰物，纹理的高频部分会多一些，包括模型细节度。为了避
免行走的部分纹理简单，往往这些纹理会具有比较高的色彩渐变。这样就保证了角色行走在场景
中不被场景抢戏，同时场景又有足够的细节，不让人感觉单调。

看几张《逆水寒》的画面感受一下，如图 7-37 和图 7-38。

图 7-37　网易游戏《逆水寒》

图 7-38　网易游戏《逆水寒》

再看网易公司出品的《一梦江湖》的场景制作，堪称游戏版的《国家地理》，不仅画面优秀，场景内的建筑基于现实又超脱于现实，极大地丰富了游戏内容，同时也把中国古建筑的美传递给了众多玩家，如图 7-39。

图 7-39　婺源徽派建筑白墙灰瓦

游戏中的薛家庄，建筑风格参考了部分徽派建筑白墙灰瓦的风格，如图 7-40。

图 7-40　网易游戏《一梦江湖》（原楚留香手游）薛家庄场景

游戏美术对此进行了加工，将原本颜色的灰瓦做成了红色，彰显了主人武林泰斗的身份，如图 7-41 展示的"故宫红"。

图 7-41　现实中的故宫

如图 7-42，游戏中的这处景观想必也是参考了玄武门的设计。如此繁华大气，规模宏大的建筑群，再次把时代的特色表现得淋漓尽致。

图 7-42　网易游戏《一梦江湖》（原楚留香手游）的玄武门场景

由此可见，基于真实的美术表现，能给玩家更好地展现游戏的时代背景，给玩家更多的代入感。

暴雪的《守望先锋》也是近年来美术水平非常高的一款游戏了，它有着严谨的世界观，风格化的美术设计和风格定位，还使用了 PBR 的技术来制作，整个游戏明快的美术风格和畅快的游戏节奏相得益彰。

7.6 工作中常见问题汇总

（1）单位易出错

根据项目规范，单位要设置正确，保证所有物件比例正确，如图 7-43。

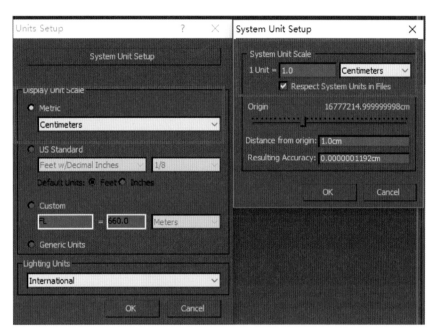

图 7-43 规范设置

（2）穿插模型做法忌生硬

避免模型生硬的穿插，注意结构交接处的细节处理，如图 7-44。

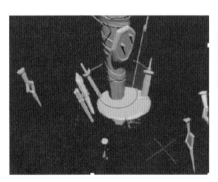

图 7-44 细节处理。左图来自网易游戏《梦幻西游三维版》，右图来自暴雪《风暴英雄》。

（3）主次虚实不明朗

注意整体的主次关系，如图 7-45。

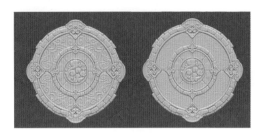

图 7-45　网易游戏在研项目 - 主次虚实不明朗

（4）边角细节容易单调

注意剪影的处理，如图 7-46。

图 7-46　网易游戏在研项目 - 边角细节

（5）UV 拉伸导致贴图变形

如图 7-47，用棋盘格检查物体的 UV 撑拉。

图 7-47　网易游戏在研项目 - 棋盘格检查撑位

（6）光滑组易漏设置

根据结构的软硬情况设置正确的光滑组非常重要，如图 7-48。

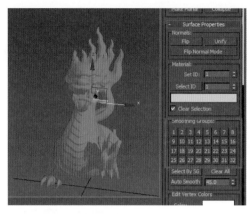

图 7-48　网易游戏在研项目 - 光滑组易漏设置

（7）烘焙设置易出错

进行正确的烘焙，如图 7-49。

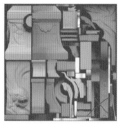

图 7-49　网易游戏在研项目 - 烘焙设置对比

08 场景编辑
Level Editor

8.1 场景编辑岗位介绍

场景编辑又称为游戏关卡设计师，业界国外也多称为环境艺术设计师（Environmental art designer），意思是使用引擎来构建虚拟场景（3D/2D），并根据游戏策划案中的年代背景、玩法路线、游戏剧情等玩法要素安排具体的关卡内容。负责游戏场景关卡内容实现的工作岗位称为场景编辑 \ 场景关卡设计师。

场景编辑这一环节在游戏美术开发环节中是非常重要的，岗位需要将各类美术资源、3D 静态模型、世界地形、光影、特效（诸如火尘雾等）声音等资源整合为一个可视化的 3D 虚拟世界并呈现于玩家眼前，与玩家互动，是直接输出场景美术资源的最后环节，非常有意思。

8.2 自研游戏引擎与商业游戏引擎介绍

网易自研游戏引擎是由网易公司引擎团队开发并基于市面主流引擎的功能表现不断迭代、更新维护，以满足公司内部项目开发的实际需求的游戏引擎。

自研引擎优势：有内部引擎团队支持，开发过程中对功能需求响应的敏捷度会很高，实时提供技术更新，开发高效，满足功能诉求，在开发灵活性上有绝对优势。

自研引擎不足：功能效果、稳定性、操作便利性方面来说还不够完善，需要不断提升。

自研引擎：NeoX，Messiah。

8.2.1 NeoX

NeoX 早期作为公司的端游引擎，现在主要用来研发手游。经过近几年的开发和迭代，无论是功能还是效率稳定等方面，都有很大提升，如今已成为公司内部的主流开发引擎。

网易使用 NeoX 引擎制作的游戏：

《镇魔曲》手游、《功夫熊猫系列》《第五人格》《阴阳师》（图 8-1）《梦幻无双》《永远的七日之都》等。

图 8-1　网易游戏《阴阳师》

8.2.2 Messiah

Messiah 引擎作为公司主流的次世代自研引擎，也成功开发了如下几款项目：

《暗黑破坏神》手游版、《荒野行动》（图 8-2）。

图 8-2　网易游戏《荒野行动》

商业引擎: Unity, Unreal, Cry engine, Snowdrop。

8.2.3 Unity 3d

首先介绍目前主流的商业引擎 Unity 3d, 图 8-3 为 Unity 3d 引擎 logo。Unity 3d 是由 Unity Technologies 开发的一个让玩家轻松创建诸如三维视频游戏、建筑可视化、实时三维动画等类型互动内容的多平台的综合型游戏开发工具,是一个全面整合的专业游戏引擎。U3D 引擎兼容性好,学习的门槛非常低,往往自学就能够熟练掌握。最重要的是,游戏引擎后续不会分走开发者获得的游戏利润。

图 8-3 unity 3d

8.2.4 Unreal

接下来就是虚幻引擎,虚幻 4(图 8-4 为虚幻引擎 logo)引擎是由全球顶级游戏公司 EPIC 开发的虚幻引擎系列最新版,是一个面向下一代游戏机和 DirectX9 个人电脑的完整的游戏开发平台,提供了游戏开发者需要的大量的核心技术、数据生成工具和基础支持。

图 8-4 Unreal

其次,虚幻引擎一直是 3A 游戏的挚爱,到现在已经出到虚幻 4 了。用虚幻引擎做出来的 3A 大作有《质量效应》《GTA4》《荒野大镖客》《堡垒之夜》等。

而且,虚幻引擎的兼容性也很好,既兼容手机端,也兼容 PC 端,甚至兼容主机端。它的主要缺点在于收费模式太贵,当游戏利润超过 5 万美元后,提供引擎的公司 EPIC 会分走超过 25% 的利润。

8.2.5 Cry Engine

Cry Engine 游戏引擎(以下简称 CE2,图 8-5 为 CE2 引擎 logo)是由德国 Crytek 公司研发,由旗下工作室 Crytek-Kiev 优化、深度研发的游戏引擎。在某种方面也可以说是 CEinline 的进化体系。CE2 具有许多绘图、物理和动画的技术以及游戏部分的加强,是世界游戏业内认为堪比虚幻 3 引擎(Unreal Engine3)的游戏引擎,目前 CE2 已经应用在各大游戏之中。代表作品是《孤岛危机》,缺点是学习成本比较高,相较于之前的虚幻和 U3D,出现时间较短,还没有完善的交流社区和教学交流的经验。

图 8-5 Cry Engine

8.2.6 Snowdrop

Snowdrop 游戏引擎由 Massive 工作室完全自主开发,致力于创造出前所未见的拟真世界,代表作:《全境封锁》。

先前在年度游戏大奖 VGX 颁奖活动上,发布的引擎技术展示影片中,就曾揭露《汤姆克兰西:全境封锁》游戏通过 Snowdrop 引擎带来惊人的日夜与气候表现,并以动态全域光源、阶段性破坏、高阶粒子系统、动态材质着色器等技术,打造出真假难辨的美国纽约街道景观以及崩塌后的世界。

09 场景内容构成
Level Composition

9.1 地形

游戏中的地形是指在引擎中以自然地貌或人工地貌为基础所建立的地形基础，如图 9-1。制作不同游戏概念时需要不同的自然形态的游戏风格，基础自然形态包括沙漠、雪山、森林等自然地貌效果。五种突出地形是平原、高原、丘陵、盆地、山地，除高原之外都有不同级别。

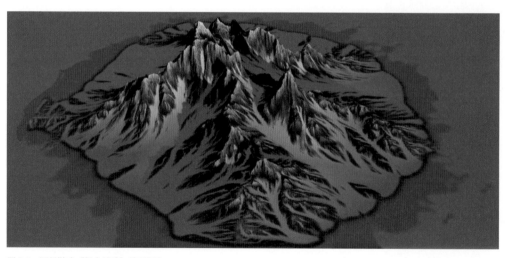

图 9-1　网易游戏《堡垒前线》地形制作

地形制作主要是用引擎中自带的地形工具来制作，引擎内部软件工具基础操作简单，能快速做一些简单起伏的地貌形态。

但由于工具限制，当游戏中需要更为复杂的地形效果时，引擎自身的工具无法满足效果，此时就诞生了外部辅助的地形制作程序来制作更真实的地表形态。例如图 9-2 通过 World Machine 来制作真实的地形。

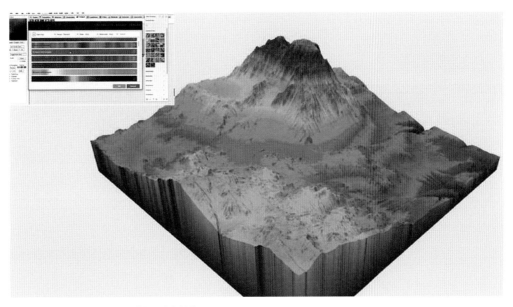

图 9-2　通过 World machine 来制作真实的地形

9.2　静态模型资源

静态模型主要指场景中以静止形态出现的组件模型，例如：砖石、建筑、山体等。这些组件是场景中最常用到的资源，同时也奠定了场景的基调和风格。

9.3　动态资源模型

主要指在场景中循环播放动画的组件模型，包括摆动的植物、云、水、飘动的旗子以及飞鸟等。这些组件多为场景特征性物件和风格指向性物件，数量不一定很多，但效果会很出彩。

9.4 寻路

主要指场景中角色可以行走的区域范围，会由编辑制作再由引擎程序生成寻路文件，最后 UI 同学来制作相对应的小地图。

一般游戏会在小地图中标示出主路线的位置和可行走区域的范围，寻路在游戏中为玩家起到非常重要的指引作用。

很多手游为了防止玩家迷路，以及方便玩家寻找任务点的位置，制作了自动寻路系统。

9.5 碰撞

碰撞主要用于阻挡玩家进入不可行走区域。一般来说，碰撞体分为实体碰撞和虚拟碰撞两种。实体碰撞即视觉表现上为不可行走区域，一般表现是墙体或柱子等。虚拟碰撞一般指视觉上没有实际阻挡物体，但路线规划上不希望玩家走到的区域，如悬崖边缘、主路线外的树丛中等。

9.6 场景输出

场景关卡设计师将上述各节内容整合完成后配合策划与程序的设置输出至游戏里，即可实时体验游戏关卡。

10 场景编辑步骤及流程讲解
Level Editing and Processes

10.1 概念图和原画

概念图和规划图一般是两个概念：规划图由策划出大概方案，概念图由原画产出，有时也可能由编辑出图，概念图根据规划图画出具体氛围和风格。场景制作初始，一般会有一个从文字（策划文案）转换成美术语言（原画概念）的过程，概念图就是此过程的主要产物。

概念图会标示出场景主要氛围、色调、路线等信息，方便编辑进行之后的制作和编辑。

而编辑需要做的就是要尽可能地还原到原画的氛围，在此基础上再做提升，这就需要场景编辑和原画师保持沟通，使场景的色彩、光影更加贴合原画场景设定和光影表现，如图 10-1 和图 10-2。

图 10-1 网易游戏《阴阳师》原画效果

图 10-2 网易游戏《阴阳师》3D 还原效果

概念图完成后,原画还需要针对场景中特色组件进行细化设计,此环节制作与编辑均会参与拆分组件流程,见图 10-3,随后进入模型制作,最终还原出游戏中用到的 3D 美术资源。

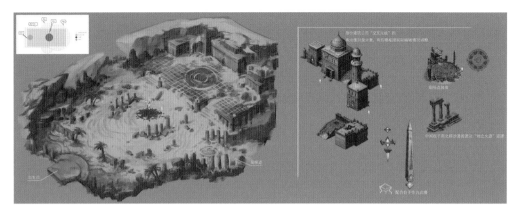

图 10-3 网易游戏《墟土之争》原画拆分

所以一般场景开发流程分为以上主要几个步骤,如图 10-4,可以看到原画引出的步骤和场景编辑对应了两条并行的制作流程,这两条线最终会汇集到一起,完成游戏中的美术效果。

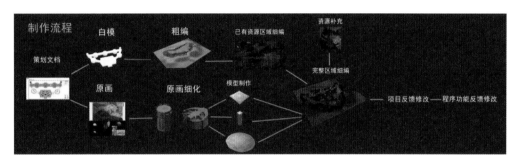

图 10-4 网易游戏在研项目开发流程

10.2 白模验证

白模制作一般用于场景制作初期,为了方便策划跑测来验证场景大小是否符合要求,白模的主要特点:制作快,修改快,方便快速响应方案、验证效果来达到项目预期。

主要目的:防止后续因为路线比例问题引起模型返工。制作白模需要注意:不需要太复杂的结构和细节表现,重点在于主要行进路线、组件的比例大小以及场景的整体高度差。这些内容需要在白模期间确定,以保证后续制作的流畅。

根据原画制作的白模,此阶段对区域和路线宽度进行比例确定,如图 10-5。

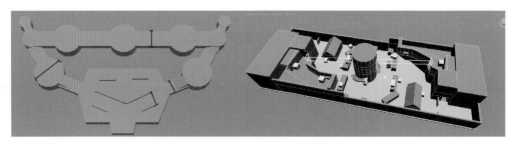

图 10-5　网易游戏《墟土之争》路线宽度比例

10.3　场景粗编

粗编概念：粗编环节旨在根据关卡策划的要求和原画设定确定整个区域地形特点、场景结构划分、空间层次、环境氛围、光照、路点、布怪点等。此版本需要路线完整，有场景基础氛围和基础光照，不需要过多的细节表现，如图 10-6。

图 10-6　网易游戏在研项目粗编版本和细编版本对比

进行场景编辑前需要对已有资源进行筛选，这个步骤的主要目的是提升游戏性能和缩短开发周期，避免制作多余及重复组件。

此环节也要开始基础地形和地表的制作，比较重要的是地表规划，因为地表细节很大程度决定了场景后期的完成度。

在粗编阶段，场景编辑师需要处理三件事情：第一，确定地形类型（比如山体或者平原）；第二，划分用地属性（自然地形／人文地形）；第三，整体铺设主角行走区域。处理完后地图的粗编版本便已完成，可以交付策划进行布怪。

使用美术资源替换掉白模资源，再调整周边使之融合，便制作完成了粗编版本的效果。

综上所述，不难看出粗编就是利用已有资源或粗模在引擎中进行简单摆放和定位。此过程的主要目的是确定模型比例、游戏行进路线和功能点等信息。

相对粗编，细编会有更多的细节要求，比如细腻的主光和补光、完整的植被和光源分布、衔接自然的结构及完整的游戏体验等。确定好基础地形后，开始逐步增加组件细节，并针对光源和特效进行强化。

细编环节要注意以下几点：

（1）物件的摆放要严谨，丰富画面细节内容；

（2）视觉中心明确，场景的整体氛围清晰，特效要用到合适的地方；

（3）地表清晰明确，干净统一，结构明朗；

（4）每一屏内构图层次分明，近中远景明确；

（5）有明确的光源，灯光的分布要有逻辑，色彩变化要在场景主光源下进行；

（6）组件摆放：在粗编的框架基础上，逐步完善组件衔接，保证结构完整和元素多样性。3D 视角下，还要注意中远景的造型及空间。（其中注意组件摆放上容易出现的问题：比如散乱，零碎，如图 10-7）

通过合理调用和调整通用类组件在场景中的位置，能够使场景更整体。

图 10-7 网易游戏《堡垒前线》组件摆放

10.4　打光制作

到此可以进入打光制作阶段，灯光的作用包括：烘托场景氛围、给予场景色彩、指引玩家路线以及塑造模型体块。

根据时间分类，如图 10-8 和图 10-9。

图 10-8　网易游戏《逆水寒》白天的效果

图 10-9　网易游戏《逆水寒》夜晚的效果

人工光源对场景的影响，根据功能分类：

天光：属于环境整体光照，统一影响场景内所有组件，一般根据时间呈现方向性，如图 10-10。

图 10-10　网易游戏《逆水寒》

射灯：局部强光源，特点是有明显的方向性，对于人工区域的氛围提升很重要，如图 10-11。

图 10-11　网易游戏《永远的七日之都》利用射灯制作强光效果

点光：无方向性的光源，只能调整范围和强度等参数，是场景中使用最为频繁的光源，如图 10-12。

图 10-12　网易游戏《永远的 7 日之都》利用大范围点光制作光晕

10.5 近中远景的层次表现

在有限的空间内保持玩家视野开阔；在场景细节的摆放上依照由大到小的顺序循序渐进，逐步丰富场景细节；在中远景的组合中，注意相互之间的关系并采用一定的雾效强化层次感。

3D 游戏下的雾效效果见图 10-13。

图 10-13　网易游戏《猎手之王》3D 开启雾效

2.5D 游戏中的雾效效果见图 10-14。

图 10-14　暴雪《暗黑破坏神 3》2.5D 开启雾效

10.6　寻路碰撞制作

2.5D 项目中，雾效通常用来通过塑造模型边缘的剪影效果来加强空间感。

美术效果大概成型后，就要开始制作碰撞。以下我会介绍一些碰撞制作上的经验以及需要注意的部分。以下列举到一些《暗黑破坏神 3》在碰撞上的制作经验：

如图 10-15，《暗黑破坏神 3》在处理场景边缘时会尽量避免过于起伏的阻挡空隙，有些时候不可避免的大空隙可以填补些小组件来使阻挡边缘平整，同时注意小组件不要使用自身碰撞，尽量使用几何 box 来做围挡。这样一来可以打破视觉上边缘的完整性，而且也避免了弯角在边缘走直角的体验。

图 10-15　暴雪《暗黑破坏神 3》场景边缘流畅

《阴阳师》项目因为玩法需求，场景的寻路更多会集中在场景中心区域，同样依照暗黑中阻挡边缘化的理论来设置，如图 10-16。

图 10-16　网易游戏《阴阳师》场景中心区域

2.5D 游戏中特有遮挡处除了消隐外的其他解决方式：

图 10-17　网易游戏《终结战场（原终结者 2：审判日手游）》3D 项目阻挡物

墙体做成围栏，可以很好地解决遮挡问题，同时避免消隐。《暗黑破坏神 3》会在遮挡处用较为平整的阻挡来防止玩家进入遮挡区域，注意所见即所得的行走体验，如图 10-18。

图 10-18　暴雪《暗黑破坏神 3》墙体围栏

为了边缘流畅性而刻意让玩家走不进看起来可以走的区域是不可行的，可以在空隙中放些小的阻挡物来做填充，如图 10-19。

图 10-19　网易游戏《第五人格》阻挡物填充

10.7　高低配优化

效率优化在手游上尤其被重视，很多项目甚至为了效率优化，牺牲很多美术效果，导致一再延期上线。在游戏制作后期，效率优化是非常重要的。

如图 10-20 所示，一般来说，面数和批次是影响效率的关键点，很多程序一开始就会严格控制场景批次，一般一个模型限制一个批次（使用一张贴图），批次过大则影响游戏的运行速度，行成卡顿感，同屏面数过高也会影响加载速度。还有一个效率观测点是镂空贴图（Alpha）的使用数量，一般手游开发后期都会针对上面 3 点进行优化，效果会有不同程度上的牺牲。

图 10-20　效率优化

11 场景编辑基本技巧
Basic Level Editing Techniques

11.1 画面风格

现在计算机的图像渲染能力越来越强，游戏画面也越来越精细，游戏画面风格也非常多样，不过市场上主流游戏的画面风格还是可以找到共同点。

下面依据不同美术风格简单总结了一下每种画面风格的特点，列出了部分代表作品。

11.1.1 像素风格

像素风格游戏均是 2D 游戏，其典型的画面特点是人物和事物的轮廓清晰、颜色对比明显、颗粒感强、造型偏向卡通风格。场景角色的绘制均没有近大远小的透视原理，包括投影。

11.1.2 卡通风格

游戏画面拟真度在像素风的基础上进一步提升，便达到了类似动漫的画面效果——物体轮廓变得圆润、颜色过渡均匀，但人物、事物的部件比例和颜色搭配上并不十分写实，视觉效果上更像绘画而不是照片，这里暂且称它为卡通风格。对于大多数的卡通风格游戏，可以将其分为欧美风格和日韩风格。

/ 美式卡通风格

欧美漫画风格的游戏画面颜色较为浓重，人物曲线较为硬朗，如图 11-1。

/ 日式卡通风格

市场定位以二次元用户为主要群体，一般画面风格鲜明、鲜亮且以变化丰富的颜色为主流，如图 11-2。

/ 韩式风格

而韩式美术风格近几年也独成一派，制作方式上多以次世代技术为主，美术风格上多倾向亚洲审美，但玩法和技术上却多倾向于欧美主流游戏，所以是市面上比较综合的美术效果，如图 11-3。

图 11-1　暴雪《守望先锋》

图 11-2　网易游戏《阴阳师》

图 11-3　网易游戏《天谕》美服

11.1.3 写实风格

各方面力求还原真实世界效果的游戏，这里仍然要有欧美和日韩风格的区分。写实风格因为力求真实的材质表现和身临其境的氛围，技术上多以主流次世代为主要表现手法，如图 11-4。

图 11-4 网易游戏《逆水寒》

11.1.4 中国风 / 水墨风

中国风在很多蕴含中华文化的游戏当中的表现已经越来越浓郁了，而水墨风格目前作为国风孕育出的小众风格，几乎被贴上了国产独占的标签。如图 11-5，水墨风格游戏有着浓郁的中国古典之美，同时赋予了万物生机勃勃和静谧之美，完美结合国韵古风的美术风格和适合游戏的玩法体验，相信未来会有更大的市场和发展空间。

图 11-5 网易游戏《逆水寒》

如图11-6，《绘真·妙笔千山》是网易自研的一款风格化独立向的手游，意在还原中国传统绘画瑰宝——青山绿水的意境和效果，采用横版平面视角与3D自由大视角结合的方式，营造出"如入画境"的体验。

图11-6 网易游戏《绘真·妙笔千山》

11.2 构图

在游戏画面中，构图是一个很宽泛的话题，但是有一些概念还是可以即学即用的。简单来说，构图的基础理论还是要简化成点线面三种元素的综合运用，而如何平衡画面便是其中的奥妙所在。

11.2.1 水平线构图

如图11-7，居中水平线，如果是将水平线居中放置，能够给人以平衡、稳定，如果是将水平线下移，能够强化天空的高远。

图 11-7 水平线构图

图 11-9 斜线构图

11.2.2 垂直线构图

如图 11-8，垂直线构图就是利用画面中垂直于上下画框的直线线条元素构建画面的构图方法。垂直线构图一般具有高耸、挺拔、庄严、有力等特点。在平时生活中经常能见到的树木、柱子、栏杆等，都是可以利用的垂直线构图元素。

11.2.4 交叉线构图

交叉线，就是两条不重合的斜线，能充分利用画面空间，并把视线引向交叉中心，也可引向画面以外，如图 11-10。

图 11-8 垂直线构图

多条垂直线就可以表现万木争荣的参天大树、险峻的山石、飞泻的瀑布、摩天大楼，以及竖直线形组成的其他画面，有一种肃穆庄严感。

图 11-10 交叉线构图

11.2.3 斜线构图

如图 11-9，斜线构图常表现运动、流动、倾斜、动荡、失衡、紧张、危险、一泻千里等场面。斜线构图还能通过画面里的斜线指出特定的物体，起到一个固定导向的作用。

11.2.5 S 线构图

如图 11-11，画面上的景物呈 S 形曲线的构图形式，具有延长、变化的特点，使人看上去有韵律，产生优美、雅致、协调的感觉。常用于河流、溪水、曲径、小路等。

图 11-11　S 线构图

11.2.6　三角形构图

三角形构图也称金字塔式构图，如图 11-12，具有安定、均衡但不失灵活的特点，同时它从画面的视觉效果上，还可以带给观众一种无形而强大的内在重量印象。拍人像四平八稳，拍建筑有一种耸入云霄的感觉。

图 11-12　三角形构图

11.2.7　L 构图

主体鲜明，层次丰富，疏密分布明确，如图 11-13。

图 11-13　L 型构图

11.2.8　矩形构图

善于发现生活中的矩形，中规中矩四平八稳，会有一种人工化的和谐感，有的时候我们将画面裁剪成正方形会具有同样的效果，如图 11-14。

图 11-14　矩形构图

11.2.9　放射线构图

如图 11-15，视觉上的放射线可以理解成线的元素构成，试着抛开资源颜色限制等，单纯从设计元素上考虑。

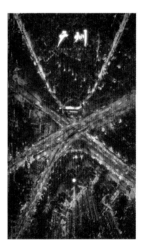

图 11-15　放射性构图

11.2.10　留白构图

顾名思义，是大面积留白的构图方式，当然这么做的重点就是需要明确预留出来的空间你想交代什么，漫无目的的预留只会让画面变得杂乱无章，如图 11-16。

11.2.11　引导构图

利用线条引导观者的目光，使之汇聚到画面的焦点。如图 11-17，引导线不一定是具体的线，但凡有方向的、连续的东西，都可以称为引导线。现实中道路、河流、颜色、阴影、人的目光都可以当作引导线使用。

图 11-16　留白构图

图 11-17　引导线构图

游戏中的构图运用（图 11-18）：

图 11-18　网易游戏《逆水寒》对称构图运用

图 11-18 中的对称构图，可以体现出场景的庄严大气，以及统一性。

11.3 光影

11.3.1 最基本的三种光源

最基本的三种光源分别是太阳光、天光和反射光，如图 11-19。

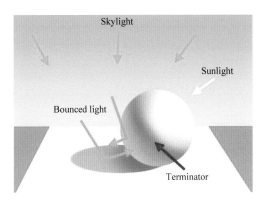

图 11-19 三种光影

最强的光线来自太阳，能让影子的边缘变得锐利，而蓝色的天空，则投下温和的光线，柔化锐利的阴影、天光其实也会产生属于自己的影子，光源越小，阴影越清晰。

11.3.2 色温及冷暖

任何事情都需要观察，在绘图时不能凭自己的感觉选择颜色，不能认为这里是红色就选择红色，不能主观认为草是绿的、天是蓝的，因为事实可能并不全是这样。

11.3.3 三点照明理论

三点照明基本的模式为（如图 11-20）：一盏明亮的主灯从一个方向照来，一盏较弱的补光来自相反的方向，最后一盏背灯为物体勾勒出清晰的边线和明确的边缘。

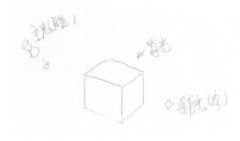

图 11-20 三点照明

11.3.3 光照在游戏中的应用

/ 分割画面

光的分割和投影是相对而言的，利用它巧妙解决场景过于平淡的问题，结合颜色和明度形成强烈的对比和风格化，如图 11-21。

/ 符号化

有时候，光会作为符号出现，光本身形成形式符号，标示特殊地点或场景中的特殊互动表现，单纯美术表现上，设计者也可以用符号化的打光来增强记忆点的特殊性，如图 11-22。

图 11-21　网易游戏在研项目光的分割和投影

图 11-22　网易游戏在研项目符号化

/ 指引性

光是游戏里最基本的功能，设计者在设计光线分布时，应该考虑到合理的指引功能，如图 11-23。

图 11-23　网易游戏《逆水寒》光线分布

11.4 韵律及空间（气氛烘托）

11.4.1 韵律

韵律是指视觉元素的重复出现。韵律设计会使玩家不自觉地跟从元素的排列形成记忆，韵律有时被用来塑造记忆点，增强对玩家的指引，有时被用来塑造场景氛围和空间感。

11.4.2 简化

在构图时，中远景的简化可以让远处空间更整体。如果想塑造好的空间，中远景的制作需要趋近整体，相比近景中的细节则更强调外轮廓。

11.4.3 统一

统一是空间塑造的最后一个原则，赋予画面整体感的同时，将画面中所有元素，组合成一个统一的构成，包括颜色、大小、质感等。

11.5 黑白灰关系

黑白灰关系、空间关系、主次关系共同组成了素描作品的三大关系。在美术创作过程中，黑白灰是用来对画面层次、节奏归纳概括的一个方式规律。在色彩中，黑白灰的关系就是色彩的明度关系，指的就是画面的素描关系，素描加冷暖就是色彩。

11.5.1　明暗关系

一是指自然物像受光照影响所呈现的明暗色调深浅变化的关系，二是指画面中深浅色块并置和明暗色调衔接所呈现的对比关系。明暗关系的把握是控制五大调子的基本法。

11.5.2　空间关系

空间是在二维画面里体现三维的至关重要的一部分，它与体积结合使画面更具立体感。我们可以通俗地解释空间为上下、前后、左右的位置体现。

11.5.3　主次关系

素描中的形体主要指物像的外形特征，结构则主要指物像的内部构造和组合关系。

白多黑少的亮调场景：在自然之中，具有代表性的亮调子场景有浓雾和白雪，在雪地里即使是阴影都会因为无处不在的反光而变的浅淡清爽，如图11-24。

黑多白少的暗调场景：用到暗调子最多的自然是夜晚或傍晚时分的场景，当然在其他的情况下它也能发挥出色，比如风暴即将来临，或是幽暗的室内。画面中大面积黑色勾勒出角色剪影，并使远处主体物更清晰明确，如图11-25。

亮色调的场景明亮清晰，构图稳定，主题明确，如图11-26。

明暗对比度夸张表现，主体物的剪影造型拉开了中远景的空间层次，如图11-27。

图11-24　网易游戏《逆水寒》（白多黑少的场景）

图 11-25　网易游戏《逆水寒》（黑多白少的场景）

图 11-26　网易游戏《逆水寒》（亮色调的场景）

图 11-27　网易游戏《逆水寒》（明暗对比度夸张的场景）

强对比度，使黑白灰关系明确清晰，更好地表现主题，如图 11-28。

图 11-28 网易游戏《逆水寒》（强对比度的场景）

11.6 用颜色烘托氛围

11.6.1 色彩的基本属性

/ 色相

色相即每种色彩的相貌、名称，如红、桔红、翠绿、湖蓝、群青等。色相是区分色彩的主要依据，是色彩的最大特征。

/ 明度

明度即色彩的明暗差别，也即深浅差别。

/ 纯度

纯度即各色彩中包含的单种标准色成分的多少。纯色色感强，即色度强，所以纯度亦是色彩感觉强弱的标志。

11.6.2 色彩对比的运用规律

/ 冷暖对比

一般情况下，暗部呈现暖色，亮部呈现冷色，靠前物体呈现冷色，背景呈现暖色。

/ 补色对比

红与绿，黄与紫，蓝与橙呈现三组互补色，在色彩运用中，一般在明暗交界或者背景可适当运用少量补色关系，如图 11-29。

图 11-29　网易游戏《逆水寒》补色对比

11.6.3 色彩在游戏中的功能

视觉颜色的主要功能是为了更容易辨别物体，在游戏中的色彩运用也体现了这一点。色彩在游戏中还有其他的功能，就像它在电影、艺术和设计中一样，以下我们来介绍色彩的这些属性。

11.6.4 色彩在游戏中的情感属性

如图 11-30 不同色彩给予玩家的情感变化：

图 11-30　不同色彩

/ 利用色彩制造视觉层次

游戏画面中的元素会自然形成重要基本的层次。比如，角色＞敌人＞互动的对象＞背景元素。颜色可以帮助这些层次在视觉上区分清晰。在视觉作品比如绘画和电影中，这个原则也用来引导观众的视觉焦点。

/ 等级划分

色彩能够指示玩家游戏的进程，包括时间、空间和情绪上的。

/ 身份标识

色彩标识用于组合和区分游戏中的元素，比如区别玩家和游戏角色，以及区分游戏区域。

/ 指向性

指向标用于传达给玩家一个游戏内某个元素的走向，一个区域或者物品的颜色传达出它是否可以互动或者如何被使用。

11.6.5　游戏中色彩制作的规律

图形范围越窄，色调越统一，适合制造主题明确的场景。

图形范围均衡意味着场景色调平衡度高，适合温暖真实的场景，如图 11-31。

图 11-31　网易游戏《逆水寒》灯光补色

图形范围越宽，画面对比度适合情景强烈的场景，互补色适合做奇幻压抑的气氛，如图 11-32。

图 11-32　网易游戏《逆水寒》

12 场景编辑进阶技法
Advanced Level Editing Techniques

12.1 游戏视角介绍

12.1.1 第一人称

第一人称视角游戏是从 3D 游戏创建时出现的游戏类型。

第一人称游戏因为是以主角的视野进行观看，所以对于一些游戏中细节的东西看得更清楚，而且第一人称游戏的代入感也很强，如图 12-1 网易游戏《荒野行动》。

图 12-1　网易游戏《荒野行动》

12.1.2 第三人称

第三人称视角游戏从游戏的视野能够看到玩家操控的角色的全身，玩家不仅可以看到角色自己，还可以观察角色所处的世界的 360 度全视角，更具备客观性，更加强调动作感。玩家操控的角色是以另外一个"他 / 她"出现的，因而称之为第三人称。在一些第一人称游戏中，可以进行对第一人称至第三人称的转换，如图 12-2 网易游戏《明日之后》。

图 12-2　网易游戏《明日之后》

12.1.3　上帝视角

上帝视角是指让玩家们拥有辽阔的视野的游戏，可以看见的范围远远多于第一人称及第三人称游戏视角，说得通俗一点就是让玩家们俯瞰整个游戏地图以方便其操作及安排战术。此类游戏战略类占的比例较多。

历史上著名的第三人称游戏有《帝国时代》《红色警戒》《魔兽争霸》《暗黑破坏神》等。网易出品的《率土之滨》也是典型的沙盘战略手游，见图 12-3。

图 12-3　网易游戏《率土之滨》

12.2 场景风格

现在计算机的图像渲染能力越来越强，游戏画面越来越精细，游戏画面风格也千奇百怪。从场景编辑的制作角度来说，按照游戏画面的拟真程度，可大体将游戏画面风格分为像素体素风格、二次元风格、现时代手绘风格、次世代 PBR 以及水墨风格等等，同一画面风格的游戏，根据游戏的题材（魔幻、科幻、中世纪、武侠等），也会显示出略微不同的画面效果。

12.2.1 像素体素风格

对于具有 2D 像素风格画面特点的 3D 游戏，通常将其称为体素游戏，但体素游戏中物体的绘制采用的是具有近大远小效果的透视视图，这类游戏的典型作品就是《我的世界》（Minecraft）。因为美术成本相对于其他画面风格的游戏来说更低，制作者可以将更多的精力投入到游戏的其他部分，像素体素游戏通常都具有很大的世界架构和较高的自由度。

12.2.2 二次元风格

所谓二次元就是指二维空间，与三次元（现实世界）相对。而在 ACG（动画、游戏、漫画）文化中，则常常把动漫、游戏等作品虚构的世界称为二次元。

提到二次元手游的进阶之路，就不得不提祖师爷级别的《舰队 Collection》了。这款游戏于 2013 年问世，创造了如今广泛运用于二次元手游市场的"累积话题和热度，然后靠卖 IP 出各种周边来赚钱"的商业模式。这种模式也深深影响到了国内的手游业，如《战舰少女》《少女前线》《永远的 7 日之都》（图 12-4）等。

图 12-4　网易游戏《永远的 7 日之都》

12.2.3　现世代手绘风格

在早期计算机性能不是很强的时候，游戏中无法使用一些比较高级的表现手段来提升画质，大部分游戏通过手绘贴图来展示模型的材质效果，此类游戏被称之为现时代手绘游戏。根据游戏的题材风格，现时代游戏中还可以分为 Q 版、卡通、写实等游戏风格。由于制作成本相比次世代游戏低，目前市面上大部分游戏都是现世代手绘风格的。如图 12-5《第五人格》，现世代手绘的风格也更加符合其美术表现。

图 12-5　网易游戏《第五人格》

12.2.4 次世代 PBR 风格

PBR，用通俗一些的称呼是指基于物理的渲染，它指的是一些在不同程度上都基于与现实世界的物理原理更相符的基本理论所构成的渲染技术的集合，用一种更符合物理学规律的方式来模拟光线，这种渲染方式总体上看起来要更真实一些。

随着最新的次世代技术 PBR 流程的普及，越来越多的公司由传统流程转向了 PBR 流程，主要原因在 PBR 材质不仅效果上更加贴近于真实，而且制作效率上要比传统流程快了很多。

如图 12-6，《逆水寒》就是在典型的次世代 PBR 流程下的完成的成熟作品。

图 12-6　网易游戏《逆水寒》

12.2.5 水墨风格

水墨风游戏在最近几年有些热门起来了。它有着独特的魅力，吸引到了诸多玩家。水墨风格是基于手绘效果的一种独特的游戏表现手法，大部分都是由中日韩古代元素组成，有较强的视觉冲击力，以水墨的形式让玩家仿佛穿越到了那个古风世界，如图 12-7《绘真·妙笔千山》。

图 12-7　网易游戏《绘真·妙笔千山》

12.3   烘焙与实时光影

在游戏场景的制作过程中，有非常多提升游戏性能、增加画面效果的技巧，场景烘焙便是其中之一。简单地说就是一种把光照信息渲染成贴图，而后把这个烘焙后的贴图再贴回到场景中去的技术。这样光照信息变成了贴图，不需要 CPU 再去费时地计算了，只要算普通的贴图就可以了，所以速度极快。

但是这种制作手段有个技术缺陷，就是不能实时昼夜变化，所以就产生了一些新的技术来模拟实时光影变化。相比之下实时光影比烘焙的光影消耗更大，并且在阴影部分没有真实的光线反弹。

不过随着显卡制作水准的不断提升，英伟达（NVIDIA）公司推出了实时光线追踪和 AI 技术，一定程度上减少工作量，实现了实时的光线反弹，将后期的阴影处理工作变得更加简单，只要建模完成就可以轻松布局光影效果了。

12.4   画面构成、情趣、节奏

在现有技术下我们可以把游戏场景的画面营造得相当丰富，并通过各种制作手段来提升游戏的趣味性。

12.4.1   主题

从制作思路上面我们可以通过美术的三大构成来提取场景中的设计点，将符号化和能点明主题的画面表达出来，增强游戏画面的记忆点，并让玩家体验游戏时仅凭画面就能感受到主题。

12.4.2 意境

针对现在的游戏技术来说，我们可以通过各种高级效果来提升游戏的画面构成、情趣及节奏。比如使用雾效来拉开空间效果，使用体积光去营造场景氛围，通过 PBR 的贴图实现地表质感的层次变化，增加前中远景的层次感等。

12.4.3 玩法体验

运用合适的方式，例如光照、剪影、画面分割以及图形符号化来达成游戏中路线指引、气氛营造等效果。

12.5 场景性能优化目的与流程

在游戏制作中，绝大部分游戏的场景美术资源都会占用设备相当大的储存和计算量，而且游戏运行起来还有其他如角色、动画、特效、UI、贸易、战斗交互、AI、寻路等程序系统的调用和运行。对场景美术资源进行一定的优化就可以为其他资源留出更多的空间，使得游戏跑起来更为流畅。

美术场景资源的优化主要从模型、贴图、灯光、特效等方面去着手，对应的是提高 CPU、GPU、内存等硬件的使用效率。优化的细节还有很多，比如场景特效可尽量用动画去实现，避免过多的粒子特效，场景的碰撞体单独用建模去做，不要用 unity 默认的碰撞体，等等。

/ 减面

对场景模型减面优化是最常见的优化操作。主要是去掉对模型造型没有影响的面，用尽可能少的面数表达清楚模型的结构和造型。比如：物件非关节点及物件背面、内部不会看见的面删掉。

/ 合并模型

合并同一小范围内的非交互类的静态小物件，同时合并小物件的贴图。这样可以减少 draw call 的数量。如：一组不同大小的小草，一组大小形状不同的石头，一组不动的地基类物件，一个书架和上面放置的很多书籍等。把这些小物件合并成一个对象，贴图也合成为一张贴图。高端手机平台上 draw call 一般控制在 300 个左右。

/ LOD

如图 12-8 和图 12-9，建筑和复杂的物件用 LOD 模型和远处剔除来减少同屏面数。地形的
LOD 系统也可以对地形的面数做很大的优化。

图 12-8　网易游戏《堡垒前线》LOD 制作（1）

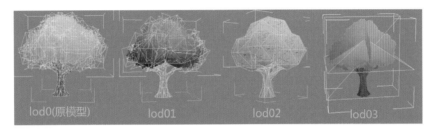

图 12-9　网易游戏《堡垒前线》LOD 制作（2）

/ 贴图大小

在移动设备上的贴图最大要控制在 1024 和 512 大小，可少量使用 2048 大小的贴图，以
1024、512 大小贴图为主。

/ 少用透明贴图

能不用就不要用，透明贴图非常消耗 GPU 资源。

/ 贴图压缩

对贴图进行 PVRT（iOS）或是 ETC（Android）格式的压缩可以减少大量内存消耗。

/ 灯光的数量

室外开放式大场景建议只用一盏平行光。室内场景可适当多一点，室内环境可以用 Reflection
probe 来加强反射效果。摄像机上少用后处理效果，有选择性地使用。

12.6　寻路与碰撞体介绍与制作

在游戏场景的制作中，我们不仅仅要制作效果上的场景，并且还要让我们的场景满足游戏功能，比如寻路功能和碰撞功能。寻路的制作主要是用来告诉引擎鼠标单击时角色可以抵达的地方，而碰撞体是用来告诉引擎这些地方角色不能抵达。

在制作寻路的时候，我们可以通过导出游戏场景，直接在三维软件中对场景可行走区域进行拓扑，来确定寻路范围，也可以通过一些引擎工具来快速地制作寻路区域。

12.7　游戏场景中的碰撞制作

如图 12-10，在碰撞体与寻路制作完毕之后，由美术人员导入游戏引擎之中，匹配场景中模型的位置，并通过适当的配置来让碰撞体与寻路生效，并且配合程序、策划还有 QA（游戏测试）来不断修正其中产生的问题，最终才能够打包生成游戏。

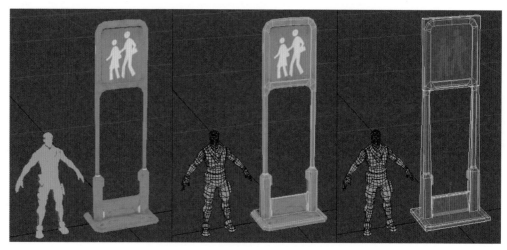

图 12-10　网易游戏《堡垒前线》碰撞体

12.8　未来场景技术发展趋势

随着引擎技术的不断更新迭代，以及各种程序化制作软件的出现，现在的游戏场景越来越趋向于程序化编辑，特别是在一些大世界的游戏中，场景编辑不是在编辑器中堆场景，而是像模拟城市一样规划区域，自动化工具逐步替代人力制作，有效解决了当前所面临的问题。

12.8.1　程序化材质贴图：Substance Painter

Substance Painter 是一个独立的软件，是一个全新的 3D 贴图绘制工具，又是最新的次世代游戏贴图绘制工具，支持 PBR 基于物理渲染最新技术。它具有一些非常新奇的功能，几秒钟内便可为贴图加入精巧的细节。可以在三维模型上直接绘制纹理，避免了 UV 接缝造成的问题，功能非常强大。

12.8.2　程序化地形软件 –World Machine

近十年来，大部分艺术家使用 World Machine 制作场景地形，World Machine 让艺术家可以快速高效地创建大规模的山体和地形。World Machine 使用一种程序性的方式，使用简单的形状和曲线来制作基本区域，然后通过大量的程序节点来模拟自然的效果。

12.8.3　程序化编辑 –Houdini

Houdini 是一款三维计算机图形软件，是完全基于节点模式设计的产物，其结构、操作方式等和其他的三维软件有很大的差异。在 Houdini 中，我们可以尝试程序化生成的创作方式，比如：帮助美术在环境中放置电线，通过美术导出的一条曲线，再调整参数，几秒钟就能生成电线和电线间的支点。借助 Houdini，我们可以重新定义工具的创建处理流程。

程序化生成方式不仅帮助我们摆脱了烦琐的任务，还节省了时间，使美术关注于品质，有更多的时间打磨游戏关卡。

12.9 技术与艺术的结合

科技提升了生产力，通过科学的技术跟管理手段解放劳动力，工具的进化会让团队从日常繁复的工作中（长时间开会沟通、重复低效的劳动、测试、Debug）解脱出来，把更多的时间花在画面美感上面，更关注游戏的趣味性。

12.10 优秀场景案例解析

12.10.1 固定游戏视角写实风格代表

图 12-11《暗黑破坏神 3》在光的执行性上运用得非常好，有效地让视觉中心出现在角色身上，同时周围的压黑也营造出了神秘气氛，且在整体色调上保持前面色彩提到的，图形范围窄色调，制造主题明确的场景。

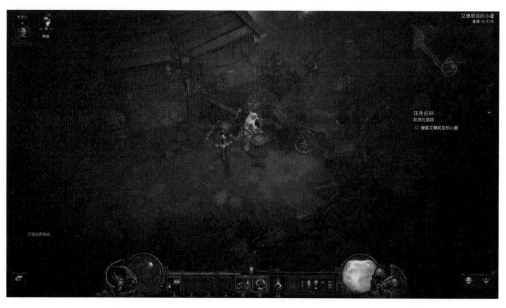

图 12-11　暴雪《暗黑破坏神 3》

12.10.2 3D 游戏视角写实风格代表

《逆水寒》是网易游戏近年来在写实风格中做得效果表现比较优秀的产品，如图 12-12。
在画面的氛围营造和情感表达方面都很到位。

图 12-12　网易游戏《逆水寒》

12.10.3 二次元游戏风格代表

《阴阳师》作为二次元游戏风格代表，其场景以唯美、灵异、柔和华丽为主色调。卡通略微写实，
带有一定的日式奇幻色彩。画面纯净不杂乱，制作方式采用 3D 环境 2D 插片来进行，通过面片
来表达场景的空间层次。

因为整体游戏氛围偏意境传达，所以在制作时除了要高度还原原画的各方面内容，还要通过模型
动作、特效等来烘托每个场景的主题。

场景虽然采用 3D 环境 2D 插片来制作，但在实际制作时避免沿用传统 2D 横版游戏的制作思维
和画面表现手法，围绕场景主题拉开层次，着重增加纵深感和虚实感，如图 12-13。

在制作时，因为场景中所有元素基本上都是透贴，所以在透贴的前后显示上就要做好层级设置，
避免出现显示前后错位。

图 12-13　网易游戏《阴阳师》庭院场景

12.11 场景编辑常见问题汇总

12.11.1 编辑前期

（1）整体规划缺乏导致与策划需求不符，最后重新推翻迭代：前期路线与资源点、区域、山形确定后，积极与原画、策划沟通。

（2）对使用资源不明确，风格把握不清晰：前期一定要做好资源素材筛选和资源规范确定。

（3）编辑开始时不清楚自己需要的是什么样的效果：找大量参考，并编辑完成单屏的风格确定。

（4）前中后期编辑进度把握不清：最好做好当日目标、双日目标、每周目标，方便及时反馈与修正。

12.11.2 编辑中期

（1）场景整体出现颜色的问题，例如：花、灰、闷、曝。

（2）出现物件摆放不合理性：散、杂、乱、平等问题。

（3）构图散乱，气氛不合适：雾效拉开前中后景的层次。

（4）场景气氛不够，单调、缺乏特点：适当增加场景特效，增加区域特色与氛围，并结合天空盒子影响整体效果气氛，传达时间地点气候等信息。

12.11.3 编辑后期

（1）引擎操作烦琐或重复性工作导致效率下降：后期与技术美术、程序员等多沟通，完善工具能事半功倍，特别是 shader、HDR、快捷键上的。

（2）优化与问题跟进，注意高低端机器测试，点对点优化。

CHARACTER
PRODUCTION

04

角色制作

13 角色原理概述
Character Design Overview

游戏角色是一款游戏里非常重要的元素，通常是游戏画面的视觉中心，是游戏与玩家进行直接互动的载体，也是游戏的重要消费点。游戏角色形象往往决定了玩家对游戏的第一印象，也成为我们对一款游戏的回忆。多年以后，你也许早已忘记了《超级马里奥》和《古墓丽影》的通关技巧，但你肯定记得马里奥的胡子或是劳拉的身材。

3D 角色制作设计师的主要工作职责是根据概念设计，通过三维软件，将角色的造型、材质和形象气质塑造成三维模型并且输出到游戏引擎里，保证角色模型在游戏内顺畅运行的前提下，能够表现出尽可能多的细节，同时通过符合运动规律的模型布线，确保后续动画环节顺利进行骨骼设置绑定。

3D 角色制作在游戏美术开发中是一个承上启下的环节。要求制作者具备很好的美术修养和造型能力，具备一定的解剖知识和动画原理常识，了解各辅助软件以及引擎知识，同时也需要良好的沟通能力和团队协作能力。从整体来看，场景效果和角色效果互相关联，相互依托，共同组成了游戏画面。3D 角色制作者应在实际游戏场景里观察和验证角色效果，使得在游戏里能够呈现出最优化的制作效果，同时保证整个游戏画面和谐统一。

对于有经验的角色制作者来说，角色制作过程不是"再现"而是"再塑造"。原画是概念设计而不是工业设计图，不可能做到每个细节都面面俱到，需要制作者对一些原画图没涉及的细节进行分析并制作出来。而角色的形象气质更是微妙和难以把控，如果作者对角色的形象气质没有一定的分析和理解，就难以制作出具有生命力的角色形象。

游戏角色的制作方式随着计算机硬件与图形技术的进步而不断发展，在发展的过程中诞生了很多不同的制作方式，有一些在发展过程被替换更新，而另一些则作为一种"类别"延续至今。

上世纪七八十年代，任天堂推出的 8 位机主机，受机能影响，游戏美术普遍偏重平面设计。同时因为颜色数量的限制，导致游戏画面的特点往往是：造型简单、颜色色块化、整个画面充斥着像素的感觉。

而近期推出的复古像素风游戏《我的世界》，则是用现代游戏引擎和制作方式把半个世纪前的游戏画面作为另一种美术风格呈现出来，形成了一种独特的美术风格，并且获得了极大成功。

13.1   3 渲 2 角色制作

进入到本世纪 90 年代，随着图形技术提升和玩家对画面的需求升级，3 渲 2 方式的游戏作品登场了。虽然是 2D 游戏，但是在制作方式上使用了 3D 模型的制作流程，最终输出成 2D 图或者序列帧。在当时主机配置普遍偏低的年代，这个方法是兼顾了视觉效果与降低配置要求的两全其美的方案。暴雪娱乐公司（Blizzard）分别在 1996 和 1998 年推出的《暗黑破坏神》（Diablo）和《星际争霸》（starcraft）就是这一类型的代表，如图 13-1。

图 13-1　暴雪《星际争霸》

尽管只是采用了 640x480 分辨率，256 种颜色，作者依然记得当年第一次看到这两款游戏的感受："哇！游戏画面还能这么好？"时至今日，3 渲 2 的游戏因为使用了散点透视，具有得天独厚的优势——方便让玩家从上帝视角宏观地进行游戏，使其在策略类或者回合制游戏类别里有着相当大的玩家群体，和不可替代的地位。比如暴雪于 2018 年推出的《星际争霸重制版》（图 13-2），网易的拳头产品《梦幻西游》（图 13-3）、SLG 游戏《率土之滨》（图 13-4），虽然使用了全高清的分辨率和 32 位色彩，画面精度和色彩都有了长足的进步，但依然使用了 3 渲 2 的制作方式。

图 13-2　暴雪《星际争霸·重置》

图 13-3　网易游戏《梦幻西游》

图 13-4　网易游戏《率土之滨》

由于最终使用的是 2D 序列帧，所以美术制作 3D 模型几乎不受引擎和 Shader 的限制，可以根据项目美术的需求用纯手绘、卡通材质或者写实材质去制作，也可以通过布光和后期修图来达到更好的效果。

13.2　3D 手绘贴图角色制作

如果说 3 渲 2 游戏只是打着 3D 幌子的 2D 游戏，那么同一时期，3D 游戏引擎也在暗自发力，并且在 FPS 类型游戏里接连推出代表作品，Id Software 公司在本世纪 90 年代推出雷神之锤系列 Quake，Quake 引擎是当时第一款完全支持多边形模型、动画和粒子特效的引擎。Quake 的游戏操控方式也树立了 FPS 游戏的标准，它使用鼠标来观看、瞄准、定向以及用键盘前进、后退、侧移，这也成了 FPS 游戏最普遍的操控模式，直到今日仍没有变化。同时由于计算性能的限制，这一时期的 3D 美术使用纯粹手绘的方式制作。直到 2005 年，暴雪娱乐推出的《魔兽世界》见图 13-5，把这一品类的游戏美术推到一个新的高度。而图 13-6 和图 13-7《天下》则是网易研发的第一款 3D MMORPG 手游，也是采用了 3D 手绘贴图的方式制作美术资源。

图 13-5　暴雪《魔兽世界》

图 13-6　网易游戏《天下》（1）

图 13-7　网易游戏《天下》（2）

手绘贴图的角色通常用 Lowpoly 标准制作，模型只需表现角色的大形体，其余所有的光影、材质肌理等细节信息全部交给一张手绘的颜色贴图来实现。

今天，手绘制作的方式因为对技术的依赖偏低，往往更能直接发挥出美术作品自身的优势，在一些非写实类作品中，比如图 13-8《花语月》、图 13-9《阴阳师》，甚至能爆发出比次世代制作方式更有表现力的效果。可见，技术和引擎的差别并不是区别游戏美术品质好坏的唯一因素。

图 13-8   网易游戏《花语月》

图 13-9   网易游戏《阴阳师》

13.3　3D 次世代角色制作

时间来到千禧年，硬件性能取得了长足的进展，索尼和微软相继推出的 PS2、XBOX 被称作"次世代主机"，游戏美术也正式进入了高画质、高品质时代。这一时期游戏美术的核心变化是模型面数和贴图精度，相比手绘贴图制作时期有了大幅度提升：通过多张贴图来实现美术效果，颜色贴图来表现物体的颜色和纹理；采用法线贴图来描绘物体表面细节的凸凹变化；高光贴图来表现物体在光线照射条件下体现出的质感；采用次世代游戏引擎创造特殊 Shader 效果如发光、半透明等。代表作品如 Epic Game 开发的《战争机器 2》，韩国 NCSoft 的《剑灵》，而网易在 2010 年也开始尝试开发次世代主机项目《龙剑》，见图 13-10。

图 13-10　网易游戏《龙剑》

13.3.1　传统次世代

次世代游戏出现早期，或者是因为当时游戏引擎的光影细节还不够准确和精细，又或者是技术和美术的发展不平衡，游戏美术制作在这一时期形成的制作标准，姑且称之为"传统次世代"。典型特征是在颜色贴图里叠加了较多的明暗和光影，用单独一张高光贴图来区分物体质感。值得一提的是，"传统次世代"方式虽然因为法线贴图的运用增加了很多细节，但是光影并不完全基于真实物理计算，颜色贴图上的明暗和光影常常也和游戏的环境光源不符，所以在程序员眼中，"传统次世代"常常意味着"不正确次世代"。如今"传统次世代"正在逐渐被新技术所取代，但是在十年前，正是"传统次世代"的制作方式定义了早期次世代主机游戏的美术画面，而不怕暴露年龄的玩家们也不会否认当年被《战争机器2》画面震撼到的情景。

13.3.2　PBR 次世代

PBR 全称（Physically-Based Rendering），可以称之为"真次世代"，这是基于物理规律模拟的一种渲染技术，最早用于电影或者 CG 渲染，见图 13-11。由于硬件性能的不断提高，已经越来越多地运用于 PC 游戏与主机游戏的实时渲染，并逐渐成为一种趋势，形成一种新的次世代标准。今天，说起次世代，指的就是 PBR——基于真实物理规律的渲染。用荒野大镖客两代作品来对比一下"传统次世代"和 PBR 次世代的差别，可以看出在写实类题材中，后者的优势不言自明，而这种差距，绝不仅仅是增加多边形数量或者贴图精度可以弥补的。

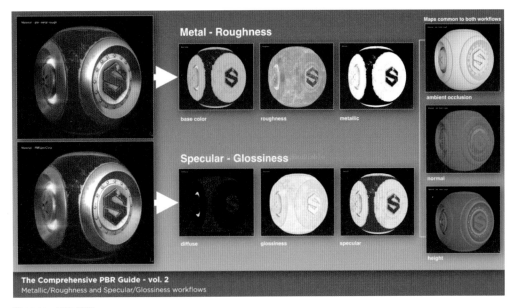

图 13-11　PBR 渲染

PBR 渲染方式能更精确地描述光如何与物体表面互动，对于美术资源来说，模型阶段的制作相比传统方式几乎一致，但是贴图和材质的制作方式有了根本的改变，用 Basecolor、Metallic 和 Roughness 定义了几乎所有的物体质感，如果制作者能正确分析出物体的材质属性，那么只需按照正确的工作流程，就能在各种光照环境里都得出理想的效果。

人类是天生的视觉动物，虽然不论是主机游戏还是手机游戏的美术画面都取得了长足的进步，但人们对于游戏沉浸感和拟真效果的追求是永远不会停息的，即使是次世代主机画面也是在不断升级更新中。作为游戏从业者，美术制作者们需要不忘初心、不停学习、做好足够的准备来迎接行业的变化。

14 制作流程步骤
Production Process

14.1 3渲2制作

3渲2角色制作方式类似于传统3D角色手绘制作方式（详情见14.2节）。因为最终只用输出渲染图序列帧，所以对模型和贴图的精度来说没有太多限制。值得注意的是，3渲2的角色是需要给动画环节设置骨骼并制作动画的，所以模型的布线也至关重要，同时良好的布线也能给UV拆分带来便利，因此这个环节忽略不得。

图14-1 网易游戏《梦幻西游》

通常各项目会根据自己的需求，设置固定的摄像机以及灯光，使用Vray的材质球和Vray渲染器渲染出图。具体手绘和材质使用的比例可根据项目美术风格来制定，网易的"梦幻"和"大话"系列产品较多地使用了手绘效果，如图14-1和图14-2。

图14-2 网易游戏《梦幻西游》

14.2　3D 手绘贴图制作

14.2.1　低模

第一步永远是分析原画，先理解原画的形体特征，再去概括。切记大形出来后再做细节，这个步骤很重要，这和绘画的先整体再局部的思路别无二致。传统 3D 手绘角色的"低模"同时也是最终模型，所以模型的布线至关重要，良好的布线能最大化减少低多边面带来的 Lowpoly 感，使模型运动带来的形变减至最低，同时也能给 UV 拆分带来便利。布线原则尽量规则平直，根据结构走向切线，把五星等不规则布线放至非关键位置，如图 14-3。

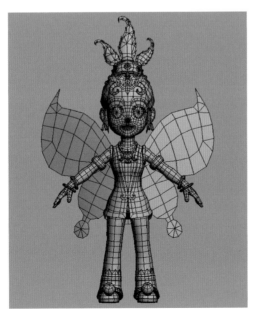

图 14-3　低模

14.2.2　UV

大部分传统 3D 手绘角色的贴图分辨率是 256，部分 NPC 甚至可能是 128，那么在有限的贴图空间里，合理规划贴图坐标就非常重要了。贴图 UV 要遵循利用率最大化的原则，尽量打直边缘，把相似材质（比如皮肤）放置到临近区域，并在贴图边沿至少预留两个像素的安全距离，如图 14-4。

UV 规划还要遵循视觉重心原则，把更多的精度留给更能吸引玩家注意力的地方，比如说脸部，或者是一些标志性的纹饰，而一些容易被遮挡或者细节较少的地方则相应缩小贴图空间。

图 14-4　UV 贴图

14.2.3　贴图绘制

通常使用 BodyPaint 软件配合 Photoshop 绘制，可以更直观地在三维空间中观察模型，而不用受贴图接缝等影响，如图 14-5。第一步铺色块，然后根据预设光源（通常是角色正面斜上 45°）绘制大的明暗以及冷暖关系，接下来刻画形体结构和材质等细节，最后刻画肌理、画高光、强调投影。

图14-5　网易游戏《镇魔曲》

14.3　3D 次世代制作

PBR 次世代在烘焙阶段以后在 Substance Painter 进行制作，而传统次世代流程则通过 Photoshop 进行手动的贴图绘制。大体的流程如下：

14.3.1　中模

不用过多考虑布线，大致均匀四方即可，在素体基础上快速地制作一个"大形"出来，将它导入 ZBrush 里进行大形的拖曳和塑造。这一步要把大的形体比例做得尽量正确，角色身上的部件做齐全，面部结构大体准确即可。

14.3.2 高模

将制作好的中模导到 ZBrush，细分模型级别。从脸开始进行雕刻，可以适当保留笔触，大刀阔斧，先不要陷入局部，如图 14-6。随着雕刻的深入，逐渐圆滑掉笔触，将高模雕刻完整，如图 14-7。最后投射肌理，身体各处的肌理可以采用自己拍照处理，然后转换成 Alpha 笔刷使用，如图 14-8。

图 14-6 从中模到高模（网易内部效果图）

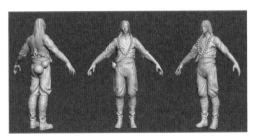

图 14-7 圆滑掉笔触（网易内部效果图）

图 14-8 刻画以及肌理（网易内部效果图）

衣服使用 Marvelous Designer 解算的方式制作，将 ZBrush 文件中的身体部分导入 Marvelous Designer 中作为素体，解算出一个剪裁正确、布褶走向舒服的模型，然后再导回 ZBrush 进行细化，如图 14-9。

角色的装备制作要考虑合理性，比如身体上的绑带、戒指等都会对衣服或身体造成挤压效果，铠甲、肩甲等要考虑重力因素，肌肉的紧绷或舒展也要符合现实情况。

图 14-9 MD 裤子制作（网易内部效果图）

14.3.3 拓扑与烘焙

目前最简单的拓扑方法是使用 TopoGun，根据面数限定，首先找出模型中线、关节线，安排合理的段数，然后顺着关节线一点点拓扑开来。

拓扑时注意：①面部的五星点尽可能避开正面、结构转折以及细节多的地方；②其余部分的布线做到尽量匀称方正，关节处加入更多段数，面部布线更密集。

次世代模型的 UV 不用像多边形低模手绘那样严格的打直，以尽可能小的 UV 拉伸为主，分好 UV 后可以选择多种方式烘焙法线等图。最便捷的方式是使用 Substance Painter 烘焙，在 Bake mesh maps 里面导入高模，调整贴图大小，边界溢出，高低模距离范围，抗锯齿等，然后得到 ambient_occlusion、curvature、normal、position、thickness、world_space_normals 六张贴图，如图 14-10。

图 14-10　烘焙设置

14.3.4　材质贴图

PBR 材质基本上在 Substance Painter 上完成，首先烘焙好 ambient_occlusion、curvature、normal、position、thickness、world_space_normals 六张贴图（这六张图如果不能正确指定或者没有指定的话，计算机无法算出正确的物理效果），然后自己手动制作一张 ID 图（ID 图用于区分不同材质），然后设置贴图大小（通常设置 2048，贴图越大，显卡负荷就越大），开始制作。

选择匹配的材质球或者智能材质球，拖曳到图层或者模型上，进行材质细化，如图 14-11。

图 14-11　材质贴图

如图 14-12，每一个材质球内所含的通道信息大体上可以分为底色、粗糙度、金属度等基本信息。底色是它的固有色；粗糙度是物体表面分子结构的疏密程度，分子结构越紧密，它的粗糙值越低，高光也就越聚集，粗糙值越高则

图 14-12　材质细化

高光越疏散。金属度是物体的金属属性值，金属度越高，折射就越强，反之则越弱。我们通常围绕这三个基本属性进行各个图层的调整，如图 14-13。

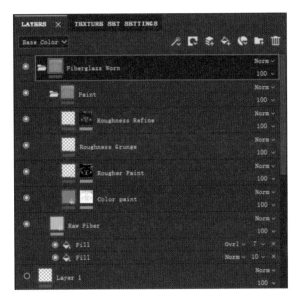

图 14-13　材质调整

每一个 PBR 材质球都含有磨损、纹理、颗粒、手绘层等图层，这些都是为了增强和区分材质感的。手绘层很重要，因为 Painter 是这款 PBR 软件很重要的功能，结合使用物理笔刷和物理橡皮擦可以做出很多自然的物理效果。

完成之后，根据项目需求导出需要的贴图，如图 14-14。一般常用的有：Metallic 金属度、Roughness 粗糙度、Base Color 颜色图、Normal 法线图。

图 14-14　贴图导出

传统次世代流程常用到的贴图有4张：颜色图、法线图、高光图和自发光图。颜色图 Diffuse 是使用法线图渲染得到的 light map、ambient_occlusion、complete map 等，以及顶底图、材质纹理图片相互叠加，调整得到的。最终在此基础上调整色彩、叠加材质纹理、强化重点部位质感。法线图通过 3ds Max、Maya、Xnormal 等软件烘焙得到。高光图 Specular 有彩色和黑白之分，彩色高光图会使角色高光呈现明显的色彩偏向，它是用颜色图调整明度和色相得到的，金属明度最强，布料皮革次之，皮肤等最弱，颜色调整为偏冷的色调。而使用黑白高光图的角色在高光处只有明度强弱之分，它是用颜色图去色，调整金属、布料、皮肤等不同材质的明度，然后叠加 Specularity 图，如图 14-15，Specularity 图是一张提亮模型高点的图，通过 CrazyBump 获得。

它们之间常见的叠加关系如图 14-16。

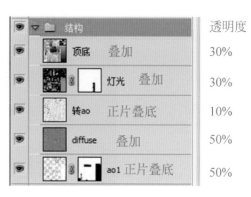

图 14-16 叠加关系

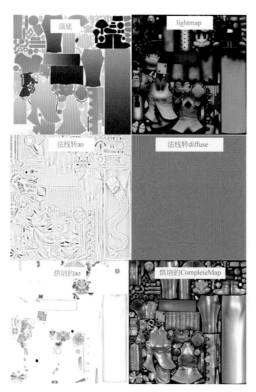

图 14-15 specularity

15 常用工具介绍
Common Tools

15.1 常用绘图软件

15.1.1 Adobe Photoshop

Adobe Photoshop，简称"PS"，是由 Adobe Systems 开发和发行的图像处理软件。在游戏角色制作中我们常常用 PS 来绘制贴图，根据引擎需求在 PS 中调整贴图得到最终的效果（图 15-1）。

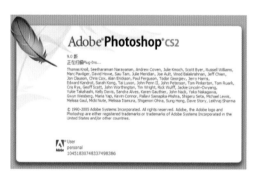

图 15-1　Photoshop CS2

Photoshop CS2 版本是很经典的版本，相对很小巧稳定。由于 Substance Painter 等新兴贴图绘制软件及 PBR 流程的普及，目前大部分 PBR 项目的贴图都在 Substance Painter 中制作。PS 绘制贴图主要集中在传统次世代贴图的角色皮肤材质等环节，如图 15-2。在 PS 中绘制贴图主要用到的就是图层、笔刷、橡皮擦等工具。绘制贴图主要用 AO 叠加颜色，再通过各种材质贴图的叠加、正片叠底、柔光等功能得到想要的材质细节和质感。调整贴图主要有对比度、曲线、色相饱和度、色阶等工具。

图 15-2　传统次世代贴图

15.1.2 BodyPaint 3D

BodyPaint 3D 能够让我们在模型上直接绘制贴图，常用于传统手绘贴图的制作。相对于 PS，BodyPaint 绘制贴图能够更直观，让制作者所见即所得。Cinema 4DR10 的版本中将其整合成为 Cinema 4D 的核心模块。只要进行简单的设置，就能够通过各种笔刷在 3D 物体表面实时进行绘画，目前笔刷已经非常接近 PS 的效果（图 15-3）。

图 15-3　MAXON Computer GmbH 公司 -Cinema 4D

在 File 中打开我们从 3D 制作软件中导出的 OBJ 格式的模型，导入后在右下方的 Materials 中添加在 PS 中绘制好的颜色贴图，之后就可以在模型上直接绘制贴图了。BodyPaint 主要界面和 PS 很相似，左边是工具栏、笔刷、图章、模糊等工具。右下角主要是图层、色板和材质球界面。图层界面和 PS 中操作很相似，可以新建图层，并且有相应的图层叠加模式。右上方工具栏主要是笔刷的相关属性，可以在这里设置笔刷的大小、强度、渐变等。在三维区间里面绘制贴图需要适应相应的操作习惯。

15.2　常用三维软件

15.2.1　3ds Max

3D Studio Max，常简称为 3ds Max，是 Discreet 公司开发的（后被 Autodesk 公司合并）基于 PC 系统的三维动画渲染和制作软件。3ds Max 是游戏制作模型阶段使用频率最高的软件，在 3ds Max 中我们可以进行建模、绑定、动画、特效、渲染、输出模型等操作，是游戏制作中最主要的软件之一，是我们需要重点学习的软件。网易几乎所有产品的 3D 模型都是从 3ds Max 输出，目前常用版本是 3ds Max 2017。

15.2.2　Maya

Maya 是 Autodesk 公司出品的世界顶级的三维动画软件，应用对象是专业的影视广告、角色动画、电影特技等。随着游戏技术的发展，Maya 现在越来越多地运用在游戏制作领域。Maya 在主要功能上和 3ds Max 是相似的，主要是建模、烘焙、UV、绑定、动画等。相对 Max 来说，Maya 的建模模块更为稳定和人性化。Maya 的主界面和建模功能也和 3ds Max 有较大不同，主要通过鼠标右键在模型上单击调出相关界面，方便操作者快速调出各指令。

15.2.3　ZBrush

自从 ZBrush 出现后，高模制作过程被称作"雕刻"，这是一个伟大的改变。毫不夸张地说，"ZBrush 的诞生代表了一场 3D 造型的革命"。ZBrush 自动化了三维制作中最机械复杂的模型布线、UV 拆分等烦琐的工作，使得三维制作过程像艺术家进行雕塑创作一样有趣。在次世代游戏制作的流程中，ZBrush 是我们制作高模最重要的工具，在 ZBrush 中我们可以进行数字雕刻，得到一个精确的、拥有很多细节和肌理的高精度模型，如图 15-4 和图 15-5。目前已更新至 2018 版本。

图 15-4　ZBrush（网易内部效果图）

图 15-5　ZBrush 高模效果（网易内部效果图）

15.2.4 Substance Painter

Substance Painter 是一款基于物理效果的材质绘制软件，随着 PBR 游戏流程的新兴和普及，Substance Painter 也逐渐成为最主流的 PBR 贴图制作软件。不论是 Maya，Max 或者是 ZBrush 的用户，都能在 SP 中找到如同 Photoshop 般友善的操作舒适性，直接在模型上绘制出各种物理属性。Substance Painter 开创了一个全新的 3D 贴图绘制程式，大大地提高了游戏制作的效率，是 PBR 流程中最为重要的贴图绘制软件，现已更新至 2018.3.2 版本。

如图 15-6，左边栏是贴图的设置及环境灯光的设置，右边栏是图层管理和笔刷属性，下边栏是主要材质球、笔刷预设、蒙版预设。使用中主要通过在图层中绘制材质的 Basecolor、Roughness、Metallica 等材质信息得到一套完整的 PBR 贴图，最终输出到引擎。Substance Painter 的核心就是 Smart Mask 和 Smart Material 功能，通过对蒙版的控制可以快速制作出各种材质细节，同时你也可以把一个完成的材质转换成 Smart Material 保存在系统中，以后遇到同样的材质就可以直接将设置好的 Smart Material 直接拖曳到图层面板，非常的高效简便。

图 15-6　Substance Painter 操作界面

15.3 常用辅助软件

15.3.1 Xnormal

Xnormal 是一款常用的辅助软件，既可以烘焙法线、AO 等相关贴图，也可以运用法线贴图转换相关贴图，常用版本为 V3.17.3.31709（图 15-7）。

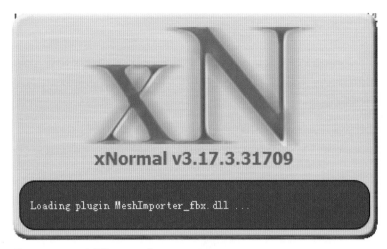

图 15-7　Xnormal 公司 -Xnormal

在 Baking Options 界面中可以烘焙诸如 Normal map，Ambient occlusion 等常用贴图。通过在 High definition meshes 中添加高模，在 Low definition meshes 中添加低模，就可以进行烘焙了。

在 Tools 界面中，可以通过不同的贴图转换得到想要的贴图，如 Targent Space、Normal Map、Cavity Map。可以区分模型表面凸起和凹陷的细节，还可以叠加出贴图的细节。

15.3.2　Unfold3d

Unfold3d 是一款方便快捷的分 UV 工具，现已更新至 2018 版本，增加了很多强大的功能，比如智能 UV 边界打直、UV 智能摆放等。熟练运用 Unfold3d 可以极大提升高面数模型的 UV 展开效率（图 15-8）。

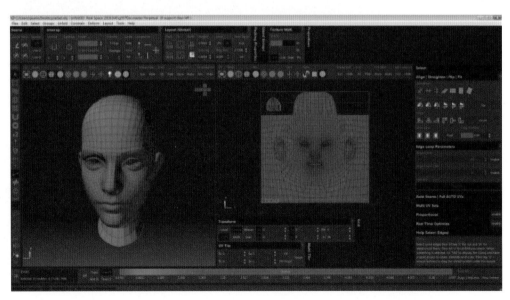

图 15-8　Unfold3D 公司 -Unfold3d 界面

15.3.3 nDo

nDo 是 Quixel 公司出品的一款专业处理贴图的插件，依附于 Photoshop，有很多实用的功能。例如用贴图转换法线，用法线转换 AO、cavity 等，版本有 nDo2。Quixel 公司后续推出了 Quixel SUITE 2.0 软件，也是一款类似于 Substance Painter 用于制作 PBR 贴图的插件，同样依附于 Photoshop。nDo2 也被集成在 Quixel SUITE 2.0 中（图 15-9）。

图 15-9　nDo

主界面中有非常多的选项可以供选择，适用于转换不同的贴图，可以根据实际需要自行选择。

16 模型输出并验证
Model Export & Verification

切记不要等到模型制作完成再导入引擎，这样返工的概率会大大增加，通常贴图定位完成或者材质工作进行到 50% 左右就可以导入到相应的引擎观察效果，以引擎里面标准的游戏环境来观察并验证角色效果，以下用网易最常用的两款引擎来说明这一过程。

16.1 NeoX 引擎

NeoX 引擎是公司自研的一款跨平台的 3D 游戏引擎，目前支持 PC/iOS/Android 三大平台，目前已经发展至 NeoX2.0。网易已上线的项目像早期的《乱斗西游》，现在的《第五人格》《神都夜行录》都是使用 NeoX 引擎开发的。

在《第五人格》《神都夜行录》这样的成功项目上我们能看到，基于 NeoX 开发的手游画面精致、性能高效（在 iPhone6 也能流畅地运行）。这足以说明 NeoX 是一款非常优秀的游戏引擎，在效果和性能上相对于市面上的其他引擎具有相当的竞争力。最为关键的是 NeoX 是网易的自研引擎，我们随时可以根据项目需求对引擎深度定制修改，这是使用其他商业引擎无法比拟的。

一般情况，NeoX 工程目录包含 game、res、script 和 neox.xml。其中 game 里面放的是引擎的可执行文件（client.exe 以及相关的运行时库），res 里面放的是各类美术资源（和 Unity3d 里面的 Asset 是一个概念），script 里面放的是脚本代码，neox.xml 则是配置引擎运行时参数的一个 XML 文件。

输出模型前先安装 Max2012×32 位及 gim 插件，输出选择 gim 格式，命好模型的名字后，导出生成如下文件，并拷入贴图文件，如图 16-1。

图 16-1　贴图文件

选择所在磁盘对应路径，选择 res 文件夹，在模型编辑器中打开 gim 文件。编辑器的 W-A-S-D 分别是前后左右，Q-E 是上下，鼠标右键是旋转，如果模型不小心移出视角范围，就点键盘 X 键，模型就能回归原点。给模型赋予好材质贴图并设置好灯光后，观察模型效果，如图 16-2。

图 16-2　模型效果（1）

图 16-2　模型效果（2）

16.2 Messiah 引擎

Messiah 引擎是网易 2015 年初开始正式研发的一款全平台的次世代引擎。它采用多线程架构，渲染构架更加贴合硬件。在同等性能的条件下，可以支持更多的 Drawcall 和更复杂的 Shader 效果，在移动平台上可以实现更好的次世代美术效果。天下手游的立项和 Messiah 引擎的研发是同步进行的，项目需求和引擎研发相互推进，进行了海量的引擎迭代任务。

PBR 技术的优势也不仅在于画面效果的提升。更加重要的是，它是一种标准化的工作流程。因为基于物理引擎，所以它对于现实世界的材质有着一套完整的标准数值，这非常利于协同开发。同时减少了调试的时间，提升了制作效率。

PBR 工作流程一般分为两种：Specular WorkFlow 和 Metallic WorkFlow，见图 16-3。Specular WorkFlow 使用的是 Albedo Map、Specular Map 和 Glossiness Map。Metallic WorkFlow 使用的是 Basecolor Map、Metallic Map 和 Roughness Map。相比较而言，Metallic WorkFlow 是资源量更少的制作方式，它只需要 Basecolor Map 和 Normal Map 是 24 位的，其他的贴图都可以是 8 位的灰度图。

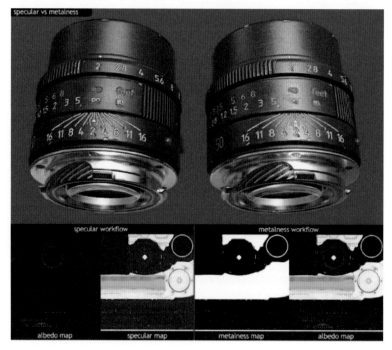

图 16-3 *Specular WorkFlow 和 Metallic WorkFlow*

如图 16-4，Messiah 引擎采用的是 PBR Metallic WorkFlow，但是和普通的 Metallic WorkFlow 有些不同。Messiah PBR WorkFlow 采用的是 Basecolor Map、Normal Map 和 Mix Map。Normal Map Format 使用的 OpenGL、Glossiness Map、Metallic Map 和 AO Map 分别储存在 Mix Map 的 R、G、B 三通道中。

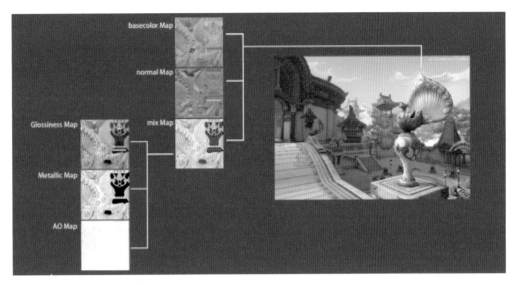

图 16-4　Messiah PBR WorkFlow

16.3　Messiah 引擎——角色导出

安装 PBR 的预览插件（按照插件说明安装），插件用来规范模型命名和预览 PBR 效果（因项目各异，插件略有不同），同时指定 Max 和 Messiah 引擎的路径，路径指向引擎目录下 binaries/win64 文件夹。

（1）资源仓库（所有的资源都会导出到这里，建议每个人建立自己的仓库，避免上传 SVN 的时候出现资源列表冲突，冲突问题很严重）。

（2）虚拟仓库（策划填表的路径，建议在项目初期确定角色或者场景编号，编号输出）。

（3）单击"连接"，与引擎建立接口连接。

（4）导出模型（需要说一下，输出到 Messiah 引擎的模型贴图会生成数字代号文件夹，要编辑模型一定要在引擎里编辑，切记不可在 SVN 的目录下编辑，可能会导致文件崩溃）见图 16-5。

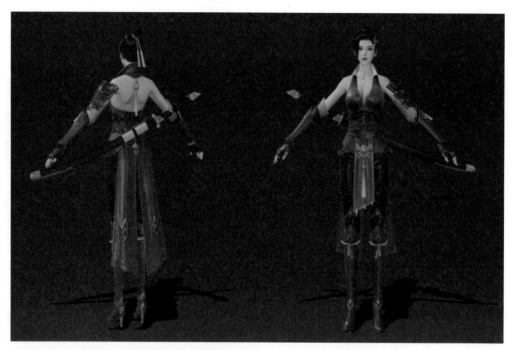

图 16-5　Messiah 引擎 - 角色效果设置《九州·海上牧云记》

ANIMATION
DESIGN

05

动画设计

17 2D 动画制作
2D Animation

17.1 2D 动画制作岗位介绍

2D 动画的各种表现形式，一直伴随着我们每个人的生活。从我们小时候看的动画片，到现在深度 2D 表现的 PC 端、手机端游戏，几乎所有媒介的美术探索都从未停止过对 2D 领域美术表现力的挖掘。2D 动画以风格多变、表现力丰富、张力极强的方式吸引了大家的眼球。在游戏领域，从像素小游戏到横版格斗，再延伸到现在各种风格化的 2D 手游，2D 技术一直以自己多样的形态展现在游戏行业里。那么，作为 2D 动画制作从业者，需要了解和培养什么呢？

首先，优秀的 2D 动画师需要具备较高的动画手绘能力，对动作关键帧和动态 pose 具有充分的理解，这是 2D 动画师的内修阶段，如图 17-1。良好的手绘基础加上对角色动作深度剖析的能力，

图 17-1　网易游戏《猫和老鼠：欢乐互动》黑猫图片 & 小灰猫技能

以及对动作节奏的控制、对关键帧和过渡帧差别的理解，通过抓住动作给人的视觉残留点，带给玩家优秀的动画表现。

手绘动画除了角色动作以外，还包括风火雷电各种自然事物，能动的都有规律可循。

其次，软件的学习应用，是动画人的外修阶段：

（1）由于游戏化量产的需求，手绘逐帧开始转变成 2D 骨骼动画，2D 骨骼动画技术开始发展。

（2）而随着 2D 骨骼动画软件的发展，出现了各种 2D 骨骼动画类型供动画师选择。

（3）使用 2D 骨骼动画软件制作动画时，动画师仍应当注意将对生活的观察和理解融入到动画角色的细节设计、性格诠释和情绪诠释中去。尤其考虑到游戏里表达角色特点的空间很小，细节设计就变得尤为重要。

（4）2D 骨骼动画软件的出现，拓展了项目需求的表现力和表现空间，并节省了资源量。

那究竟什么样的表现是 2D 动画，如何区分 2D 与 3D 动画，怎么制作出优秀的 2D 动画表现？我们从技术制作的角度来慢慢走进和讲解这个环节。

17.2　制作类型介绍

17.2.1　3 渲 2 动画

目前我们使用的 3 渲 2 动画，是因为项目为了实现游戏热更新，选择了 3 渲 2 的资源调用方式，如图 17-2。3 渲 2 的方式有两种：① 3D 制作好模型动作后，固定好视角导出序列帧；② 渲染动作关键帧切片，原画精修后再用 2D 骨骼软件重现动画。3 渲 2 的优势在于摄像机角度是固定的，可以节省部分资源在全 3D 视

角下的精度，在单视角下，该方式表现得更好，同时也能用来处理一些卡通化和 2D 风格化的项目。

17.2.2　纯粹 2D 动画

纯粹的 2D 动画包含的内容有序列帧动画、Spine Cocos 骨骼动画等，序列帧的表现力和表现宽度极强，能做出极大的变形扭曲和夸张效果。而 Spine Cocos 能在比序列帧更精简的资源下，直接使用原画师的 psd 分层切片制作骨骼动画，避免 3D 模型搭建和材质对原画角色的还原度失真，在平面展示上更加细腻，风格化明显。

图 17-2　网易游戏《梦幻西游手游》

17.3 使用工具介绍

17.3.1 3 渲 2 动画

/ 3ds Max

我们将 3D 模型在 Max 软件里绑定骨骼，制作出 3D 动画，然后选定，给一个固定视角，渲染出序列帧。而由于序列帧数量庞大，不适合手动逐帧渲染，所以程序还为美术开发了批量渲染工具和其他插件，以提升动画师的工作效率。

17.3.2 纯粹 2D 动画

/ Spine

2D 动画制作一般根据项目引擎需求，制作适配项目的资源，目前较为成熟的是 Spine 格式的 2D 动画。Spine 区别于龙骨和 Cocos 软件的地方在于除了本身换皮系统更加成熟，适用武器盔甲衣服配饰更换，还可以混乱搭配。

此外，网格蒙皮功能也更完善，能通过对角色原画拆分后的切片进行蒙皮，而将角色假 3D 化，制作立体感表现的转面和一些软体布料动画，让 2D 骨骼不再是单纯的图片编辑，让表现手法从硬到软，生动许多，如图 17-3。

另外，最新的功能开发也包含动作融合系统和动态 IK 的结合。

图 17-3 完善独立的皮肤系统

动作融合：程序只读取质心以上骨骼（上半身骨骼或者手臂骨骼），以达成在游戏内能够局部分离控制的目的，比如边走边攻击、跳跃时攻击等。

普通 IK：是给相应的骨骼顶点做 IK 约束控制。

动态 IK：这个功能将原来 IK 端点控制结合到融合系统中，能达到通过 IK 端点去控制整个半身的动作，程序只需要控制一个 IK 点，就能达成半身控制的目的，如图 17-4。

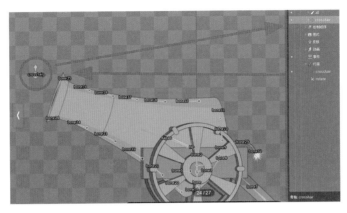

图 17-4　IK 端点去调整大炮的发射角度

大炮的发射角度，是需要程序根据目标的位置来调整的，那么只需要建立动态 IK 权重，来控制能够影响大炮角度的多个骨骼，这样程序就能操作 IK 端点去调整大炮的发射角度，而拥有权重的骨骼都会随之产生相应的角度变化。

17.4　制作流程步骤

17.4.1　3 渲 2 动画

第一步：先在 Max 中制作好 3D 动画；

第二步：设置一个固定摄像机，确定好视角和相关参数，进行动作逐帧渲染。如图 17-5 至图 17-7。

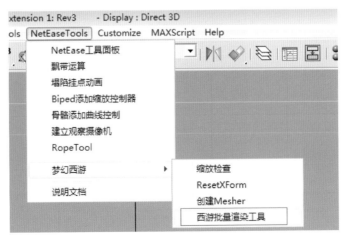

图 17-5　动作逐帧渲染

图 17-6　固定摄像机视角

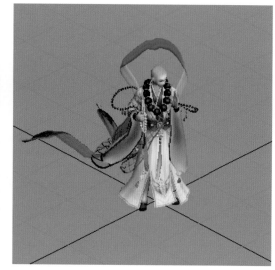

图 17-7　《梦幻西游》批量渲染工具和相关参数设置

我们会设置这样一个摄像机固定视角，然后批量渲染，最终输出成 2D 引擎专用的 TCP 格式文件。

第三步：把 TCP 文件导入 2D 游戏引擎，进行查看编辑，如图 17-8。

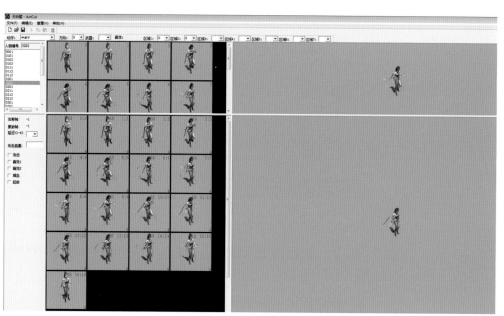

图 17-8　2D 游戏引擎

这里可以编辑节奏，最后保存为最终的动画成果。

17.4.2　纯粹 2D 动画

第一步，原画立绘 Pose 拆分和补片，如图 17-9。

第二步，角色导入 Spine 进行骨骼绑定以及蒙皮，如图 17-10。

第三步，制作 2D 动画，如图 17-11。

dress_b.png　dress_c.png　dress_f.png　dress_l_d.png　dress_l_h_b.png　dress_l_h_f.png　dress_l_u.png　dress_r_d.png　dress_r_h_b.png

dress_r_h.png　dress_r_u.png　hair_b.png　hair_f.png　shoe_l_b.png　shoe_l_f.png　shoe_r_b.png　shoe_r_f.png

图 17-9　Pose 拆分和补片

  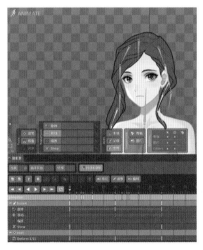

图 17-10　骨骼绑定以及蒙皮　　　　　　　　　　　　　　图 17-11　制作 2D 动画

第四步，完成动画绑定各种挂点和特效。

第五步，选择合适项目要求的格式导出，如图 17-12。

图 17-12　格式导出

Spine 的导出方式可以选择多种，常用的是 json 和 skel（二进制）资源，如图 17-13。

📁 images	2018/10/24 15:00	文件夹	
▪ 1.spine	2018/10/24 17:32	Spine project	8 KB
📄 skeleton.atlas	2018/12/4 20:11	ATLAS 文件	1 KB
🖼 skeleton.png	2018/12/4 20:11	PNG 文件	149 KB
📄 skeleton.skel	2018/12/4 20:11	SKEL 文件	6 KB

图 17-13　资源图片

17.5　制作流程步骤

因为和软件的兼容性关系，多数 2D 动画输出可以直接导出资源包提供给程序调用。不同模型支持多模型导入编辑（会生成多套模型数据资源），如图 17-14。

相同模型，骨骼数据不变的情况下，也支持动画的导入，如图 17-15。

图 17-14　spine 导入骨架选项界面

图 17-15　spine 导入动画选项界面

17.6 优秀 2D 动画案例

《龙之皇冠》带动着 2D 骨骼动画的兴起，这款游戏的横版风格唤醒了无数人的街机游戏回忆，华纳授权网易研发的《猫和老鼠：欢乐互动》欢乐互动玩法也在风格和横版游戏里独树一帜，如图 17-16 和图 17-17 所示。

整体浓厚的风格控制，具有清晰的角色定位和动画风格。

精致的动画制作和战斗体验，表现夸张有力度。

手绘的动态 pose 能提升 2D 动画带来的表现力，比如手绘的夸张 pose，以及序列披风布料裙摆等表现带来极强的动感。

图 17-16 人物纹理（1）

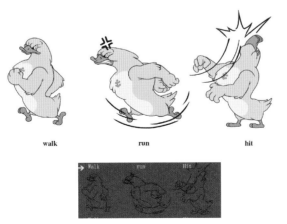

图 17-17 人物纹理（2）

游戏资源控制：精细的资源切片控制和切割，完整地利用好每个输出图集空间，如图 17-18。

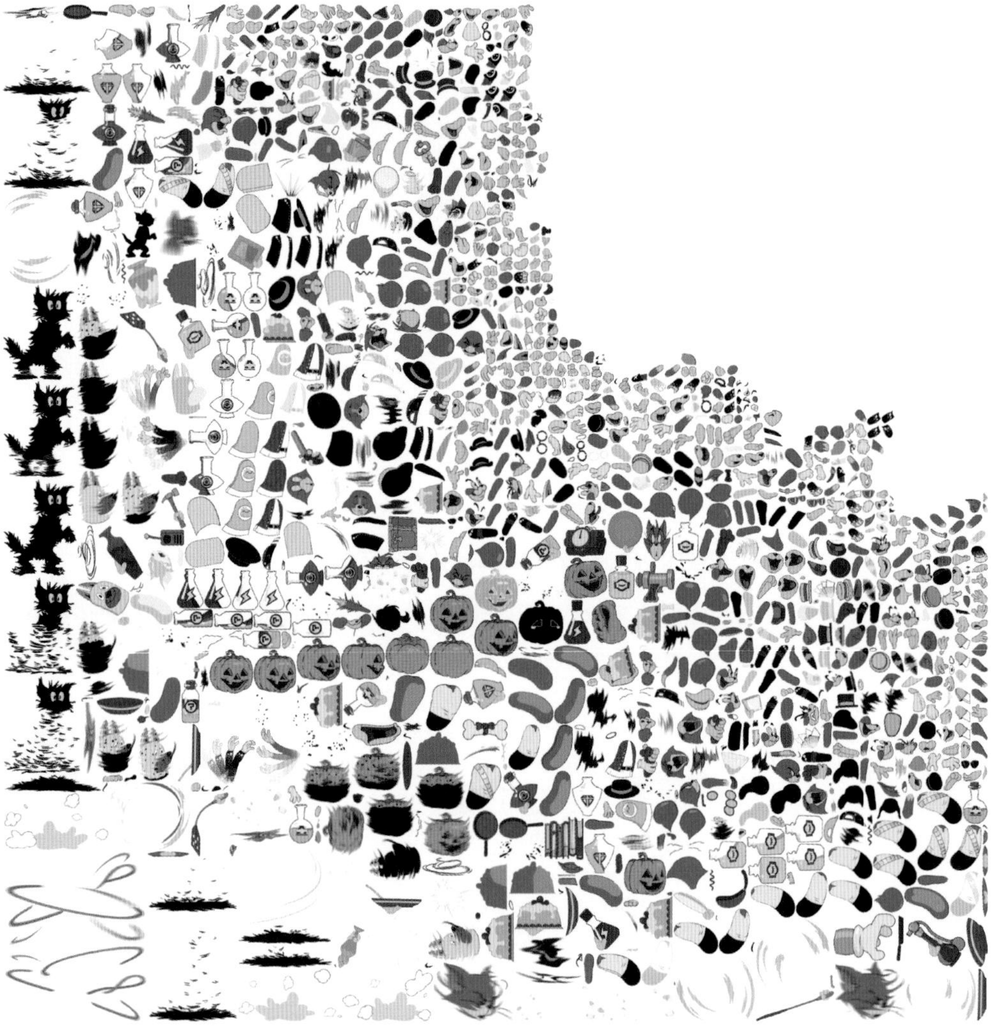

图 17-18　图集空间

17.7　常见问题归纳

3 渲 2 因为技术流程都比较成熟，几乎没有什么需要特别注意的，我们主要讲述 Spine。

17.7.1　资源命名

Spine 虽然有中文版，但是切片不支持中文，中文命名的资源切片会导致资源报错。

蒙皮网格点的复杂程度和骨骼架设的复杂度，对资源效率是有很大影响的，因此使用骨骼和蒙皮功能时，应该尽量精简、重复利用，提高文件效率。

蒙皮功能：创建顶点不宜过多，保证弯曲时比较顺即可，尽量概括，特殊部位需要大量顶点的话尽量节约。

17.7.2　独立的皮肤和通用挂饰武器的交互使用

一些简单通用的武器挂饰是可以独立成个体，适用到任何皮肤上做复用的。制作皮肤时区分功能进行制作规划和命名规范分类是个好习惯。另外，给皮肤和武器单独指定 images 文件夹也是个规避资源混淆的好方法。

17.7.3　使用融合动作，容易导致角色表演上的细节穿帮

因为涉及程序使用的动作融合会导致部分动作上下脱离和比较独立的现象，所以一定要注意控制动作的幅度，避免融合的部分穿帮，穿透和层级显示出错。

由于程序是通过质心来判断上下半身融合，因此容易出现角色镜像穿帮，如图 17-19。

上下半身衔接脱离穿帮，如图 17-20。

所以使用动作融合的项目一定要多尝试和优化。

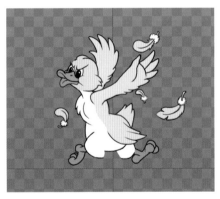
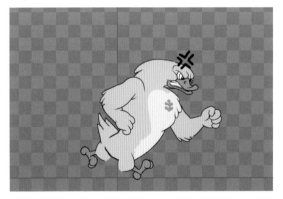

图 17-19　28run 动画融合后镜像穿帮　　　　图 17-20　攻击和跑步融合后的衔接脱离穿帮

18 3D 动画制作
3D Animation

18.1 3D 动画制作岗位介绍

显而易见，近年来 3D 游戏占据了国内外大半的游戏市场，所以在动画这个环节，3D 动画制作也是主流。我们动画设计师的主要工作，就是为一款游戏制作丰富生动的角色和场景动画资源，并优化游戏操作和体验。

18.2 制作类型介绍

18.2.1 Hand Key 制作

顾名思义，我们通常称为"手 key"，这是目前最常见、最传统的 3D 动画制作方式，这需要动画师熟练掌握动画法则以及具备丰富的动画制作经验，才能最终在 3D 软件里制作出生动的角色动画或场景动画。

18.2.2 肢体动作捕捉

简单理解，肢体动作捕捉就是记录并处理人或其他物体的动作，将其转换成数字模型的动作信息，最后生成三维的计算机动画。

18.2.3　面部表情捕捉

使用相机或激光扫描仪将人脸的动作转换为表情数据动作。面部动作捕捉与身体动作捕捉有关，但由于更高的分辨率要求，需要检测和跟踪眼睛和嘴唇的微小运动可能产生的微妙表情，因此更具挑战性。

18.3　使用工具介绍

18.3.1　Hand Key 制作

/ 3DS MAX

3ds Max 是 Autodesk 公司开发的一款三维制作软件，它具备很多功能，3D 动画制作就是其中之一，这也是当下网易最主要的动画制作软件。（3ds Max 的详细功能介绍，网上和教材很全面，在此动画环节就不多复述了。）

18.3.2　肢体动作捕捉

/ Motionbuilder

肢体动作捕捉设备按种类区分为惯性类和光学类（vicon 光学动作捕捉）。Moitonbuilder 是由 Autodesk 制作的专业 3D 角色动画软件，它用于虚拟制作、动作捕捉和传统的关键帧动画制作。Vicon 是动作捕捉设备配套的软件，是世界上第一个设计用于动画制作的光学 Motion Capture 系统。

18.3.3　面部表情捕捉

Motionbuilder，其他动作捕捉设备（Dynamixyz 面部捕捉头盔）。

/ Dynamixyz

是基于视频的面部捕捉软件，利用整个面部图像来跟踪面部运动，面部的每个像素被用作动作数据源。

18.4 制作流程和讲解

18.4.1 Hand Key 制作

/ 角色模型绑定

假设我们要进行一个人类角色的动画制作了，那么需要两个必要前提：一个是模型；另一个是骨骼。我们从模型师那边获得角色模型，导入 Max 中，然后在 Max 中创建一个人体骨骼，在比例上把骨骼和模型匹配好，最后进行蒙皮，这一系列操作就是模型绑定。下面简单地举例说明：

（1）基础人形和动物骨骼建设和绑定：

简介——动物的肘部和膝部，决定了动物的运动方式，也决定了绑定角色的 IK 设置位置。虽然这样的位置，比如食草类的马鹿羊肘部膝部都很高，走起来有些僵，但这就是它们的运动方式。即使有些时候为了制作动画方便，违背真实规律去搭建骨骼，知道真实骨骼和运动规律仍然是有必要的。

由于机能限制，单个角色的骨骼总量是受到控制的，所以我们会根据身体部位运动的复杂程度去设定相应的骨骼数量。如图 18-1，马匹的脖子，我们只给到两根骨骼去做绑定，根据对该马匹在游戏中的行为动作去判定，两根骨骼可以满足其动作需求。换成真实的马匹，脖子远远不止两根骨骼，但是我们做的是游戏，一是动作量不大，二是骨骼数量受限，所以此时此刻我们不会根据写实情况去设定骨骼。

制作动画前，有必要通过了解目标要做哪些动作，来决定骨骼架构的位置和数量。

如图 18-2，骨骼转动轴点的位置、骨骼长短的精确指定，都可以让角色看起来更真实。比如人类上臂前臂差不多长，大腿小腿骨骼差不多长，猩猩也是如此。只不过人类的上臂前臂比大腿小腿短，而猩猩正好相反。

图 18-1　网易游戏 - 马骨骼插画

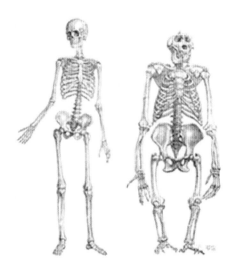

图 18-2　人型生物的骨架

（2）特殊的链条类骨骼建设和绑定（如鞭子，巨龙等）：

简介——龙类蛇类运动，移动前行时候以头部为支点，原地盘踞攻击的时候以盆骨或地面为支点攻击，链条也是，没有较固定的支点，所以需要用线条把骨骼串连起来，对线条进行控制，通过线条形状的变化，来模拟龙类蛇类链条这种类型的动画，如图18-3。

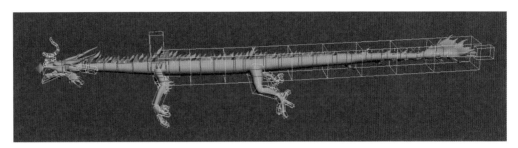

图 18-3　龙蛇类骨骼绑定

不过，尾巴类和其他相对跟随运动较多、主动运动较少的链条或者布条等，都可以只用普通bone 来做绑定即可，实际制作中，这种跟随运动多用 Springmagic 插件来自动计算，速度较快，效果较好，如图18-4。

图 18-4　尾巴类的运动跟随方式的骨骼设置

（3）复杂的面部表情骨骼建设和绑定（包含控制面板）：

简介——与常规骨骼架构不同的是，人的面部除了下颌骨会有骨骼上的运动外，其余面部动作都不是由真实骨骼运动来表现的，而是通过肌肉的挤压拉伸组合运动来形成人类的各种表情。所以，面部骨骼架构绑定都是以模拟人类面部肌肉走向及运动为基础的。

如图18-5，人的面部分为五官：眼、眉、耳、鼻、口。但实际这五官中，主要用来表现动作的是眼、眉和口，鼻子区域动画表现相对较少，而大部分人的耳朵是不会做啥动作的。

眼是心灵之窗，眼睛动画表现生动，能给面部表情动画加分不少。目前相当多的网游、端游中，人物眼神都是比较呆板空洞的，而迪士尼动画人物之所以活灵活现，跟眼神和眼睛的表现有一定关系。

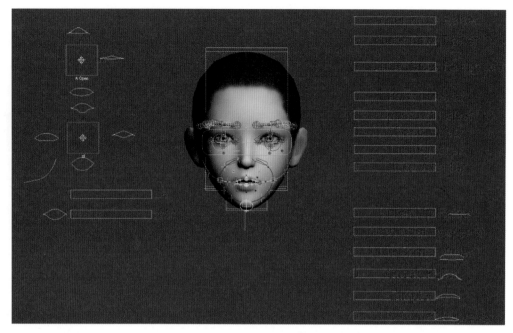

图 18-5　五官架设

眉毛也能表现出不少角色的很多情绪变化，但眉毛这里的骨骼控制器相对较简单，动作相对来说，是较平面的。

嘴巴动画是多种多样的，人的嘴巴能做出幅度较大、变化多样的动作。角色说话的时候，口型能对的上发音会给人真实的感觉，反之看起来就较假。但同一个字、同一句话，在人脸整体做各种表情都是可以说出的。所以，目前游戏动画中会使用把嘴巴口型动画单独分出去，最终使用合并及融合回面部表情动画的方式进行制作。

鼻子耳朵动画表现相对较少。

面部绑定的时候，多是模仿人的面部肌肉排布，对眼轮匝肌和嘴轮匝肌布一圈线，对骨骼做路径约束缝到这些线上，然后模型蒙皮到这些骨骼上。这些线蒙皮给控制器，结果就是调整控制器带动肌肉线条，肌肉线条带动骨骼，骨骼带动模型蒙皮，形成了面部表情动画。

18.4.2　制作 3D 动画

/ 动画风格的选择

动画风格取决于游戏题材和整体的美术风格，可以简单地分为以下两类：

写实——当我们制作的是一款写实类游戏，比如最近火热的吃鸡，就是一款军事题材的写实类游戏，游戏里的场景、角色、动画、特效都是走的写实路线。那么在角色动画制作上，需要遵从现实情况，符合人体动作原理，并且不能有夸张表现。角色的姿势、节奏等等都不能脱离现实。

卡通——最极端且最易理解的例子，就是迪士尼和梦工厂的美式卡通片，比如《料理鼠王》《功夫熊猫》等。这些卡通片具备丰富的创意、夸张的表演设计、夸张的角色身体伸缩以及夸张的运动节奏等，在观众们脑海中留下深刻的印象。同时这些表现手法也经常运用在卡通类型的游戏中，当玩家们沉浸于游戏玩法的同时，也能感受到视听上的喜悦。

二次元是近两年一个不得不提的重要题材。二次元的受众玩家占很大一部分比例，一系列日式动漫的角色设定和渲染风格深受这部分玩家喜爱，比如网易大名鼎鼎的和风手游《阴阳师》。那么二次元的角色动画该怎么设计呢？其实这可以理解为半写实半卡通的动作风格，因为角色设定上并非美式动画片那么卡通，所以在动作制作上，不能用那样夸张的表现，但也不能像写实游戏那么严肃，所以要拿捏得当。

/ 角色性格特征的设定

一款游戏的设定，首先有题材，再有世界观、历史故事、种族、阵营、冲突等，然后再到具体的某个角色：该角色属于什么种族，处于哪一方阵营，他的祖辈们有什么过去，他当下有什么任务在身，要去做什么事情，这一切都会对该角色的性格特征有影响作用。角色的原画、模型制作、动画制作，在设计风格上都会以这些背景为依据。

我们在 Max 里面使用绑定好的角色制作动画，基本原理和 2D 逐帧动画的制作方式类似，就是使用鼠标控制骨骼，将角色摆出一连串的姿势，同时每个姿势都 key 帧，那么这些姿势称为关键 pose，一连串的关键 pose 可以表现出该角色的一个动作，比如攻击、走路、跳跃等。然后再在这些关键 pose 之间摆一些中间 pose，去细化这个动作，使其变得流畅和生动，如图 18-6。

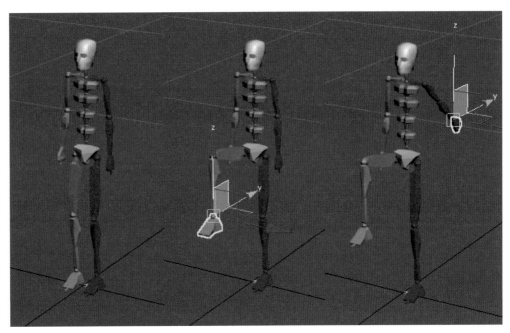

图 18-6   不同部位姿势图

如图 18-7，从左到右，我们可以选择角色的身体部位的骨骼，并且拖动他们，摆出各种姿势。

图 18-7   关键帧

然后在该 key 帧栏上面 key 上关键帧，这样一个关键 Pose 就完成了。当你按照运动规律，在帧栏上面从左到右 key 出一连串关键 Pose 时，那么一个粗略的动画雏形就做好了（上图只是用骨骼来做 key 帧说明，没有绑定模型）。

18.4.3　肢体和表情动作捕捉

选择演员——具有良好的肢体和面部协调性；

设备调试——架设设备，安装软件，链接在一起；

动作表演——符合角色的性格和流畅度；

数据输出——Max、fax、bip 等动画格式；

数据修复——在相应的软件里，曲线编辑器，动画层，关键帧，修改优化 Pose 等。

动画的原理法则，总共有十几条，同学们在网上可以轻易找出来，或者某些书籍例如《动画师生存手册》里面有详细讲解，在这里，我们结合实际游戏开发，就挑选一些实用性高的、性价比强的、容易出效果的几条法则讲一讲，可以帮助大家快速入门。

18.5　实用的动画原理讲解

18.5.1　节奏

动画的节奏，通俗来讲就是快慢，比如一个武术家挥剑的动作，简单分为三段，分别是"前摇（预备动作）、击出、后摇（恢复待机）"，那么这个动作的节奏就是"慢 – 快 – 慢"，前摇和后摇都是偏慢的，相比下来，中间的击出是特别快的，这样可以表现出挥剑力道。再举个例子，一个跳跃动作，也可以分为几段，分别是"下蹲，双腿使劲蹬出，腾空过程，落地缓冲，恢复待机"，那么其中"双腿使劲蹬出"这个动作是很快的，这样可以表现出跳跃的力度。

18.5.2　运动跟随

生活中每一个物体（包括人物、动物、机械等）在运动的时候，都是由一些主动部位带动被动部位来运动的，比如一个人挥动九节鞭，如图 18-8。

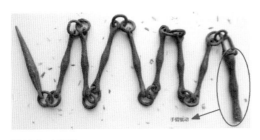

图 18-8 九节鞭

那么抓住鞭子头部的手臂就是主动部位，当手臂甩动的时候，鞭子的后面一截都会被前面一截带动起来跟随运动，那么这种运动方式理解为"运动跟随原理"。我们需要把这个原理活用在人体上面，举个极端但是明显的例子吧，例如丧尸的走路方式，大家都看过一些电影或美剧，当一只丧尸在无目的游走的时候，歪着身体、耷拉着脑袋、垂着双臂、步伐蹒跚，它的主动部位就是腰部、胯部、和双腿，因为这些部位主要支撑它的走路行为，其他的诸如脑袋、双臂跟着晃晃悠悠，那么就可以理解成运动跟随。再举个正常人但有点微妙的例子，一个人在深呼吸的时候，驱动部位是胸腔肺部，但是你仔细观察，他的头部会有一点被动跟随的小动作。

比如图 18-9 中这盆花，我们用手抓住花盆，从右向左移动，那么由于惯性，花的枝干会做运动跟随。

图 18-9 花盆跟随

Pose to Pose——在实际制作 3D 动画的时候，一般有两种方法可以选择。第一类是逐帧动画，简单理解就是说，当我们制作一段动画的时候，不去区分关键 Pose 和中间 Pose，而是按照动画起始到结束的顺序，依次 Key 角色的 Pose。这种制作方式对于动画师的能

力和经验要求非常高，性价比较低，这里我们不推荐。所以我们着重讲解的是第二种方法，也就是"Pose to Pose"的动画制作方式。简单来说，Pose to Pose 就是动画师先制作出这段动画所有的关键 Pose，然后再在关键 Pose 中间插入中间Pose,最后加以细化打磨。我们以跳跃动画举例说明，如图 18-10。

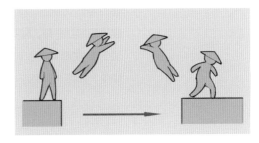

图 18-10 跳跃

一个小人，从左侧台阶跳到右侧台阶，我们分析出其关键 Pose 有 4 个，就是上图所示。然后我们要往上图所示的 4 个关键 Pose 中插入中间 Pose 来完善这个跳跃动画，如图 18-11。

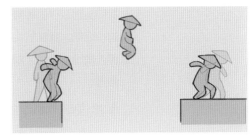

图 18-11 跳跃 2

蓝色的小人，就是插入的中间 Pose，此时整个动画看起来基本完善，最后我们需要再细化打磨一下，使之更加流畅。

如果是逐帧动画的制作方式，容易出现如图 18-12 所示问题。

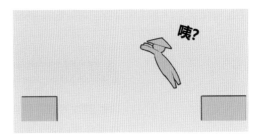

图 18-12 跳跃 3

逐帧 key pose 的时候，容易做着做着就偏离了，在前后位置上不容易把控。

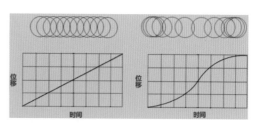

图 18-14　匀速和慢入慢出对比

18.5.3　慢入慢出

人物在做任何动作的时候，都不是匀速的，而是由慢到快开始，再由快到慢停止，就像汽车起步和停止一样，都有一个加速和减速的过程，对于人体来说，这个过程比较微妙，但是不能缺少，如图 18-13。

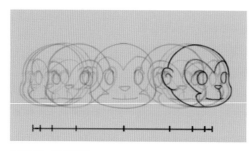

图 18-13　转头动作

我们头部从一侧转向另一侧的时候，也是遵循这个规则，就算转头动作很快，快到你看不见慢入慢出，但是区别于匀速，你能感受到慢入慢出。

图 18-14 可以说明匀速和慢入慢出的区别：

18.5.4　弧形运动轨迹

人体各个部位在自然做运动的过程中，走的都是一个弧线的轨迹，当你挥手的时候，出拳的时候，走跑跳的时候，等等，你的头部轨迹、手掌轨迹、手肘轨迹、胸腔轨迹、臀部轨迹、膝盖轨迹、双脚的轨迹，其实都是在画一个弧线，只不过某些弧线比较圆，某些弧线比较椭圆，但都是一个流畅的弧线，如图 18-15。

图 18-15　弧形运动轨迹

这个人物扔球，弧线是左手和球的轨迹。

18.6　3D 动画在游戏中的实际运用技巧

18.6.1　即时动作类游戏

这类游戏的特征是自由的连招组合以及无比爽快的即时战斗和打击感，以《鬼泣》《战神》《猎天使魔女》《尼尔机械纪元》等为

代表。玩这些游戏的时候，操作上非常自由，主角的移动、攻击、闪避、招式切换等随心所欲，目的是以丰富华丽的连击技巧变着花样地虐怪、虐 BOSS，同时又要闪避它们的攻击。

/ 战斗逻辑规则简介

玩家通过操作摇杆和按键来控制主角移动、攻击、闪避等行为，并且可以根据自己的喜好来随意切换衔接不同招式，主角的攻击动作基本上都是伴随一步步的前移，那么怪物在受击的时候，也会被主角推着后退，直到被墙壁阻挡。怪物的某些攻击会处于霸体状态，无法被打断，此时主角需要闪避。这类游戏打击感是做得很到位的。

我们用如下简笔画做简单说明：

优秀的动作游戏，主角一般会有丰富多样的武器去选择，如图 18-16。

剑　　　　　　斧　　　　　　全套　　　　　　手枪

镰刀　　　　　　项链　　　　　　回旋镖

图 18-16　武器

每一种武器，在操作手感和打击效果上都有鲜明的区别，所以玩家可以根据不同的敌人种类、数量、组合等战斗情况，来选择最为合适的武器应对，并且武器之间可以灵活切换，让玩家体验到无缝衔接的流畅的操作体验。

表 18-1 展示的是这些武器的基本性质，至于锁链这类的工具起到的是将怪物拉近，或者将主角拉向目的地的作用。

表 18-1　武器基本情况

武器类别	伤害	前摇	硬直	上手难度	特征
剑	中	短	低	简易	均衡
巨斧	很高	长	高	难	吹飞
拳套	中高	中	偏低	一般	蓄力
镰刀	中低	短	很低	简易	充能、牵制、大范围
回旋镖	很低	很短	很低	简易	聚怪、牵制、大范围
双枪	低	很短	很低	简易	空中连击
散弹枪	中	短	高	难	蓄力、部分破坏、大范围

此类动作游戏为玩家提供了多种武器，在实际战斗时，玩家可以根据主观意愿随时切换武器进行连招攻击，如图 18-17 作简要说明：

图 18-17　武器切换

第一步，玩家使用镰刀的旋转攻击，将怪物带上空中；

第二步，玩家瞬间切换成剑进行空中连击；

第三步，当怪物受到重力影响，即将下落时，玩家又切换成镰刀追击，继续使其浮空；

第四步，玩家切换成双枪，使怪物的高度继续上升，为之后拳套的蓄力预留时间；

第五步，玩家果断切换成拳套，进行了 1 秒蓄力，此时怪物从空中下落，正好到达主角面前，玩家眼疾手快，拳套蓄力完毕，顺势一拳将怪物重重砸向地面；

第六步，还没完，趁怪物落地硬直时，玩家在空中切换成巨斧，稳稳地劈在怪物还没来得及站起来的躯体上，将其击碎。

这一整套连击足以打死一只怪，给予玩家的爽快感是十足的。

除此之外，这类动作游戏，怪物在攻击时会出现霸体，玩家无法打断其动作，所以必须闪避开。某些技能在闪避结束后立即使用，会有特殊效果加成。所以要求玩家在享受连招的爽快感时，要保持警醒，及时闪避开其他怪物的攻击，如图 18-18。

图 18-18　闪避

/ 打击感实现技巧

打击感简要介绍——网络上已有不少大神给出了优秀的理论，在这里就结合网易游戏实际开发经验，用通俗的语言简单总结一下。当我们在操作主角战斗的时候，游戏会在视觉、听觉以及触觉上给我们传达一些信息，这些信息告诉我们："主角的武器重吗？是匕首还是大锤？是否打中了怪物？攻击力道怎么样？怪物是什么材质的？肉的？铁的？还是木头的？怪物有没有格挡？怪物受了轻伤还是重伤？怪物是躺地而亡还是爆体而亡？"，等等，那么这些丰富的信息统称为"打击感"！下面介绍一下具体思维和操作。

理念——玩家们若要说一款游戏的打击感好，其实不只是上面所介绍的那么简单，玩家的内心其实是强烈感受到了一种爽快，这种爽快来源于"不懈努力带来丰厚的回报"，来源于"紧张积累之后的疯狂发泄"，来源于"谨小慎微过后的肆意妄为"，来源于"抓住时机一顿狂风暴雨"。这些爽快的感受需要从游戏的战斗设计上入手，操作难易度区分、玩家连招意愿的推动等都是我们需要仔细思考研究的问题。

方法——打击感具体的实现方式和操作手法，如下所列：

（1）操作及时性：角色能敏捷地同步到玩家的操作，没有延迟。

（2）攻击受击节奏：攻击前摇的长短，根据武器轻重区分，怪物受击力度根据玩家的攻击力区分。

（3）攻击受击方式：种类繁多，比如击退、击晕、击倒、击飞、抓取、浮空连击等。

（4）震屏：在主角武器碰到怪物的瞬间设置短暂小幅度的镜头震动，来提升玩家的攻击感受。

（5）卡帧：当主角击中怪物的瞬间，让主角和怪物的动作同时静止或者慢放几帧，来增强玩家"击中怪物"的感受，这也是我们通常说的拳拳到肉。

以上我们挑出"卡帧"这个方法来简洁明了地说明如下：

举个例子，当主角挥剑砍怪物时，主角的剑碰到怪物身体的那一帧，通常称为"打击点"，游戏开发者希望让玩家更加清晰地感受到"砍到怪物身上"的感觉，就会使用"卡帧"这个手段，在"打击点"这一刻，强制将玩家和怪物的动作、特效定住零点几秒，定住的时间长短根据武器的轻重来选择。一般来说，玩家所称赞的"拳拳到肉"的打击感，最大的贡献者就是"卡帧"。为了看得清楚，我们用横版格斗游戏《街霸5》来图文说明，虽然是格斗游戏，但是原理是相通的。

近两年的某些AAA动作游戏，使用了新的手段去传达打击感，我们在做写实题材的游戏时，有个矛盾，基于写实的游戏体验，我们并不想使用类似街霸5那样明显的卡帧手段，这样会让玩家感觉出戏，所以下面有必要简单介绍下这种新的技巧。

战神4的诞生，又创造出了一套新的"卡帧"手段，不一定是战神4首创，这个不重要，但是战神4将这个手段运用得很好。我们在做写实游戏时，有个矛盾，由于写实这个题材的限制，我们并不想使用类似街霸5那样明显的卡帧手段，这样会让玩家感觉出戏。所以下面有必要简单介绍下战神4所使用的技巧，如图18-19。

图 18-19　3D 动作替换图

图18-19展示的是连续的3帧，仔细观察会发现，攻击者的身体动作其实有变化，但是剑尖却死死地黏在对方的肩膀处，这样的话，在保持攻击者和受击者继续运动的写实前提下，能让玩家

感受到剑砍在肉里受到的阻力。具体实现上，是程序在怪物身上设置了一些受击点，比如头部、脖颈处、肩膀、胸部、腹部、腰部等，同时在剑尖部设置了挂接点，当主角的剑砍中怪物时，程序判定剑尖部的挂接点距离怪物身上哪一个受击点最近，那么就在接下来的 3 帧里，把斧头尖部的挂接点死死地吸附到怪物身上最近的受击点上，主角的身体可以继续运动，剑会被吸附住，以上就是基本的原理。

18.6.2 传统 MMORPG 类游戏

/ 战斗逻辑规则简介

这里举例说明，例如《天下 3》《魔兽世界》《剑灵》，甚至是早期的《传奇系列》游戏，都属于比较传统的 MMORPG，操作玩耍时候对于技能使用的策略性要求较高，战斗节奏偏慢，动作之间无法随意连招，战斗乐趣在于数值和状态对抗，以及各种控制和反控制技能的相互博弈。

/ 操作类型区分

站桩类——角色攻击的同时，必须停止移动，比如早期的《传奇》《奇迹》，当国内开发商掌握成熟技术之后，也开发出了一些受欢迎的游戏，比如盛大的《传奇世界》、巨人的《征途》、腾讯的《QQ 幻想》等。回到动作层面来讲，站桩类游戏在动作设计和制作上比较简单，一招一式、一板一眼，区分得非常清晰，无法像动作游戏那样做出华丽的连击，因为它的玩法乐趣在于技能先后使用策略性和多种装备搭配产出不同特殊效果。这里我们挑选一个品质口碑兼优的例子来简单说明，就是《暗黑 3》，如图 18-20。

图 18-20　暴雪《暗黑 3》

当玩家操作暗黑 3 的角色战斗的时候，不管你是释放普通攻击还是技能攻击，角色都必须停下脚步去播放相应的攻击动作和施法动作，并且在本次攻击或法术结束之前，角色是无法移动的，这段止步的时间，也可以理解为硬直时间，玩家当然希望越短越好，技能释放完了需要可以立即跑开，所以游戏开发者会在合理性表现和操作手感之间调整这个硬直时间，以达到平衡。

如图 18-21，一个简单的攻击 / 施法动作，可以理解成是由三段组成，分别是"前摇、攻击、后摇"。

前摇——角色从待机姿势开始，举起武器到最大幅度（简称预备极限 pose）的过程，这一段称为攻击前摇。

攻击——角色从预备极限 pose 开始，横挥 / 劈砍 / 戳刺敌人，直到身体运动的最大的幅度（简称攻击极限 pose）。

后摇——角色从攻击极限 pose 开始，自然恢复到待机姿势，这个过程称为后摇。

前摇 ——————→ 攻击 ——————→ 后摇

硬直时间

图 18-21　动作流程

那么一般情况下，硬直时间是前摇加攻击的时间，这段时间内，玩家不可操控，游戏开发者为了能让玩家更早的控制角色，普遍的处理方式就是不强制播放后摇，具体来讲，当玩家在攻击后急着跑开，那么角色会不播放后摇动作，而是直接播放跑步动作。当玩家攻击后，不去操作角色，那么角色会自动播放后摇动作，并且后摇动作是可被打断的，意思就是，当角色正在播放后摇动作的过程中，如果玩家要跑开，是可以的，系统会强制切断当前的后摇动作，立即播放跑步动作，如图 18-22。

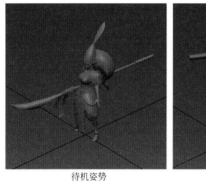

待机姿势　　　　　　　　预备极限Pose　　　　　　　　攻击极限Pose

图 18-22　前摇 + 攻击硬直

走砍类——魔兽世界的出现带动了走砍类游戏的发展，玩家可以操作主角边移动边战斗。操作难度上有所增加，但同时，玩家可以发挥更多的操作技巧，比如控制走位距离、朝向等。在操作机制上，走砍类游戏非常特殊，在角色奔跑的过程中，如果玩家按下了攻击键，那么该角色的上半身播放挥砍 / 施法动作的同时，下半身需要继续保持奔跑动作，不能停下来，这就是和站桩类游戏最大的区别。所以在动画制作层面上，我们需要考虑上半身和下半身分离的需求。

图 18-23　网易游戏《光明大陆》

如图 18-23，左图是正常的跑步动画，此时上下半身全都是播放的跑步动作，右图是玩家按下攻击键的效果，下半身依然是跑步动作，但是上半身已经在播放挥砍动作了。这个机制，需要程序对"跑步"和"攻击"的动画资源进行选取拼接，具体方法如下：

移动战斗的特殊处理方式——最特殊的就是上下半身分离，用于处理玩家在奔跑过程中的攻击，角色的屁股和双腿（下半身）继续播放跑步动画，腰部、胸腔、双臂、头部等整个上半身播放攻击动画，这样就能给玩家一个看上去还不错的走砍效果。

移动战斗的资源制作规范——通过控制骨骼权重实现角色上下半身播放不同的动作，下面我们对骨骼设置做一个简单的解释，如图 18-24。

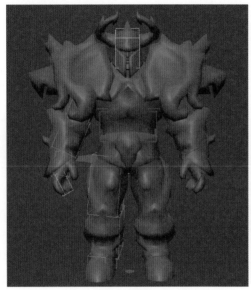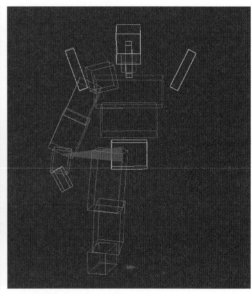

图 18-24　战士角色与骨骼

左边是一个战士角色，右边是他的骨骼，骨骼之间都是存在父子关系的。我们这里会手动改一下默认的父子关系，如图 18-25。

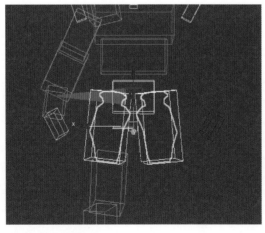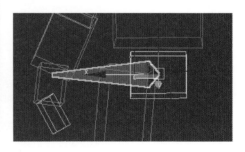

图 18-25　分离制作

首先，我们要把大腿骨骼的父骨骼，由第一根脊椎改成质心，这样可以避免某些引擎对约束关系支持不够完美的问题。

其次，我们在第一根脊椎"Bip01 Spine"和质心"Bip01"之间新增了一根 bone 骨骼，命名为"SpineRoot"，这根 SpineRoot 是衔接质心和第一根脊椎的桥梁，所以 SpineRoot 的父骨骼是质心"Bip01"，子骨骼是第一根脊椎"Bip01 Spine"。SpineRoot 是程序用来控制上下半身分离的关键骨骼，所以在程序要求上，SpineRoot 不能做任何动画，也不能跟随父骨骼运动，它的存在只被程序员使用。我们将 SpineRoot 这根骨骼的旋转信息约束给世界（World），使之不跟随质心转动，但仍然跟随质心发生位移。以上这些就是上下半身分离所要求的骨骼设置方面的注意点。

接下来简单讲一下动画制作上的要求，既然是边跑边攻击，那么第一步，我们需要两个动画资源，一个是跑步动画，另一个是原地攻击动画，如图 18-26。

我们可以看到，这两个动作是完全不一样的，攻击动画里，脚步是横跨的姿势，那我们如何在走砍时将它们拼接在一起呢？请看图 18-27 骨骼图。

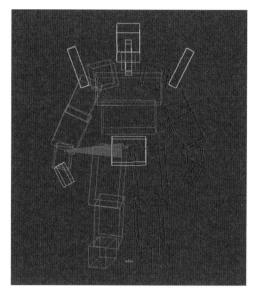

图 18-27　骨骼

我们以 SpineRoot 这根骨骼为分界线，SpineRoot 上面的骨骼全部播放攻击动画，SpineRoot 下面的骨骼全部播放跑步动画，这样就基本完成了走砍的设定。但是实际操作中，我们会发现单纯的上下半身分离，最终效果并不理想，因为在腰部位置，也就是 SpineRoot 的位置，会出现明显的断截，角色的上下半身断截了，看起来没关系一样，真实人类是不可能这样的，如图 18-28 就是个断截例子。

图 18-26　跑步与原地攻击

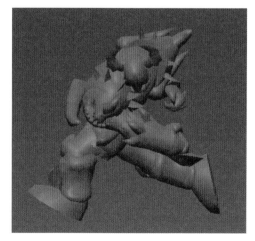

图 18-28　腰部截断

很明显，腰部断截很严重。我们为了缓解这种断截的效果，采取的方法就是在 TPOSE 的基础上，新增一个只有上半身的攻击动作，下半身保持 TPOSE，只有 SpineRoot 以上的骨骼做攻击动作，当然幅度不会太大，这样的话，当角色跑步过程中攻击时，程序就会匹配新增的这个只有上半身的攻击动作，看起来就不会有断截的不良效果。

18.6.3 射击类游戏

/简介

射击类游戏主要分为"FPS 第一人称射击"和"TPS 第三人称射击"。

FPS 的全称为 first person shooter，是属于 STG 游戏的一个分支，是以第一人称为主视角。代表作有《使命召唤》《命运》《泰坦陨落》、《突击英雄》（图 18-29）、《弧岛先锋》（图 18-30）。

FPS 游戏对于精确击打和强烈的代入感，是有很大的优势的，能满足于有较高射击体验需求的玩家。

图 18-29　网易游戏《突击英雄》

图 18-30　网易游戏《孤岛先锋》

TPS 的全称为：third person shooter，是以第三人称角色为主视角的 STG 游戏类型。代表作：《生化危机》《战争机器》。

TPS 游戏的画面展示范围更大，对于有 3D 眩晕的玩家，会更友善，减轻或者让他们没有眩晕的感觉。让玩家对于周围的感知度更高。

/ 画面表现

第一人称的画面上，主要包含枪械、手臂和场景。在枪械处理上，美术要把枪械结构精确到零件细节，手臂也要经过特殊的比例处理与手背细节刻画，如图 18-31。

图 18-31　网易游戏《永恒边境》第一人称

第三人称的画面上包含主角、精炼简介的 UI 以及场景。对于美术的主要表达，在主角的第三人称的动画表达，要保证舒适、极少的特异化表达，如图 18-32。对不常注意的背部，尤其要注意细节的刻画。

图 18-32　网易游戏《终结战场》第三人称

/ 枪感体验

射击游戏会提供丰富的枪械种类，它们的开枪手感都是不一样的，那么哪些元素会决定一把枪械的开枪体验呢？如图 18-33。

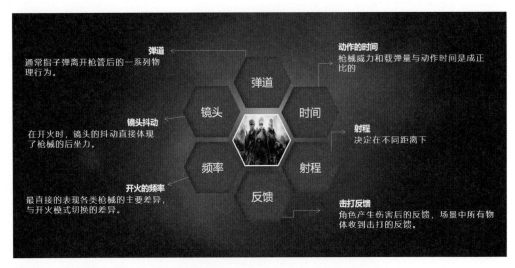

图 18-33　开枪体验决定元素

（1）弹道——子弹射出后，会受到重力和风向的影响，所以如果距离较远的话，需要有一定的预判量，不过这个特性在一般的射击类游戏里不会被采用，因为太过真实，操作难度很高。

（2）镜头抖动——这是枪械后坐力的体现，威力越大的枪械，后坐力越强。一般在游戏里，我们通过镜头抖动的幅度来体现，比如以前玩 CS 时用 AK47 的话，需要压枪。

（3）开火频率——这个很容易理解，能体现出枪械的主要差别。

（4）动作时间——手枪掏出动作和换弹夹动作很快，加特林就很慢。

（5）射程——容易理解，比如步枪的射程较远，狙击枪更远，这也是体现不同枪械特点的主要因素。

（6）击打反馈——不同的枪械由于威力不同，那么击中人体和物体时造成的效果不同，比如某些枪械可以将人打飞，或者更加极端的，某些游戏的散弹枪可以将怪物打爆。

19 做好游戏体验
To Make A Better Gaming Experience

19.1 为什么动画师适合参与游戏体验

游戏体验是一大块复杂的学问，网易公司也有相关部门，有专业的定义，所以这里就从动画师的角度切入，让大家能够轻松读懂动画师眼里的游戏体验。

动画师的工作性质培养了我们敏感的神经，自然界里大多数物体的运动，在我们眼里都应该是流畅圆滑的轨迹、缓入缓出的过渡、轻重缓急的节奏，我们乐于观赏曲线妖娆的身姿，乐于感受气势磅礴的力量。当动画师作为玩家去体验一款游戏时，我们能轻易地发现问题，比如最直观的静态画面是否漂亮、自然生态是否真实丰富、社会人文是否生动合理、角色操作是否流畅、战斗是否得心应手、UI 交互是否方便快捷等。在这些整体观感之后，我们还会细分出每个美术环节做得怎么样、策划玩法上是否走心有趣、数值系统是否平衡。玩了一段时间过后，又会回到整体去感受游戏的故事情节是否扣人心弦、整体节奏是否松弛有度、紧张战斗和情感寄托是否劳逸结合。如果你是一个喜欢听故事的人、一个喜欢玩游戏的人、一个感情绵柔的人，最后你又正好是一位游戏动画设计师，那么在一款游戏面前，你会如同情窦初开的少女那样敏感细腻。

19.2 动画师如何参与游戏体验

我们可以从以下两点入手：

19.2.1 操作

主要体现在玩家操控角色时是否得心应手，角色所表现出的行为是否符合玩家操作时的预想。比如玩家正在跑步，面前有一大坑，玩家通过目测估计到该坑的宽度差不多就是主角跳跃的距离，一般游戏也是这么设计的，所以该玩家预想自己跑到坑的边缘立即按下跳跃键，角色同时起跳，成功越过大坑。但是事与愿违，玩家在大坑边缘按下跳跃键的一刻，意外地发现角色并非立即跳起，而是有一大概 0.2 秒的下蹲预备动作，虽然 0.2 秒不长，但是在此刻却是操作手感上的一大槽点，玩家的流畅度被打断，角色还有可能掉入坑中，这就是一个反例，与玩家的"预想"不符，没有做到得心应手。再比如动作游戏里，主角一般都有闪避技能，表现就是当玩家按下闪避键的瞬间，主角没有一丁点停留，迅速闪开一段距离，一般的 moba 游戏就有闪现这个公共技能，试想，如果敌人组团追你，你在最后一滴血的时候按下了闪现，预想是能闪到墙壁另一侧，但是闪现却没有及时生效，这是非常抓狂的事情，所以操作手感对于游戏的影响非常大，动画师应该主动地去关注游戏的操作手感，查找问题并解决。

19.2.2 视听合理性

游戏的所有内容都是通过视觉和听觉（以及少数的触感）向玩家传递的，当玩家体验游戏的时候，他看到的和听到的应该是相匹配的、合理的。我们用旷世神作《塞尔达旷野之息》来简单说明，该作突出了旷野之息，玩家控制林克在海拉尔大陆的野外奔跑时，能听到脚步声、武器和装备的碰撞声，玩家能看到随风摇摆的高大树木和茂密的草地，同时能听到风的呼呼声，也能听到树木和青草的唰唰声。河流有潺潺的流水声，火堆有嗤嗤拉拉的燃烧声，草堆里有虫鸣，天空里有鸟啼，偶尔飞窜的狐狸也在努力像你传达一个信息"海拉尔大陆是有生命的"。有生命的东西就会动，会动就会让你看到，会动就会让你听到，我们作为动画师可以扩散思维，延伸观感，为我们的游戏世界贡献一份生机蓬勃的生命力。

VISUAL EFFECT (VFX)

06

特效设计

20 特效设计概述
VFX Design Overview

游戏特效是使用电脑技术来完成的制作方式，包括 2D 和 3D 技术的完美呈现。游戏特效制作相比影视特效制作较为简单，凭借强大的游戏引擎编辑，实现绚烂夺目的场景及战斗的画面效果；让玩家获得更多丰富的游戏体验，这种实时预览特效效果的变化，是影视动漫较为难以具备的。

20.1 影视 CG 特效师

影视 CG 特效师在游戏开发中，制作游戏内场景人物或剧情相关的视觉效果。整段作品呈现时间较短，重点在于打造游戏整体体验，宣传游戏故事、主题资料片，以及通过衔接视频的方式表现剧情，对于游戏的细致描述和剧情效果、视觉冲击力起到升华的作用。

游戏 CG 特效师主要是负责游戏 CG 动画中的特效环节制作，丰富整个 CG 短片的视觉内容，可以带给我们更大的震撼力，增加关注度。特效师掌握着各种制作软件，配合整体故事分镜、设计要求以及各环节内容一起打造整段 CG 影片的最终效果。

20.2 游戏特效师

特效制作处于游戏美术开发过程中的最后一个环节，使用电脑软件制作出现实中一般不会出现的特殊效果。在游戏中，给我们带来最直接的动态体验及视觉感受，直接升华了整个游戏的品质等级。

游戏特效师需要有较高的综合能力素质：较好的美术功底，天马行空的脑洞思维，扎实的绘画功底，较好的软件引擎学习能力，熟悉和掌握各种制作软件、游戏引擎及相关的 TA 知识。还要了解游戏开发中各环节相关知识，更好地为后续的角色表现、场景表现及两者的结合提供丰富的设计元素及灵感来源。

游戏特效师一般负责的制作内容分为：角色特效、怪物特效、BOSS 特效、场景特效、道具特效、装备特效、UI 特效、剧情特效。

20.3 风格总览

总的来说，我们会大致把游戏特效划分为极端的两个类型：写实与卡通，在市面上我们能见到的游戏，其实都是这两大类型。随着游戏的不断发展和创新，出现了多元化的游戏特效结果，从而把特效风格划分得更为精细、多样化，用以配合更多不同风格的游戏开发，使游戏整体呈现得更具风格化、更具创意。我们采用网易的手游产品来对特效风格作一个简单的划分和认识（见图 20-1）。

图 20-1　风格总览

从图 20-1 划分的游戏类型来看，特效的风格伴随整体的游戏产品变化而变化：从超写实到卡通。在图中，也可以看到写实划分出了欧美写实、国风写实、日韩写实、欧美卡通、日韩卡通、二次元、Q 版卡通等等。在这些基础上，我们还能常见到魔幻写实、魔幻卡通、武侠写实、武侠卡通、唯美写实、唯美卡通等。所以我们了解更多的游戏，了解游戏所使用的元素，帮助我们去更好地定位一款游戏产品的风格类型。

20.4 节奏

我们把节奏放在第一位来讲，可见其核心位置。节奏，也是我们所称的"动态表现力"，也就是整个特效展示的核心体验，是高质量特效成品保证的第一要素。不管特效设计创意如何，颜色有多好看，形式有多变化，表现有多丰富，细节有多精致，节奏掌握不好，都能大大地降低最终成品的质量。所以优秀的特效节奏，动态感会很强，表现舒服，感受强烈，体验让人热血沸腾。

另外有两种情况是让人不舒服的：一是劣质的特效节奏，动态感会变弱，整体表现太慢，体验上你会感觉像鼻涕，黏糊糊，慢吞吞，让人焦急；二是紧凑的特效节奏，动态感过快，体验上容易视觉疲劳；那我们应该怎么去了解并掌握优秀的节奏感呢？我们划分出了几个要点来帮助大家更好地了解。

特效节奏包括粒子大小区间变化，大小缩放变化，速度快慢变化，粒子生命区间变化，整体效果的运动快慢变化，整体颜色的过渡变化。

20.4.1 粒子的大小区间变化

粒子的生产有大小之分，即不是同比例大小，这样会显得单一；所以在特效制作过程中，就需要我们多去注意粒子参数的大小区间值。

20.4.2 粒子的旋转速度及随机角度

粒子产生时要有随机角度，在过程中要有角度旋转速度，做到这点，粒子产生的整个过程中才不会显得过于呆板，如图 20-2 展示粒子过渡变化。

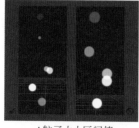  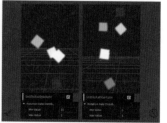

A粒子大小区间值　　　　　　B粒子随机角度　　　　　　C粒子旋转速度区间值

图 20-2　以 Messiah 引擎举例

20.4.3   元素的缩放表现

元素的缩放表现，是整个特效动态构成的核心，决定着特效是否能带给我们强烈的打击体验，我们举例一些游戏作为参考学习；当然大家可以去体验更多的游戏，去感受，找节奏。例如：

《永远的 7 日之都》

《镇魔曲》

《决战平安京》

《阴阳师》

……

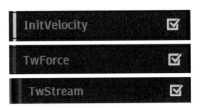

图 20-3   以 Messiah 引擎举例

20.4.5   粒子生命区间值

粒子生命也是一种自然规律，所以有长短之分，在制作过程中，粒子生命的长短表现，可以更多丰富粒子的整体细节，如图 20-4。

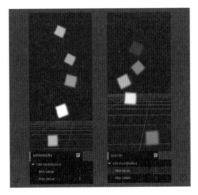

图 20-4   以 Messiah 引擎举例

20.4.4   粒子的速度表现

粒子的运动速度变化要符合自然规律的特点，会有加速度、减速度、阻力、重力等。这些特点的搭配会让粒子的速度变得更加丰富，有细节，一般来说有快慢相结合的速度表现为佳。

如图 20-3，以 Messiah 为例：速度　重力　阻力

20.5   设计创意

有创意的设计，可以突破市面上常见的特效表现，避免了雷同、老旧的成品出现，使一款游戏让人熟记，里面的角色让人印象深刻，提高整个游戏产品的特效品质。常见的有《DOTA2》《英雄联盟》《塞尔达传说》等，所以在节奏之后，我们将设计放在第二位。

作为特效师，我们会去了解游戏的风格走向，剧情背景，故事来源，再了解英雄角色的历史背景，彼此间的关系，在这些基础上去挖掘所要创新的元素，有贴图、模型、动画等等。另外，我们还需要思考动态的创造方向，即特效的整体构架是怎样的，这就需要我们自身多一些脑洞，多一些游戏体验，多去解析创作的灵感来源、

实现方式，经过积累，最终服务到游戏里去。

一般思维能力比较好的，通常可以直接表达出来，因为思考和制作是处于一个同步的状态，甚至该效果整体的表现已经在脑子里构建完成。新手怎么挖掘灵感来源？我们常见的实现方式是手绘设计，所以在特效行业里，手绘设计特效概念图也是特效环节里很重要的一项工作，也是一个合格特效师应该具备的能力素质。

我们列举一些优秀的作品来展示设计的重要性，如图 20-5 至图 20-12。

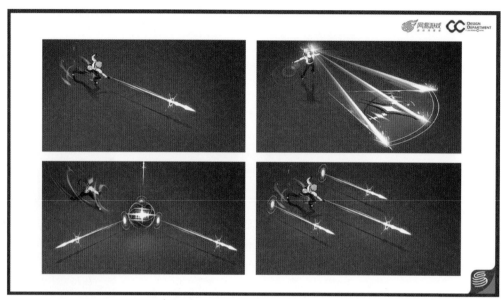

图 20-5　手绘特效（1）

图 20-6　手绘特效（2）

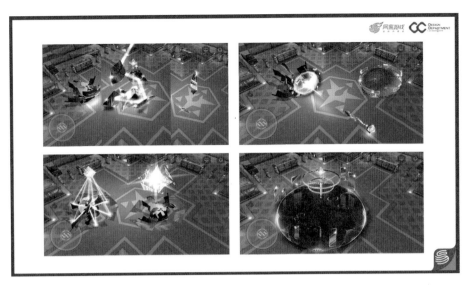

图 20-7　手绘特效（3）

图 20-8　手绘特效（4）

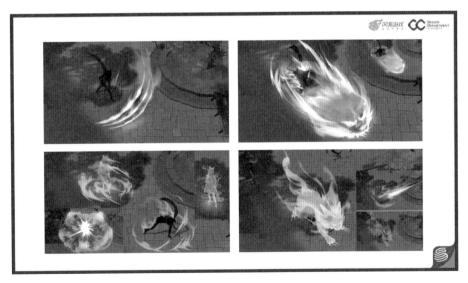

图 20-9　手绘特效（5）

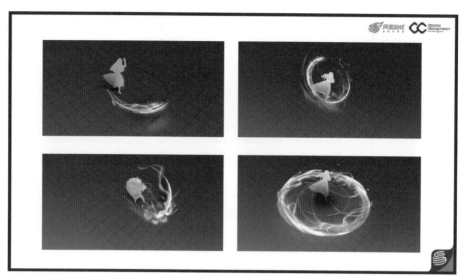

图 20-10　手绘特效（6）

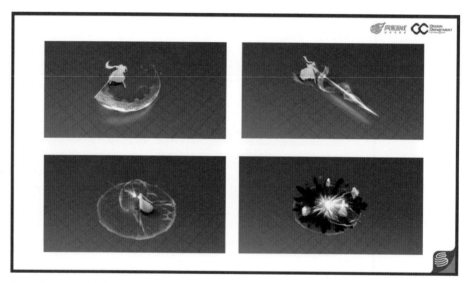

图 20-11　手绘特效（7）

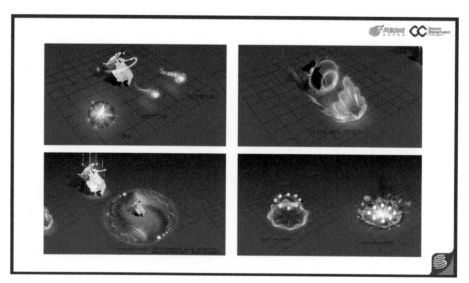

图 20-12　手绘特效（8）

20.6 颜色

节奏构建了特效的动态感，设计构建了特效的体验感，那颜色构建的就是绚丽的画面感。我们常会提到"华丽"两个字，就是颜色的使用给我们的视觉体验感，所以我们将颜色排在第三位。特效的颜色表现在于丰富多变，即颜色的多样性，但五颜六色又会让效果杂乱，容易导致视觉疲劳，严重影响整体的游戏体验。所以，最佳的做法是表现颜色的搭配——渐变、明暗、饱和度以及基础颜色的搭配。

20.6.1 颜色搭配

特效的颜色搭配（Colour Assortment）核心来源于角色的背景、外观设计、技能属性、场景氛围、剧情背景等，并使用基础颜色、补色、对比色关系，对特效效果进行整体颜色的设计表现。颜色的运用可以让特效师更好地理解特效的效果属性，表达出特效的实际效果作用，让玩家能够清楚地体验到效果核心。良好的颜色搭配可以更好地突出特效的华丽程度，提升角色效果的辨识度，游戏整体画面的体验感，更好地吸引玩家。

我们用七种基础颜色简单介绍下能带来的效果表现作用。

/ 红色（Red）

RGB：R255 G0 B0

光或颜料的三原色之一，最强有力的色彩，热情、活泼、激情、喜庆的象征。容易鼓舞勇气，西方以此作为战争相关的颜色，象征牺牲，东方则代表吉祥、乐观、喜庆之意。有时会很刺眼，看到就让人有热血沸腾的感觉，但是看久了会产生巨大的视觉压力。

红色与各颜色搭配出来的特效表现效果有：血腥、兴奋、攻击提升、嗜血、喜庆、爆发、邪恶、暴力魔化、狂暴等，如图 20-13。

图 20-13 红色常用搭配

/ 橙色（Orange）

RGB：R255 G165 B0

由红色和黄色组成。也可以叫橘色，代表时尚、青春、快乐、活力四射。炽烈之生命，太阳光为橙色。橙色是欢快活泼的光辉色彩，是暖色系中最温暖的色，它使人联想到金色的秋天，丰硕的果实，是一种富足、快乐而幸福的颜色。

橙色稍稍混入黑色或白色，会变成一种稳重、含蓄又明快的暖色，但混入较多的黑色，就成为一种烧焦的色，橙色中加入较多的白色会带来一种甜腻的感觉。橙色在空气中的穿透力仅次于红色，而色感较红色更暖，最鲜明的橙色应该是色彩中感受最暖的色，能给人庄严、尊贵、神秘等感觉，所以基本上属于心理色性。历史上许多权贵和宗教界都用橙色装点自己，现代社会上往往以橙色作为标志色和宣传色。不过橙色也是容易造成视觉疲劳的色。

与各颜色搭配出来的特效表现效果有：火焰、熔岩、地面裂痕、火星火花、太阳、热能量、能量提升、烧焦等，如图20-14。

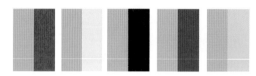

图20-14　橙色常用搭配

/ 黄色（Yellow）

 RGB：R255 G255 B0

颜料三原色之一，活泼的颜色，亮度最高，禁不起白色的冲淡，给人轻快，充满希望和活力的感觉。在东方代表尊贵、优雅，西方则以黄色为耻辱象征。黄色的波长适中，是所有色相中最能发光的色，给人轻快、透明、辉煌、充满希望和活力的色彩印象。由于此色过于明亮，被认为轻薄，冷淡；性格非常不稳定容易发生偏差，稍添加别的色彩就容易失去本来的面貌。

与各颜色搭配出来的特效表现效果有：圣神、光辉、守护、洗礼、升级、速度、重生、腐蚀液体等，如图20-15。

图20-15　黄色常用搭配

/ 绿色（Green）

 RGB：R0 G255 B0

光的三原色之一，很特别的颜色，它既不是冷色，也不是暖色，属于居中的颜色，代表清新、希望，给人安全、平静、舒适之感。绿色让人联想到大自然的颜色——春天的树木，绿色的嫩叶，看了使人有新生之感。代表意义为清新、希望、安全、平静、舒适、生命、和平、宁静、自然、环保、成长、生机、青春、放松。

与各颜色搭配出来的特效表现效果有：风、生命、生长、回复、自然、毒元素、治疗、粘液等，如图20-16。

图20-16　绿色常用搭配

/ 青色（Cyan）

RGB：R0 G255 B255

青色是中国特有的一种颜色，在中国古代社会中具有极其重要的意义。青色象征着坚强、希望、古朴和庄重，传统的器物和服饰常常采用青色。青是一种底色，清脆而不张扬，伶俐而不圆滑，清爽而不单调。

与各颜色搭配出来的特效表现效果有：幽灵、灵魂、魂魄、气体元素、水元素、冰元素、水墨等，如图20-17。

图20-17　青色常用搭配

/ 蓝色（Blue）

 RGB：R0 G0 B255

光或颜料（作为颜料色中，使用青色代替蓝色）的三原色之一，这种颜色有很多种，有天蓝、湖蓝、宝蓝、粉蓝、冰蓝、碧蓝等。天蓝色代表宁静、清新、自由，是很多人喜欢的颜色，天蓝色和粉红色一样，是安抚色，一看到就让人的心情感到放松；湖蓝色，海的颜色，代表忧郁、深邃、冷淡；宝蓝色即宝石蓝，最深也最亮的蓝色，也叫海军蓝，代表冷静、智慧等。

特效表现作用：恢复魔法值、法力、净化、沉默、魔法能量等，如图 20-18。

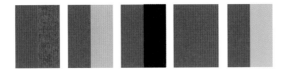

图 20-18　蓝色常用搭配

/ 紫色（Purple）

　　RGB：R128 G0 B255

由蓝色和红色组成，神秘、高贵、浪漫的象征。紫色有很多种，淡紫色、深紫色、粉紫色和灰紫色。一般人喜欢淡紫色和粉紫色，有愉快之感，很少有人喜欢青紫色，因其不易产生美感。紫色也用于营造恐怖感，灰紫色有灾难降临的感觉。在中国传统里，紫色是尊贵的颜色。

特效表现作用：暗影元素、黑暗魔法、空间、神秘等，如图 20-19。

图 20-19　紫色常用搭配

我们用项目实例介绍特效颜色如何和主角做技能上的颜色搭配，如图 20-20 至图 20-29 所示。

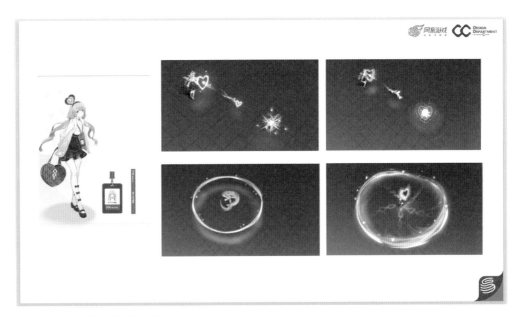

图 20-20　主角技能的颜色搭配（1）

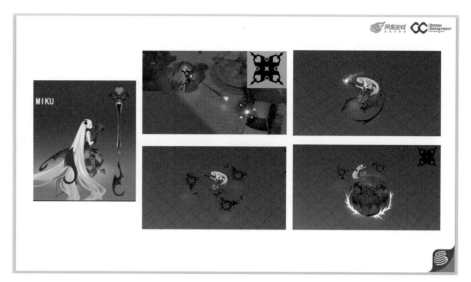

图 20-21　主角技能的颜色搭配（2）

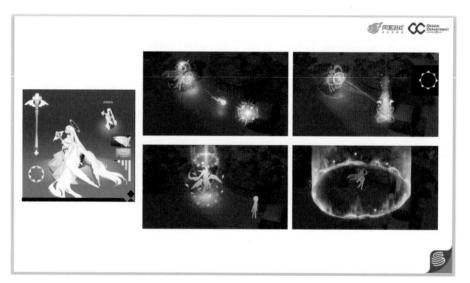

图 20-22　主角技能的颜色搭配（3）

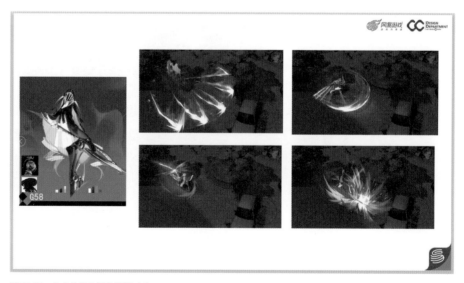

图 20-23　主角技能的颜色搭配（4）

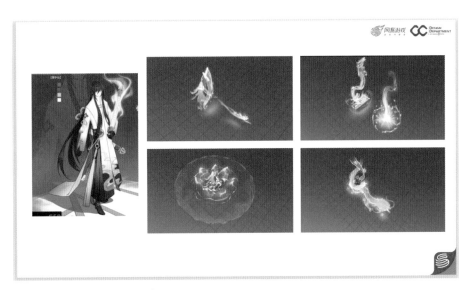

图 20-24   主角技能的颜色搭配（5）

图 20-25   主角技能的颜色搭配（6）

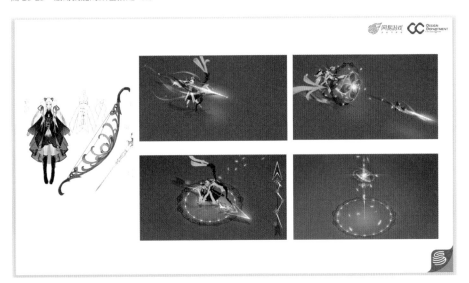

图 20-26   主角技能的颜色搭配（7）

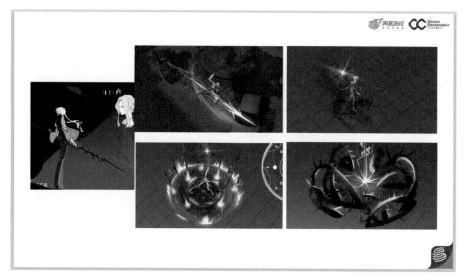

图 20-27　主角技能的颜色搭配（8）

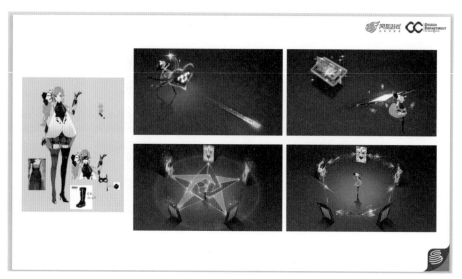

图 20-28　主角技能的颜色搭配（9）

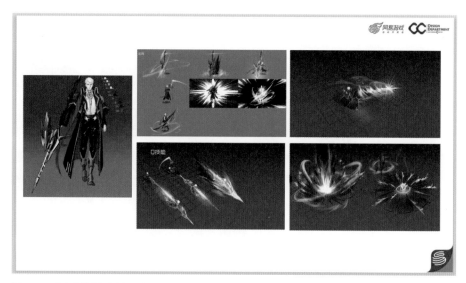

图 20-29　主角技能的颜色搭配（10）

20.6.2　颜色的渐变

基于前面所了解的颜色搭配的知识，在特效实现的过程中去做渐变过渡，可以让特效的运动过程更有变化性，更加丰富，如图 20-30 展示了颜色渐变效果。

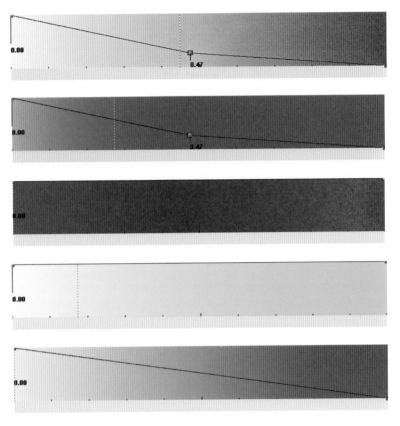

图 20-30　颜色渐变

20.6.3　颜色的明暗

主要是让我们在制作过程中，能掌握好特效的明暗程度，如图 20-31。

过曝——颜色过于亮白，效果变得过曝、苍白、粗糙。

柔和——颜色搭配起来是最舒服的，不管过程中有曝亮的瞬间，还是搭配灰色部分，都会柔和。

过灰——在一些烟雾表现上可能刚好，但是整体颜色搭配亮度过灰，会显得非常脏（在 HDR 下使用灰调子，颜色也可能会变得很漂亮很有档次，主要看游戏引擎对渲染的支持）。

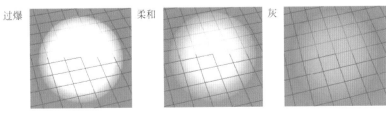

图 20-31　特效的明暗程度

20.6.3　颜色的饱和度

如图 20-32，控制颜色的饱和度，主要是让特效整体处于透气而不浓厚粘腻的状态，可以让视觉
更为轻松。

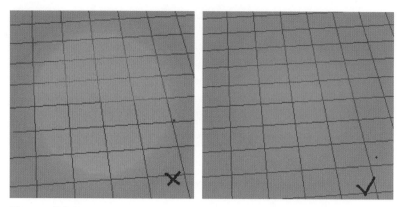

图 20-32　饱和度

20.7　贴图元素

贴图是展示特效的核心元素，也是直接影响特效是否精致细腻的重要环节之一。选择好的贴图才
能保证好的效果，特效效果的品质主要与贴图的清晰度、特色和细节相关。不管使用什么方式制
作，采用什么材质或者模型，以及呈现出的纹理表现，依赖的都是贴图。所以保证贴图的清晰度，
选择品质较佳的贴图，可以大大提高特效的品质。

20.7.1　贴图的清晰度

高清晰度的贴图是精品特效的有力保障，否则就是两个字"粗糙"。

20.7.2　贴图的特色性

特色性可以突出游戏的风格特点和角色的技能亮点，从而提升了特效的独特性和角色的辨识度，
如图 20-33 和图 20-34。

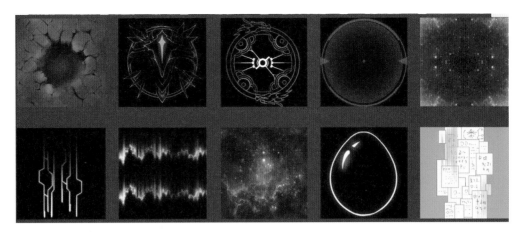

图 20-33　贴图清晰度

图 20-34　贴图特殊性

20.7.3　贴图的纹理细节

如图 20-35 所示，丰富有层次的贴图纹理可以让一张平面静止的贴图变得生动有立体感。

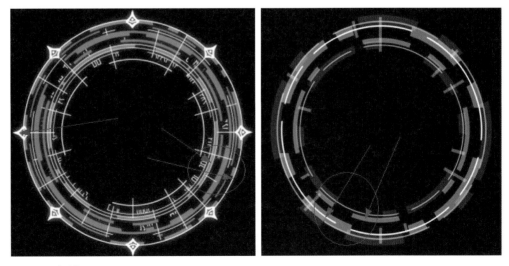

图 20-35　贴图纹理

20.8 特效的整体表现

在达到以上要求后，还要关注特效的整体表现。整体表现是指该特效是否是一个完整的个体，从开始到结束衔接是否紧密合理，是否符合实际的自然规律。

20.8.1 特效的整体性

特效的整体性是指让特效的注意力集中在一个点上，突出重点表达的意思，否则，效果就会分散，从而影响对重点的表达。

如图 20-36 所示，聚焦中心。

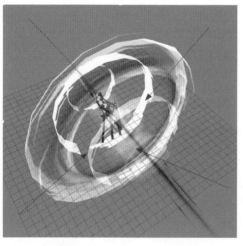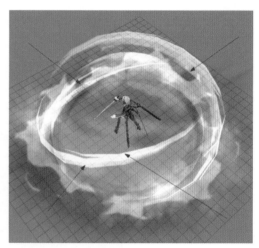

图 20-36 特效整体性

20.8.2 特效的衔接关系

单个完整的特效从产生到结束，都处于紧密连接的关系，衔接自然，不可断开。否则，就会导致特效出现断层，分散的状态。

多个完整的特效配合动作会形成一个完整的技能表现，在这个过程中，可能会因动作需要而出现短时间的衔接上的断层，所以处理的时候，可以通过一些"残留"做特效之间的衔接。

衔接在一起的特效必须属于同样的风格，否则会给人一种断开、拼凑的感觉。

整体的衔接过程，如图 20-37 所示。

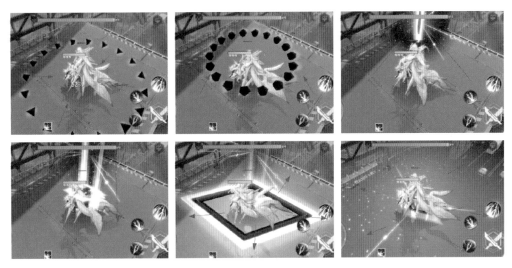

图 20-37   网易《永远的七日之都》特效衔接

20.8.3   特效的自然性

虽然特效是虚构的，但特效的表现，必须符合自然规律，不能凭空捏造。

举一些简单例子：

水技能击中——水受击效果。

火技能击中——火受击效果。

风暴效果——会有风、雷电、砂石、尘土、烟雾等元素，风暴与地面交互，会有地裂裂痕，运动过程中风暴会自然扭动。

物理受击——武器划过，效果会沿着划过的方向喷射，武器嵌入体内或拔出，会朝反方向喷溅。

20.8.4   内容细节

内容的丰富程度取决于特效的每一帧，在逐帧播放下，可以发现很多内容：使用的技术、多样的材质、模型动画、贴图纹理、制作技巧，等等。

在基础不够扎实的情况下，往往会把特效做得很单薄或很花哨，因为不知道怎么去设计内容。特效细节不是无限量堆资源，所以上面所提到的每一个基础点都需要理解和掌握，并在实际运用中举一反三。

在手游的开发中，受手机性能的限制，优化的需求变得很高，特效能展示出来的内容会变得很少，如何用简单的东西做出惊人的效果，也需要特效设计师更多地去研究新的技术和制作技巧等。

如图 20-38，一般特效展示的内容和细节有：特效的构成（点线面），贴图的叠加，序列动画贴图，各种材质的使用，引擎功能技术支持，创新的模型效果，配合特效的模型动画效果，以及特效搭配中需要注意的各种对比——节奏的强弱对比、主次的虚实对比、元素的明暗对比等。

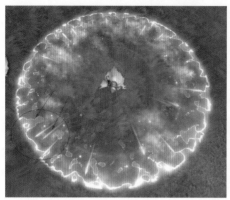

图 20-38　特效内容细节

21 特效概念设计
VFX Concept Design

21.1 游戏特效概念设计是什么

游戏特效概念设计是指对游戏中的角色、怪物和 NPC 等的技能，以及场景特殊氛围、光效、自然元素（如光效、风、火、电、魔法、能力等）进行研究，挖掘它们身上的元素和特性，从而进行创作的过程。一般对单帧或关键帧绘制的特殊视效进行可视化表现。

21.2 设计工作范畴有哪些

21.2.1 角色特效设计

/ *技能设计*

游戏角色、怪物、BOSS 和 NPC 在普攻和受击时，技能使用的视觉效果以及动态表现如图 21-1。

/ *展示效果设计*

展示效果设计是指在选人界面和展示界面为配合角色表演及镜头的动作而进行的特殊视觉效果表现的设计。

/ *个性化表现设计*

游戏中角色的个性化视觉效果，如角色的出场、待机、死亡、提示、指引、触发特效、角色的技能、装饰品等，常常需要围绕节日主题进行外观上的改变，个性化表现设计在满足原有功能性的情况下对特效进行包装设计，以贴合当前主题的形象，如图 21-2。

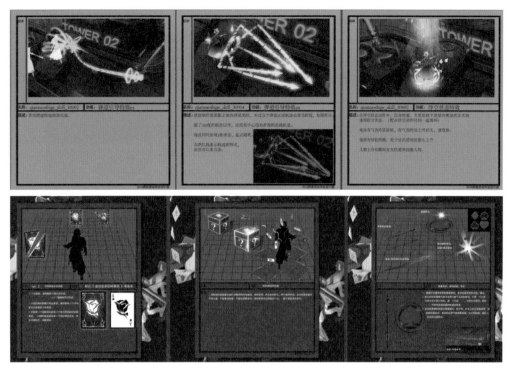

图 21-1　技能设计

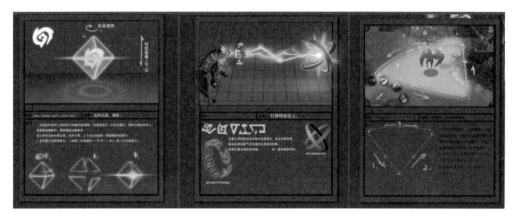

图 21-2　个性化表现设计

/ 场景特效设计

场景特效设计是对场景进行氛围、物件、交互组件等的设计。

/ 道具效果设计

道具效果设计是以游戏中场景物件、道具、装备、坐骑、宠物、翅膀、挂饰等视觉效果作为表现设计。

21.2.2　设计图使用的素材输出

在概念设计中，将会产出特效制作中所需要的特效架构、贴图素材、模型样式和动态方向，它们将作为后续特效制作的素材，如图 21-3，指引制作的方向，是特效设计的核心。挖掘角色的特色元素，提高角色的辨识度，以及突破市面游戏的大众化元素，对特效制作来说都是非常重要的。

图 21-3　素材输出

21.2.3　设计流程步骤

/ 整体流程介绍

游戏美术设计的整体流程是策划－原画－模型－动作－特效，游戏特效作为游戏美术的最后一个环节，需要整合多个环节信息，所以务必与前面的环节进行紧密的沟通讨论（见图 21-4）。

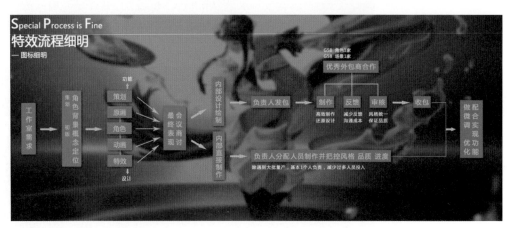

图 21-4　流程介绍

围绕图 21-4 所示流程，下面做具体的说明：

/ 环节讨论

不同环节讨论的重点：

1. 策划

功能性——这个特效的功能是什么，如伤害、治疗、buff 和范围等。

背景故事——角色的背景故事是隐藏的可以选用的特效元素。

2. 原画

角色元素——影响特效元素的选用。高辨识度的主题以及形象的特征元素能为特效设计带来灵感，达到提高角色辨识度的效果，最终影响作品品质。

3. 动作

美术表现——能量受力的影响会改变特效形态，人物的 Pose 和节奏也决定了力的方向及强弱节奏等。常见力的方向可分为直线类、曲线方向、波形方向、扩散方向、旋转方向、生长方向、收缩方向等，与力的方向契合会提高特效真实合理性，又具备美观。

4. 设计

整合前期各个环节信息：

元素——可从角色原画和角色故事背景中提取。

配色——一般可根据角色原画的配色进行呼应，也可根据故事背景找到可提取点，从而达到整体统一。

形态——包括使用的元素，花纹样式，动态节奏，力的方向等。

5. 效果反推

该环节是与讨论环节和设计环节同步进行的，在此期间若发现有问题存在或者有好的想法，可与不同环节沟通调整，提出合理的意见，使角色更具有可信度。

6. 最终确认

对效果反推获得的最终设计文案进行最终的设计调整和确认。

21.2.4　使用工具介绍

Photoshop：用于绘制效果图，是贴图制作输出的基本工具。

SAI：用于绘制效果图，光感制作上会比 PS 方便。

Adobe Illustrator：主要用于贴图制作和输出，和 PS 的区别就是能输出矢量图形。

21.2.5　常见问题归纳

（1）缺少与前期环节沟通导致后续的实现效果不佳，所以在设计的时候务必与前期环节保持紧密沟通。

（2）设计的时候没有根据游戏角色，场景，故事背景等一些信息来设计，导致设计的效果普通，无特点。

（3）特效表现的想法不够大胆，缺少创意，很容易和市面上的游戏出现雷同，好的想法和创意是考量特效品质的一个重要标准，可以提高游戏辨识度，使其更具有标志性。

（4）设计的时候缺少整体意识没有对特效表现元素进行主、次规划，结果就会导致没有一个重点表达对象，杂乱无章，所以需要明确突出想要表达的重点是什么。

（5）特效概念设计最终都是为了还原制作，如果在设计初期没有充分考虑制作的可能性，就会给后续的制作流程留下麻烦，当然这和设计创意、想法大胆并不冲突。

22 特效制作类型
VFX Design Types

22.1 手绘特效

手绘特效就是通过逐帧进行绘制，它是一种二维表现的特效形式，通常会在二维游戏里使用。随着项目需求升级，手绘特效也越来越多地被运用到三维游戏里表现特效效果。

22.2 手绘特效的优劣

22.2.1 优点

（1）有着无限的可能性，只要你能想到，就能画出来，不存在技术功能上的限制。

（2）风格化更明显，有特色，独一无二。

（3）特效节奏可以随心把握，会画手绘特效的人对特效的节奏感力度感更加敏感。

（4）泛用性高，无论什么项目的特效，手绘特效都能成为亮点。

22.2.2 缺点

（1）需要有动画和手绘基础，入门门槛较高。

（2）制作耗时较长。

（3）如果要做十分流畅的手绘特效，帧数会很高，在游戏中占资源量比较大。

在实际工作中，不管是二维游戏还是三维游戏，我们都会用到二维特效来做功能，做反馈说明，做效果演练等。所以学好手绘特效，对特效环节来说还是十分有帮助的。

22.3 制作流程步骤

22.3.1 概念图

概念图的绘制相当于作文的大纲。我们收到需求的时候，根据需求文档的描述，画出相应的效果图。这部分效果图一般只画中间爆发 / 展开最为激烈的一帧。概念图的刻画完整度不会太高，主要是用于指导后面手绘特效的表现方向以及跟相关策划确认大致的方向。

22.3.2 关键帧

概念图确认了之后，可以把概念图细化为中间关键帧，然后根据中间关键帧，画出起始关键帧，过渡关键帧，结束关键帧。这是一个大致的分布，一个简单的特效可以通过这种方式来划分关键帧，一套关键帧下来，就能看到这个特效大致的运动方式是怎么样的。

在关键帧环节，我们就可以进行节奏的调整，每帧关键帧之间留有多少时间、节奏感和力度感，说白了就是速度 / 时间之间的对比关系。比如最简单的一段砍击，起始可能是在蓄力，它的速度会比较慢，挥砍的一瞬间，时间更短速度更快，然后是消失，消失也会比较慢，消失的表现，可以通过细腻的刻画来提高特效的精致度和丰富度。

22.3.3 补帧（动画帧）

关键帧绘制完成，节奏也调整得差不多的时候，就可以进行补帧工作了。补帧这个环节比较机械，它的作用就是衔接关键帧之间的过渡，使其更加合理、完整。

在补帧过程中，可以通过不断地播放，进行节奏感力度感的微调。

22.3.4 合成 / 输出

补帧步骤完成以后，就可以输出。输出这个过程，需要关注的点是文件尺寸和输出规范。因为手绘特效最终会在游戏里供策划和程序调用，每个项目的输出规则可能都不太一样，需要在制作过程中不断地去完善，整理成规范文档，方便以后的新人进行工作交接。

22.3.5 使用工具介绍

手绘特效通常用到的软件是 Flash、After Effects 等，下面我们以 Flash 为例子进行介绍，如图 22-1。

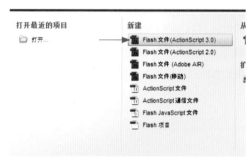

图 22-1　FLASH 应用 - 动作脚本

（1）通常新建一个动作脚本 3.0 作为新的画板。

（2）侧边栏工具分布跟 PS 类似。通常使用笔刷工具，勾选"使用压力"，获得笔刷的压感变化。在画面中画出内容后，关键帧就会变成黑色点代表这一帧内有画面内容。

（3）快捷键 F5 添加空白帧这部分的帧数就会一直显示第一帧的画面。

（4）快捷键 F6 在原关键帧基础上复制添加新的关键帧。

（5）快捷键 F7 在下一帧添加空白关键帧。

常用以上几个快捷键来增加关键帧，删除时在单帧上右键点击删除。

（6）常用功能：洋葱皮。这是动画里比较常用的功能，用于预览前后帧的变化趋势，比如在第一帧的画面中会半透明显示之后关键帧的画面内容，洋葱片可以自由调整预览的长度。

对于子主题，以上功能足以画出比较简单的手绘效果了。在画手绘特效的时候，比较讲究一气呵成，脑海里需要不停地想象特效的整个过程，把它的关键帧粗略画出来以后，调整运动节奏，就可以看到大致的预览效果了。

（7）细化关键帧和补帧。

粗略完成的特效层可以作为初版保留图层，然后再新建图层，在原来的基础上进行更精细的绘制，见图 22-2。

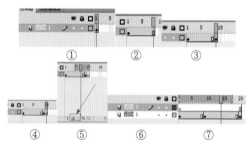

图 22-2　操作步骤

23 3 渲 2 特效制作
3D to 2D VFX Design

23.1 专业技能介绍

3 渲 2 特效，顾名思义是通过 3D 软件或者后期合成软件，制作生成 2D 序列帧形式的图片资源，从最终文件的格式上区别于 3D 引擎的特效资源。

特效制作需要掌握一些基础的动画原理、色彩搭配、节奏韵律。在这基础上还要会特效设计（元素绘制、技能设计）。特效也是一个设计岗位，只有具备全方位的基本功和优秀的学习能力才能更好地在这个领域发展。

23.2 制作流程步骤

23.2.1 需求沟通

需求沟通比较常规，就是与需求方的主要干系人，如策划、主美、项目特效环节负责人，沟通项目所期望的美术效果，确认制作方向。

23.2.2 特效设计

简单的可以直接制作，复杂需要特效设计使用到 Photoshop 软件。

23.2.3　制作

有三种方式：Max 制作、After Effects 制作、Max 与 After Effects 协作制作，目前基本都采用三种相结合的方式。

23.2.4　审核—修改

这个比较复杂，因为 3 渲 2 项目都是公司的王牌项目，审核会非常严格。

常规就有 3 环：接口人＋项目环节负责人——策划＋主美——美术总监＋产品经理。

23.2.5　资源输出

三渲二特效的资源输出分两种形式：PNG 序列帧和 TCP 序列帧，分别对应游戏不同的运行平台，手游一般使用 PNG 序列帧，端游一般使用 TCP 作为最终资源。

23.3　使用工具介绍

23.3.1　核心软件

核心软件 Max / After Effects

下面直接介绍两款软件。因为特效环节每款软件都需要基于很多插件的使用来完成，种类较多，达到的效果也是各式各样，可以在各大网站上进行了解和学习。

23.3.2　Max 软件需要掌握的模块及命令

综述：特效制作需要掌握的模块要比其他环节更多一些。

软件本身需要掌握的内容：

（1）模型相关的基础建模指令。

（2）动画相关（透明度动画 \Key 帧动画 \ 路径动画 \ 高级一点的约束动画）。

（3）特效粒子模块。

（4）形变命令、虚拟体连接关系、打组、物体属性、运动模糊、材质调整及程序贴图、环境特效模块、渲染模块。

下面具体介绍 Max 各相关模块需要掌握和了解的属性及对应可实现的效果。

如图 23-1，选择物体点击右键，调出物体属性面板。

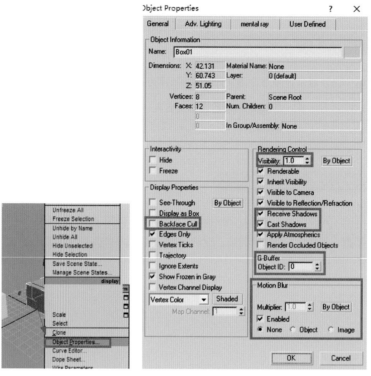

图 23-1　物理属性面板

接着按照图 23-2 至图 23-6 所示进行操作：

图 23-2　动作条面板部分动画 key 帧的基础操作

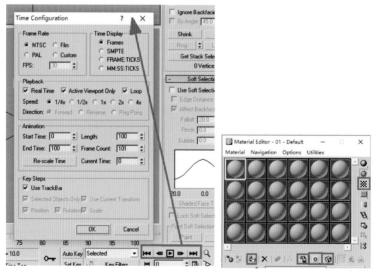

图 23-3　播放帧率的设置及材质面板

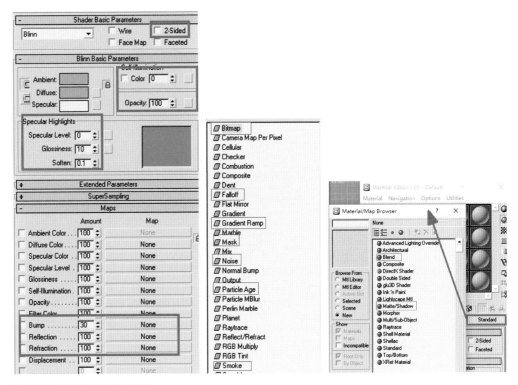

图 23-4　常用的材质表现制作相关

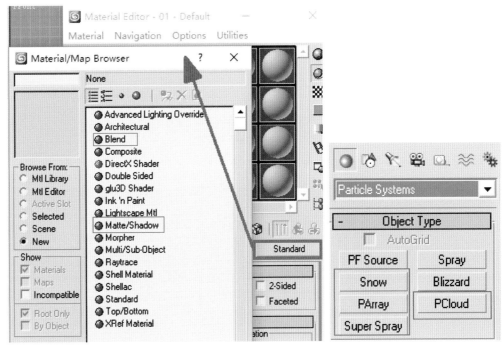

图 23-5　常用的特效材质球及粒子系统

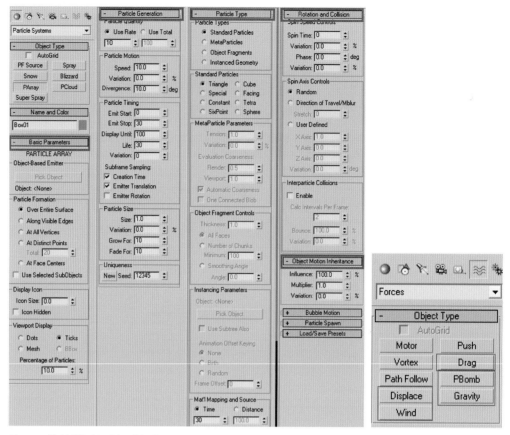

图 23-6　基础属性设置面板及"力场"

图 23-7 和图 23-8 力场系统每个属性都比较简单，主要控制力量的变化、强度、方向以及位置。

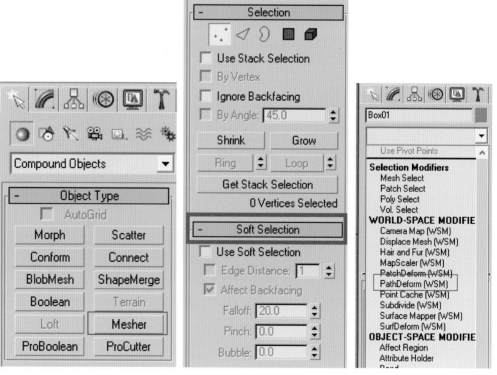

图 23-7　力场操作界面

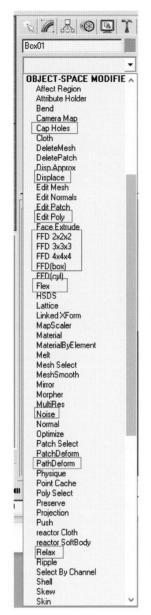

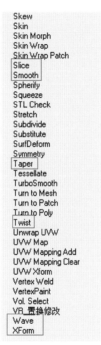

图 23-8　系列形变动画命令

After Effects 是 Adobe 公司开发的一个视频剪辑及设计软件。可以对多层的合成图像进行控制，制作出天衣无缝的合成效果。关键帧和路径的引入，使我们对控制高级的二维动画游刃有余，将特效制作的效果上升到了新的高度。After Effects 软件非常友善，任何资源都可以作为素材使用，无论是图片、序列帧、GIF，还是视频，都可将这些素材进行你能想象到的

风格化调整，然后应用到作品中。而且 After Effects 的资源效果处理方式多样灵活，输出的资源颜色所见即所得，没有 Max 的偏色问题，可以更好更直接地把控资源的最终效果。

相对来说其缺点在于，资源匹配较 Max 的工作量要大一些。

23.3.3　After Effects 软件需要掌握的模块及命令

首选项渲染输出的设置：

（1）图层模块：资源分组合成组的合理使用。

（2）动画模块：时间线面标记关键帧动画的创建路径动画。

（3）Mask 遮罩功能的灵活运用：处理各种资源的自然衔接及过渡。

（4）效果预设模块：After Effects 最强大的部分，绝大多数效果都是通过这些命令来制作实现的，AE 的效果插件也都是对应内嵌在这个模块中。

比较常用的：

（1）锐化、风格化、过渡、抠像、扭曲、透视、颜色校正、遮罩都是基础，运用好了就可以制作绝大多数效果的大体动态变化，然后再通过其他的插件辅助制作光效粒子以及沟边效果。

（2）风格化中"粗糙边缘"又称"毛边"，适合用来制作 2D 流体相关的效果，模拟卡通风格的烟火还有水纹。

Fx-particle Builder：超级火焰尘埃粒子特效动画模板，After Effects 预设与 After Effects 模板合辑使用软件版本，基于 After Effects CS5-CC 2015，需要 After Effects 插件：Trapcode Particular（基于红巨星插件的粒子模块）。

24 引擎特效制作
Engine VFX Design

24.1 专业技能介绍

引擎特效制作就是依靠自研引擎或商业引擎来完成特效的制作，并最终完成游戏的效果呈现。传统的特效制作采用 3ds Max、After Effects、Photoshop 和 Particleillusion 进行贴图素材、动态素材输出及效果成品的图片输出，例如：《大话西游 2》、《率土之滨》等。随着时间和技术的不断进步，渐渐出现了以自研引擎和商业引擎为主的游戏开发，例如：《天下》手游、《一梦江湖》《永远的 7 日之都 》《决战平安京》《明日之后》《荒野行动》等。随着大型 3A 大作的问世，Unity3D，Unreal，CryEngine 这些引擎逐渐被人知晓，也成为业界游戏开发所使用的引擎的品质象征；也深受游戏开发者的学习和喜爱；并且从 PC 端开发广泛的使用到手机移动端的游戏开发上。

24.2 使用引擎的优势

24.2.1 优势

制作过程中，呈现效果的方式较为便捷高效，制作或修改的效果预览快，有丰富的粒子动态效果、材质效果、引擎技术效果等。

24.3 制作流程步骤

24.3.1 制作

根据策划提出的文案，在策划对技能的功能要求下，讨论设计方向并确认，最后进行效果制作。

24.3.2 实现方式

常见方式有：

/ 效果挂接

在完成技能效果后，在动画编辑器下进行效果的挂接，这部分的内容一般为瞬发型和自身长久显示的特效，如：刀光、攻击触发、宠物坐骑效果、翅膀等。

/ 策划填表

在游戏中特效存在时长不可控的情况下，需要用到策划来调表实现，一般为循环效果，如 buff、法术场、受击和事件触发等。

/ 程序实现

在游戏中功能性的程序方式需要依靠程序大大来帮忙，可见的有子弹运动轨迹、引导链接、随机位置的 aoe 或法术场效果以及引擎的功能性效果等。

/ 最终效果

以游戏中的最终呈现效果为准，为什么呢？因为游戏中背景是亮是暗，是灰色还是鲜明，以及是否有灯光等，都会影响特效最终在游戏里的真实样子。如何找准我们特效的最终输出，就是要将完成的特效在游戏里反复地测试，来实现最终的效果呈现。

24.4 核心制作软件

/ NeoX 引擎

作为公司入门级的 NeoX 引擎，也是目前公司的主流游戏开发引擎，对于萌新来说是容易掌握的。全中文命令属性，易懂好操作，随着品质要求的提升，NeoX 引擎也在不断提升，功能也渐渐丰富，也能像商业引擎一样拥有自己的材质编辑工具。目前 NeoX 还在继续迭代，以实现更好的引擎功能。

NeoX 引擎分为：特效编辑器、模型编辑器、场景编辑器、材质编辑器 4 个独立的编辑板块。

- 特效编辑器：进行特效制作，效果预览。

- 模型编辑器：用来进行模型材质编辑、模型效果预览、动画预览、特效挂接。自助挂接有限，大部分需要策划填表和程序实现。

- 场景编辑器：场景编辑使用。

- 材质编辑器：独立的一个材质编辑插件，可以针对需要的一些材质效果进行特殊的节点式的编辑，类似于商业引擎中带有的材质编辑功能。

代表性的游戏研发有：《乱斗西游》《明日之后》《阴阳师》《永远的 7 日之都》《决战平安京》和《非人学园》等。

/ Messiah 引擎

Messiah 引擎是网易自研的战略级引擎，在游戏开发中的整体品质上会略超于 NeoX 引擎，作为萌新，入手会稍微难一些。

Messiah 分为引擎编辑器、角色编辑器、骨骼编辑器 3 个独立的编辑板块。

- 引擎编辑器：进行场景编辑、特效制作和模型材质编辑。

- 角色编辑器：策划和特效制作人员，使用 Graph 对物体进行挂接配置，这里已经稀释出策划的一小部分的配置功能，由特效人员自行使用 Graph 进行挂接。

- 骨骼编辑器：特效人员进行动画预览及特效挂接。

代表性的游戏研发有：《一梦江湖》《天下 3 手游》《荒野行动》等。

/ 商业主流引擎

Unity 3D

Unreal

CryEngine

我们使用的核心引擎有两种：一种是公司自研引擎，一种是商业引擎。

/ 核心辅助软件

Max、Photoshop、After Effects、Adobe illustrator 等。

25 影视 CG 特效制作
Cinematic CG VFX Design

25.1 专业技能介绍

通过电脑软件完成的场景烟火、碎裂、打斗魔法技能、体积云雾、水、粒子等，这些都属于 CG 特效范畴，CG 特效属于数字化艺术创作，为三维动画增添画面内容，提升画面观感。

25.2 制作流程步骤

在动画环节完成的情况下，根据场景去进行烟火、水、破碎、粒子等特效的制作。如果是体积缓存，可能会涉及数据传输给下一个环节（灯光渲染），比如破碎的模型、水池的水体等，都需要结合场景一体渲染；如果是单纯的粒子特效，比如发光的魔法效果，就可以单独渲染，最终提供序列帧到合成环节。总的来说，特效起到丰富画面视觉效果的作用。

25.3 使用工具介绍

特效的制作软件有多种选择，以当前比较流行的 Houdini 为主，可控性高，质量上限相对较高，理论上能够制作出复杂度更高、难度挑战更大的特效。另外 Houdini 的功能相对比较完善，不需要依赖插件，稳定性较好。

另外 3ds Max、Maya 也能完成常见大多数的特效制作，相对而言，会比较依赖第三方插件，插件的种类较多，有需要了解更多内容的读者可以到各大网站上去进行学习和掌握。

TECHNICAL
ART

07

技术美术

26 网易 TA 定义
Introduction to TA at NetEase

26.1 如何定义 TA

TA（技术美术）在专业的深度和广度方面都具无边界性，有时他像一个程序员一样编写工具，有时像一个专业美术总监一样指挥着团队进行美术开发，也有 TA 犹如游戏开发的白皮书一样，讲述着整个游戏的开发流程和开发方法……在如此宽泛的专业范围中，他们有了很多有趣的故事和成就，导致大家对于 TA 的称呼也各有不同，其中"技术美术（Technical Artist）"就是 TA 的大名，这个名字和护照上的一样，全球公认。除此以外，我们还给他起了个小名，即为"TA"。这些其实还不够亲切，于是大家也又给了诸多更为亲切的名字：

老中医——专治疑难杂症，历史老病

达人——黑科技技术达人

终结者——撕逼终结者

导师——美术新人的人生技术导师

百科全书——商业引擎的百科全书，你不会就去问 TA

超人——游戏开发的全能手

救火英雄

大神

……

非常感谢在网易能够听到伙伴们这么亲切的称呼，从岗位性质上我们定义 TA 是掌握技术知识更为全面的技术性美术，担当美术与程序、策划、QA 等之间的协作桥梁。

26.2 技术桥梁

桥梁的作用是连通，TA 这座桥梁需要能够同时理解程序的逻辑与原理，和美术的感性与审美，促进两者的相互协作与相互理解，力求在运行效率和美术效果之间达到平衡。

TA 对美术效果需求背后所需的技术支持更为敏感，从而能够更快地投入到对应的技术研究中去，协作程序员构建和实现技术方案。同时他们也能够体察到美术伙伴对于"好用"的感受，从而确保某个技术方案是美术同学愿意使用的。作为团队中的"救火队长"，TA 的视野范围更大，可以看到全局性的"起火点"。有些起火点来自程序区，但是需要美术的水来救，相反亦然。若无 TA 架起美术和程序互相连通的桥梁，起火点演变成火灾，小可烧坏某个美术资源、某种创意、某行代码，大可烧死整个项目。

笔者非常荣幸地被授予权限负责网易互娱在杭州的 TA 团队的建设与应用，在诸多人才招聘的面试会议中我经常会问一个问题："一个游戏项目的开发囊括了太多不同的业务需求。作为一名游戏的 TA 应该主动承担哪些责任呢？"

虽然理解的深度各有不同，但大部分来面试的 TA 都能够从不同的角度来讲解他们对"桥梁"职责的理解，这说明 TA 在中国游戏行业中已经有了相当程度的发展。而我所提出的这个问题，在网易内部也早已形成了更为实在、全面和颇有深度的诠释：

1. 协助主美完成目标效果相关的技术研究工作

主美对于美丑具有直接话语权，但他们往往无法全面解析美术效果背后的技术逻辑和技术流程，也就是说，他们很难在技术层面诠释如何实现这个美。此时，TA 就成了主美最好的帮手，从流程、技术上给予主美一些可执行的方案，也许还可以帮助主美挖掘出来几个一开始就忽略或未知的问题。对于 TA 来说，这种工作需求是一种需要，更是一种责任。

2. 确保美术开发技术流程通畅、高效

从来没有哪个项目一开始就能完全定义好工具、技术、流程而一成不变，随着技术和工具的不断革新，老的流程随带的效率和效果会不断发生变化，或者因为项目的需要，我们需要将它变得更好，而 TA 就是能够更好确保这项工作的重要成员。

3. 在项目健康度表现方面承担重要责任

项目健康度的定义应该属于网易专属，它的含义是指项目的各项运转指标是否正常运行，尤其在于性能背后的各种优化指标的状态，而这些指标从分析衡量到制定，再到执行都离不开 TA。

4. 熟知引擎技术知识并做好技术培训与分享

在整个美术团队，对引擎了解最全面和深入的人当属 TA，TA 不仅需要熟知自己项目的引擎功能和技术运用，对于广为用之的商业引擎也需要不断地了解和学习,在对比中寻找伤害和进步。既然 TA 是最为熟悉引擎的美术成员,帮助其他美术人员熟悉引擎功能也就成为了一种既高效,又颇有价值的工作了。

5. 有责任整理项目技术资产并不断维护

TA 作为连通美术和程序的桥梁,更需要带领着美术的同学在理解技术的情况下将整个项目的技术资产进行梳理和整理,并不断迭代,不断积累。

26.3　TA 的能力

一般情况,职责如此多而沉重的 TA 岗位会让人向往和疏远并生,这种错位情感的产生很正常,毕竟往往好事多磨,经历了时间和血汗的积淀,才能让能力和经验不断成长,让自己成为能够分享和有内容分享的游戏开发者。如图 26-1 是一位优秀的 TA 应该具备的能力分布图。

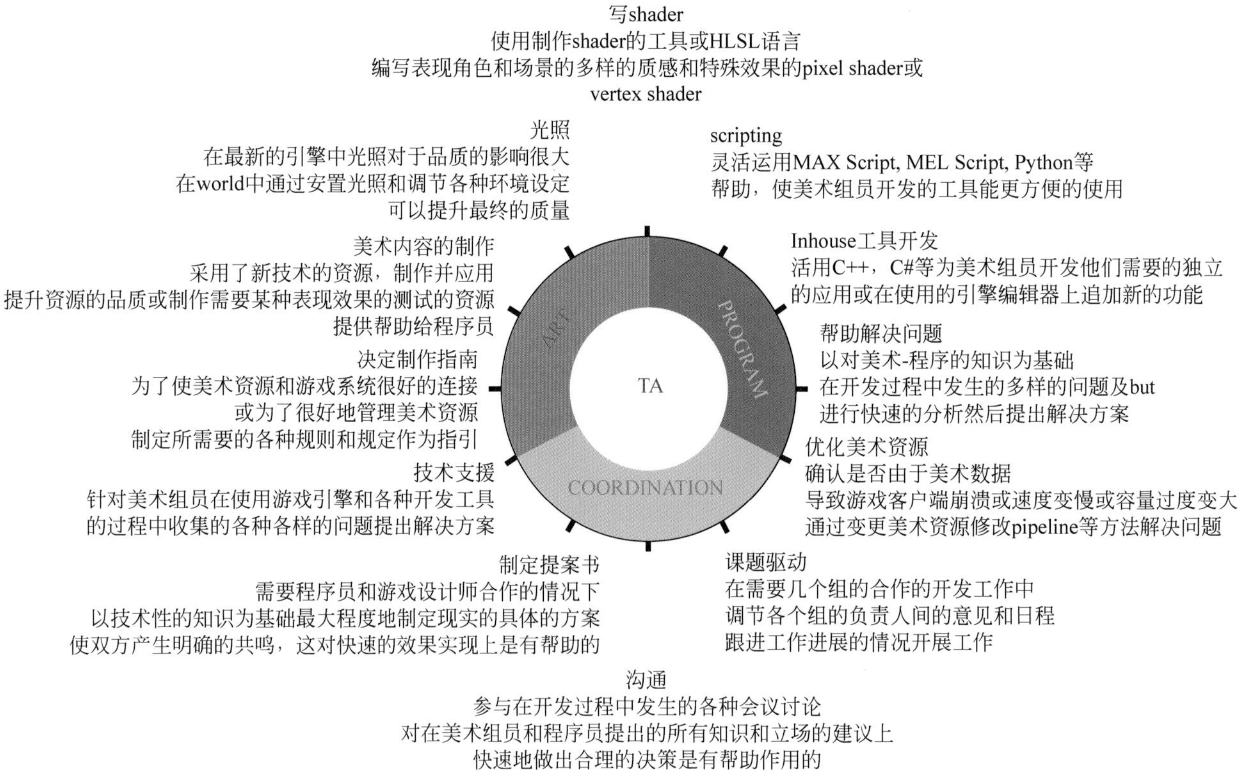

写shader
使用制作shader的工具或HLSL语言
编写表现角色和场景的多样的质感和特殊效果的pixel shader或
vertex shader

光照
在最新的引擎中光照对于品质的影响很大
在world中通过安置光照和调节各种环境设定
可以提升最终的质量

scripting
灵活运用MAX Script, MEL Script, Python等
帮助,使美术组员开发的工具能更方便的使用

美术内容的制作
采用了新技术的资源,制作并应用
提升资源的品质或制作需要某种表现效果的测试的资源
提供帮助给程序员

Inhouse工具开发
活用C++, C#等为美术组员开发他们需要的独立
的应用或在使用的引擎编辑器上追加新的功能

决定制作指南
为了使美术资源和游戏系统很好的连接
或为了很好地管理美术资源
制定所需要的各种规则和规定作为指引

帮助解决问题
以对美术-程序的知识为基础
在开发过程中发生的多样的问题及but
进行快速的分析然后提出解决方案

技术支援
针对美术组员在使用游戏引擎和各种开发工具
的过程中收集的各种各样的问题提出解决方案

优化美术资源
确认是否由于美术数据
导致游戏客户端崩溃或速度变慢或容量过度变大
通过变更美术资源修改pipeline等方法解决问题

ART　PROGRAM

TA

COORDINATION

制定提案书
需要程序员和游戏设计师合作的情况下
以技术性的知识为基础最大程度地制定现实的具体的方案
使双方产生明确的共鸣,这对快速的效果实现上是有帮助的

课题驱动
在需要几个组的合作的开发工作中
调节各个组的负责人间的意见和日程
跟进工作进展的情况开展工作

沟通
参与在开发过程中发生的各种会议讨论
对在美术组员和程序员提出的所有知识和立场的建议上
快速地做出合理的决策是有帮助作用的

图 26-1　TA 能力

对应其能力的发挥，我们也规划过 TA 在项目开发过程的各阶段应当发挥的作用，见图 26-2。

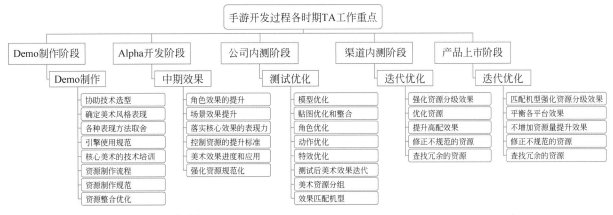

图 26-2　TA 工作重点

我们一直认为 TA 岗位的属性和特点决定了其重要程度齐肩于主美，具备高阶的含金量。愿更多喜欢挑战和突破自我的技术爱好艺术家加入我们。

TA 在技术的深度和广度方面都有诸多话题，我们也准备了各类技术知识点的分析与大家分享。整个 TA 专业业务方面我们大致可以多个区块，其中图形渲染、性能优化、工具与流程是我们尤其重视的，接下来我们就围绕着这些重要区块做深度的剖析。

27 图形渲染
Graphics Rendering

27.1 对渲染流程的理解

在很多 TA 工作体系成熟的工作室，都会有专门研究图形渲染的 TA，他们更加懂得图形学的技术知识，熟悉图形渲染的整体流程和计算原理。图形渲染领域几乎涉及一个游戏的所有视觉内容，体系庞大，在这里我们重点通过简单的流程讲述图形渲染技术。

图形渲染流程的字面意思足以说明其含义，可以通俗一些地理解为计算机将所有的预置资源计算生成 2D 图像的过程，我们可以将整个过程分成三个阶段。

27.1.1　第一阶段：数据准备

在这个阶段，CPU 是非常忙碌的，首先需要统计即将要渲染哪些内容，包括模型、光照等，当然它需要算出来哪些是我们想要渲染的，哪些不想渲染（指优化预置）。然后需要设置各类即将要渲染的信息，包括材质、纹理、顶点、UV、法线、切线等重要设置，最后再输出渲染图元包括点、线、三角面等数据。

27.1.2　第二阶段：几何运算

这个阶段已经进入了 GPU 的运算范畴，对于上阶段给到的渲染图元进行各种几何运算，比如说坐标的空间变换，顶点位置、颜色等信息配置，最终输出屏幕空间中的坐标、颜色、深度值等数据。

27.1.3　第三阶段：光栅化数据

这个阶段非常容易理解，也是这个流程最后的工作，将屏幕空间的二维数据绘制成屏幕上的图形。

其实整个计算机图形渲染的流程是非常复杂的过程，而我们之所以用三个阶段来描述，是因为希望这样更加容易让美术人员理解这个渲染的过程，来帮助揭掉对于美术人员来说图形渲染概念背后的诸多面纱。不过还是鼓励大家能够从图形渲染的诸多书籍中深度学习图形渲染的技术细节。

图形渲染流程的理解重点是为了让大家能够有个对渲染的初步认识，而站在技术美术参与开发的角度，为了正确理解渲染的概念，我们大致可以分为三个必须掌握的部分，包括光照系统、材质系统、后处理渲染。下面我们分别详解这些的技术点知识。

27.2 光照系统

在游戏画面的渲染中，光照是最为重要的核心元素，和现实生活中一样，若没有光照的存在，整个游戏世界理应该一片漆黑。光照的存在是一个完整的系统，从光源的定义到各种类型的光学反应，再到最终体现到显示屏幕上的画面，这个过程的技术复杂且多样，是技术美术必须学习和掌握的技术范畴。

和真实世界一样，光是由光源发出，如太阳、电灯等。我们在游戏引擎的光照系统中就定义了这种类型的元素，统称为光源。

在游戏引擎中，我们常用的光源主要包括 Directional Light（平行光）、Point Light（点光源）、Spotlight（聚光灯），如图 27-1 至图 27-3，我们可以大致看到它们的光照样式：

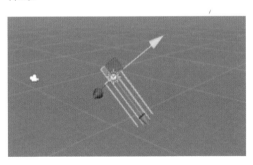

图 27-1　平行光

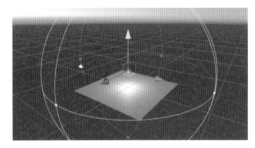

图 27-2　点光源

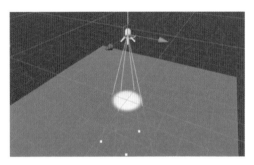

图 27-3　聚光灯

除此以外，也还有 Skylight 这种以整体照亮环境的基础亮度为存在意义的光源。

这些光源都分别有什么样子的具体定义和注释，鉴于网络知识已经非常全面，还希望大家能够在网络上通过自学的方式进行研究和应用。

有了光源，就应该能够产生光线，并以直线的姿态照射至游戏中的模型上，可以总结出三种共识性的光学物理现象来诠释光照。

（1）光源的存在产生了直线形态的光线。

（2）光线会照射到环境中的物体资源上，并且有些光波被吸收，有些光波被散射改变原来的方向继续前进。

（3）最终光线传输到摄像机镜头中形成图像。

而作为 TA 应该学习和掌握光照的哪些知识呢？首先，我们应该分析下美术人员、程序人员在整个光照体系下都更加关注什么。在网易，基于我们针对美术人员的技术培训还未开展的太完善，所以，大部分美术还是更加关注形、色、质等视觉本职工作，而程序人员也更多在做功能的实现，Shader 的需求编写，较少诠释光照引擎功能的意义和应用方式。因此，技术美术站在两者中间，需要懂得：

（1）光源的分类和属性，了解光源存在本身的基本原理。

（2）学习和掌握各类光学反应的过程，比如：光线吸收、折射、反射、漫反射、高光反射等。这些光学反应在实际画面创建中如何理解和应用。

（3）优先掌握每种光源的可控属性，并积累实际应用灯光属性的经验。

（4）基于光照的属性和应用，掌握 Shader 的构建和应用。

（5）最为重要的是，需要促进美术序列正确使用光照系统创建美术，促进程序编写的每个 Shader 都能够更加切准视觉的控制需求。

上面列举的内容并不是唯一的答案，只是希望通过这样的诠释让读者对技术美术的职能方向有个正确的认识，带动整个项目的开发组更好地了解和应用光照系统。在下面的各节中，我们把诸多光学知识结合进去一起讲解，帮助大家更好地理解光照系统的作用和联系。

27.3　全局光照

全局光照，（Global Illumination，GI），是指既考虑场景中直接来自光源的光照（Direct Light）又考虑经过场景中其他物体反射后的光照（Indirect Light）的一种渲染技术。使用全局光照能够有效地增强场景的真实感。

简单理解：直接光照 + 间接光照 = 全局光照，如图 27-4 和图 27-5。

图27-4 《Physically Based Rendering from Theory to   图27-5 《Physically Based Rendering from Theory to
Implementation》直接光照效果   Implementation》间接光照效果

虽说实际应用中只有漫反射全局照明的模拟算法被称为全局照明算法，但其实理论上说反射、折射、阴影都属于全局光照的范畴，因为模拟它们的时候不仅仅要考虑光源对物体的直接作用还要考虑物体与物体之间的相互作用。在技术上，由于镜面反射、折射和阴影一般不需要用复杂的光照方程进行求解，也不需要多次迭代运算，所以在技术领域上不把这些已经十分高效、甚至能够做到实时演算的算法归入到全局照明算法里面。不同于镜面反射，光的漫反射表面反弹时的方向是近似"随机"，因此不能用简单的光线跟踪得到反射的结果，往往需要利用多种方法进行多次迭代，直到光能分布达到一个基本平衡的状态。

27.4 光照烘焙

27.4.1 什么是光照烘焙

光照烘焙是一种处理光照信息的工作方式，主要存在于静态光照的场景中。我们把场景中的静态光照照射到每一个模型的最终结果通过计算存储起来，在游戏运行时直接使用存储的结果进行运算。而计算并储存这些光照结果这一过程就是光照烘焙。

27.4.2 光照烘焙中我们需要学习哪些概念

/ 光源

通过光源的各种参数（坐标、旋转、类型、光强度、范围、软硬阴影等）来计算整个场景是怎么被照亮的。

/ 直接光照

光子从光源发射到物体上直接反弹到摄像机中的效果，这种效果虽然计算高效但是如果画面中只有直接光照效果的话就会显得非常不逼真。

/ 间接光照

光照射到物体上，通过物体表面漫反射后再一次照亮环境中其他物体，这部分光照就是间接光照。在光照烘焙过程中间接光照反弹次数越高效果越逼真。而影响间接光照效果的因素有：直接光照的强度和颜色，被直接光照照亮的物体的颜色，色彩溢出强度（一般默认不改动），间接光反弹次数。只有间接光和直接光结合起来画面效果才最逼真。

/ 阴影

在计算光照过程中无法被光源发射出的光子照到的部分就是阴影，如果无法被任何光源的光子照到的部分就应该是黑色的。

/ 环境光遮蔽（AO）

AO 是来描绘物体和物体相交或靠近的时候遮挡周围漫反射光线的效果，可以简单理解为模拟由于现实生活中光常常无法照亮缝隙这一现象。模型制作时候通常也会烘焙一张 AO 贴图，而光照计算中的 AO 也是一个道理，只是这张场景光照 AO 最终存储在光照贴图上了而已。

27.4.3　光照烘焙只能存储在光照贴图上吗

光照烘焙的结果可以有很多种储存方式，光照贴图只是其中的一种比较常用的存储方式，在最新的游戏画面渲染技术中，通过将光照存储到 3D 纹理上或者密密麻麻的整个空间均匀排布的光照探针中。这样就能实现雾气被光照亮的体积光效果，同时还能影响动态物件包括角色，可交互物件等。

点云照明就是将光照烘焙中的部分数据储存到密密麻麻整个空间均匀排布的光照探针中。

27.4.4　光照烘焙技术技巧

/ 有光就应该有光源

有光就应该有光源。这似乎是一句人人都懂的话，为什么要着重强调呢？

原因就是传统游戏研发中因为技术受限，研发者疯狂的用点光源去照亮场景的每个角落，从而达到阴影不死黑而且还有丰富的颜色变化这一艺术表现。而恰恰在如今画面越来越真实，材质、动作、模型都越来越逼真的情况下，这种传统的打光方式反而让光照变得越来越不真实，对比其他已经很写实的元素，光的任何一点点不准确都非常容易被玩家发现。从现实经验得知，如果某一个环境被照亮，说明附近一定有可见光源（比如火把）在发出光线。火把可能直接照亮环境，也可能通过墙面反射间接照亮环境，但如果环境被照亮了但现实世界里却找不到照亮它的光源，就会非常诡异。而游戏中玩家如果找不到这个光源，就会觉得画面假，不逼真。

27.5 图片照明

图片照明（IBL）在游戏中主要体现在环境的
反射上，通过一张 cube 图来计算出模型的反
射效果，如图 27-6。虽然在游戏光照烘焙中
IBL 反射是不参与计算的，是单独在光照烘焙
之外的计算，不过 IBL 直接影响了画面的效果，
是提升质感表现的重要手段。

图 27-6　UE4 中的 IBL 反射

28 Shader 与 Material 的定义
Definition of Shader and Material

28.1 如何理解 Shader 与 Material

28.1.1 什么是 Shader

Shader 的中文名叫着色器，它的作用可以简单理解为给屏幕上的物体画上颜色。而在计算机中执行显示功能的是 GPU，所以我们写 Shader 的目的就是告诉 GPU 往屏幕哪里画、怎么画。

28.1.2 什么是 Material

Material 的中文名叫材质，早期有些工具中可能会把 Material 和 Shader 概念简化，两者统称为 Material（材质球）。被显示出来的物体到底是金属还是木头、是湖面还是海面？这是 Material 的具体工作。

28.1.3 Material 与 Shader 是什么关系

Shader 更像是一个工具，而 Material 是这个工具的使用者，Material 使用 Shader 提供的参数去控制 GPU 最终显示出来的效果。

在这里还希望能够引入 Material Instance（材质实例）的概念理解，我们先来看一下 Material（材质）和 Material Instance（材质实例）有什么区别？

举个例子，Material 最终控制 GPU 在屏幕上画了一块砖，但是我们需要画很多块，而且希望每块砖都具备砖的基本效果但又和其他的砖有些区别，那么基于绘制第一块砖的 Material 所复制出来的新 Material，我们称它为原 Material 的实例，也就是 Material Instance（材质实例）。而且它们之间有关联，更改 Material 的参数将会同时更改该 Material 所有的 Material Instance 的参数，而反之，更改 Material Instance 的参数，Material 却不受影响。

28.2   *Shader 的工作原理*

Shader 通常包含参数、贴图、顶点数据、视点、光源、光照模型等。把它们合理组合起来使用，最终输出给 GPU 绘图便是 Shader 的工作。

28.3   *Material 和 Shader 分别在什么情况下使用*

Material 主要用于更改 Shader 的参数。同一个 Shader 可能达到不同的效果，举例来说，一块石头和一块木头，它们使用的是同一个名为 PBR 的 Shader，而把它们的质感区分开来的工作，便是交给 Material 完成。

Shader 主要用于定义 GPU 的工作流程（管线）。根据不同的硬件可能会使用不同的计算方法（如 DX、OpenGL 区别），对其中可编程管线（Vertex、Fragment、Geometry）的控制便是 Shader 的工作。

29 PBR 的项目应用思路与流程
Physics-Based Rendering

卡通项目对游戏画面的要求越来越高，目前也出现了不少基于 PBR 的卡通风格游戏，在这一小节中我们主要引用了具有普遍意义的案例来说明 PBR 在卡通项目中的应用，并大致总结这些较为关键的流程，如下：

29.1 确定 PBR 程度

根据项目风格要求确定 PBR 程度，尤其是不同的卡通项目可能会对 PBR 有不同的应用要求，需要在项目前期多方讨论并确定接下来的主要方向，以方便后续工作的开展。

◆ **案例 29-1**

目前公司内一款在研二次元的手游项目 A，美术风格偏向于幻想类，需要精致的角色表现。在项目前期的不断预研过程中，并没有像其他二次元项目采用完全 NPR 的方式来进行制作，而是确定了采用以 PBR 为基础，结合一定的 NPR 相关技术进行优化，实现了自己独特的美术风格，同时 PBR 的工作流更方便表现角色装备丰富精致的表现，也对后续资源铺量的质量控制起到很大的正向作用，对整个项目开发起到了良性效果。

29.2　画面效果对齐

画面效果对齐分为渲染环境对齐和材质效果对齐，材质效果的对齐基于渲染环境，渲染环境对
PBR 的意义非常重要，只有在标准光照环境的基础上才能真正发挥 PBR 的最佳效果。

> ◆ **案例 29-2**
> 公司一款在研的手游项目 C，其场景风格偏向于守望先锋，所以在项目前期做光照环境
> 对齐时就已经有了明确的竞品标杆。

（1）资源分析。一方面通过网上或官方的技术分析文章了解，另一方面通过 Profile 等工具进行
资源分析。

（2）尝试还原。通过资源反推，并在还原的过程中去发现缺失的效果与存在的差距。

（3）分析并解决技术问题。通过上面的步骤之后，问题其实已经得到一定简化，也更清楚接下
来存在的技术问题：材质、烘焙、反射、后处理和 Tonemapping 等。

（4）材质效果对齐。PBR 材质本身的标准化还原属于较普及的一项技术，不管是知名大作的技
术分享还是主流引擎的公式源码都为我们提供了很大帮助。同时，通过资源的分析获取到 PBR
制作过程中不同的贴图制作技巧与特殊处理等，从而反推材质对齐过程中的注意项。

（5）烘焙效果对齐。通过间接光 GI 与 AO 效果的测试与还原，达到理想的烘焙效果。

（6）反射效果对齐。目前采用自研引擎自带的对于 HDR 图的反射信息处理机制。

（7）后处理效果对齐。主要是针对 HDR、Bloom、Colorgrading 等常见后处理的添加与调整。
Tonemapping 则是采用的标准的 ACES tonemapping。

材质效果对齐这一点与写实项目类似，一般与光照环境对齐同时进行。对比主流商业引擎或 PBR
专业软件，对项目使用的引擎内 PBR 材质进行效果对齐，以确保 PBR 材质实现效果的正确性，
以及美术制作流程的可操作性。

29.3　标准材质制作

标准材质的制作，一方面是为了方便美术后续批量生产过程中的效率与效果保障，另一方面也是为了将材质制作标准进行规范化，具有一定的示例性与通用性。

◆ **案例 29-3**
同样是目前公司内一款在研二次元手游项目 B，在确定 PBR 为基础的美术制作框架之后，针对常用的一些材质制作了标准可参照的一系列材质球。除了方便制作向的美术人员，也从另一方面给原画设计人员提供了一个很好的预期效果参考，减少不必要的试错成本，提高 PBR 材质的灵活应用性。

29.4　工作方式确定

形成正确的工作方式，与上面提到的几点都有关系，只有真正做好了上面的几点内容，才有可能确定一套切实可行的卡通 PBR 工作方式。不仅从工作流的选择上，确定好使用的贴图类型、渲染方式、光照环境等，而且也从实际操作层面确定下来具体的贴图的生产方式与流程、渲染方式的应用与改进，光照环境的合理适配等。

29.5　扩展 PBR 效果

针对卡通项目的美术风格特点，在 PBR 的基础上尝试不断去扩展 PBR 的效果边界，抑或结合不同的思路与技巧探索 PBR 在卡通领域的更多实现可能。

还是以目前在研的二次元手游项目 A 为例，在开发过程中，针对角色的皮肤材质做了很多基于 PBR 的效果尝试，并最终实现了项目独有的基于 PBR 流程的卡通 PBR 皮肤效果。

29.6　优化 PBR 性能

这一部分涉及内容较多，这里只能略举一二。

比如 a，在 PBR 算法上做近似处理。很多 PBR 的一些计算项确实可以根据项目要求进行一定的优化与近似，以减少不必要的计算消耗。

比如 b，在 PBR 贴图上做优化处理。针对低端机型将粗糙度、金属度和法线的 RG 通道一起合成一张贴图应用，以减少整体贴图使用数量，减小一些内存压力。

30 NPR（非真实渲染）
Non-Photorealistic Rendering

随着二次元市场的火热，选择卡通渲染方式的制作的游戏越来越多。卡通渲染（Toon Shading）隶属于非真实感渲染的一个分支。非真实感渲染（Non-PhotorealisticRendering, NPR），被称为风格化渲染（Stylistic Rendering），是致力于为数字艺术提供多种表达方式的一种渲染流派。与传统的追求照片真实感的真实感渲染（PhotorealisticRendering）计算机图形学不同，非真实感渲染旨在模拟艺术式的绘制风格，也用于尝试新的绘制风格，图 30-1 展示了真实感渲染与卡通渲染效果。

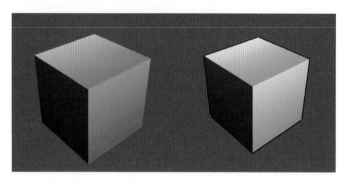

图 30-1　真实感渲染和卡通渲染

NPR 另一个应用领域便是对绘画风格和自然媒体（如铅笔、钢笔、墨水、木炭、水彩画等）进行模拟。这是一个涉及内容非常之多的应用领域，为了捕捉各种媒体的真实效果，人们已经提出了各种不同的算法。

30.1　综述

对现实世界的显性的视觉对象和规则进行抽象，基于物理能量守恒，例如将复杂的现实光照抽象成直接光和环境光，将物体边缘镜面菲涅尔现象抽象成边缘光等方法，指定新的 BRDF 特性，来描绘艺术设计的世界观体系中的各种各样的材质。这种制作方法下，能保证渲染风格统一，材质之间的辨识度高。在色彩上连续，有渐变，着色风格很大程度上依赖于艺术家定义的色调（tone），而在阴影和高光方面常常采取夸张和变形的做法。美式卡通通常使用这种方法。

对虚构世界的描绘与构筑，这种方法对于从图形渲染青铜，白银时代走过来的人来说都会很熟悉，实际就是基于经验模型（A-Hoc），进行风格化的渲染。通过图形学编程的方式，还

原和拟合原画设计中的各种要素与传达的感官感受，比如风格化的高光，风格化的阴影等。在着色方面，有明暗交界，风格化强烈，二次元感强烈。日式卡通通常使用这种方法。

除此以外，只要重视美术大于算法，主观大于客观，直观大于真实，通过设计渲染管线以及合理使用 Trick，都可以实现各种各样独特艺术风格的风格化渲染。

30.2　方法解析

图 30-2 至图 30-4 所示的都是大家非常熟悉的卡通渲染风格的游戏。

图 30-4　暴雪《守望先锋》

图 30-2　网易游戏《幻书启世录》

图 30-3　网易游戏《黑潮之上》

30.2.1　着色

/ Cel Shading（赛璐璐）

设计思想是模拟漫画家的上色手法，把由艺术家设定的阴影区颜色取值，半影区颜色取值，高光颜色取值，渲染到模型上。实现方法是通过法线向量和光照向量的点积（-1，1），映射到区间（0，1），然后使用此点积值 NdotL 构成二维数组（NdotL，NdotL），去 ramp 图上查找对应的 RGB 值，来通过与贴图颜色，光照颜色相乘得到最终颜色值。

这个方法可以拓展到二维图采样，例如运用
（NdotL，NdotV）来分别在对应的 ramp 图
中查找，以此来增加法线和视角相关的菲涅尔
特性的计算，也就是边缘光，见图 30-5。

图 30-5　轮廓光效果

图 30-6 为不同的卡通着色控制细节以及结果。

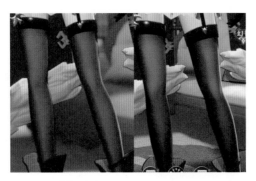

图 30-6　写实等级变化

/ Tone Based Shading

基于美术指定的色调插值，并且插值得到的色阶
是连续的。首先需要由美术指定冷色调和暖色
调，而最终模型的着色将根据法线和光照方向的
点积，来计算冷暖色调的插值，再乘以贴图和灯
光颜色，得出最终的颜色值，如图 30-7。

$$I=(1+NdotL/2)kcool+(1-(1+NdotL)/2)kwarm$$

图 30-7　冷暖色调插值

基于视点方向的描边，用 dot(viewDir,
normal)^{k} 来估计一个像素的"边缘程度"。
如图 30-8。

图 30-8　菲涅尔描边（内描边）

基于过程几何方法的描边，Two-Pass 的绘
制方法，在正常 pass 绘制完毕后，再绘制一
个剔除正面（Cull Front）模型，同时让这个
模型的顶点沿着计算好的方向膨胀若干距离。

基于图像处理的描边，需要将深度信息和法线
信息以贴图的形式传入，运用边缘检测算法去
寻找这些像素，如图 30-9。

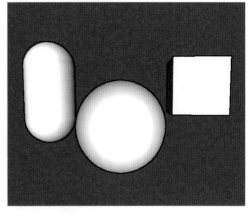

图 30-9　后处理描边

基于轮廓边缘检测的描边，通过检测出轮廓边
缘（Silhouette EdgeDetection），并直接
对它们进行绘制。

30.3   案例分析

以下是基于上述理念和内容的综合运用案例，分为三步，核心指导思想就是先观察，再拟合，分解要素，最后整合。

30.3.1 头发篇

通常人物素体脸型是固定的，发型是可以根据脸型和需要，随时根据角色所需要的性格快速提改变气质、还可以再视觉效果上做脸型差别。并且在头发的二次元风格渲染中，根据项目的整体风格，确定在写实风格占比 30%，卡通风格占比 70% 的风格融合点。在整体卡通渲染的光影之下既保证了细节品质、风格统一，也保证了原汁原味二次元的味道。

做渲染的指导思想是，先观察再拟合，先从一些例子研究二次元头发的表现方式。

同一个动画在不同时期的表现（渲染）方式：如图 30-10 所示，商业动画《鬼太郎》中的猫娘的头发在不同年代的变化（从左到右也反映了大众审美的趋势）同为商业产物，动画公司肯定也是与时俱进的，展现最好的制作水准和经费表现，让观众有认同感，也能在故事表达之外凭借质量层面吸引新的观众。

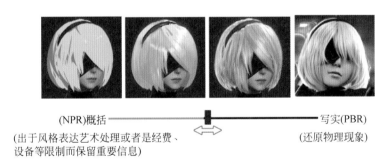

(NPR)概括 ———————————————————————— 写实(PBR)
(出于风格表达艺术处理或者是经费、
设备等限制而保留重要信息)   (还原物理现象)

图 30-10   渲染预演，不同渲染方式游戏中的运用

不同动画在不同时期的表现（渲染）方式：图 30-11 是说明在大众审美趋势下并不是老的风格就是不好的，每个风格都存在各个时期中。

适合自己的才是最好的，二次元的表达根据时代的演变衍生出很多手法，没有好与不好之分，每个风格都是一种独特的表达方式，但是每个时间段都有一个大众审美。作为商业游戏我们要面对的就是受众（二次元群体），在大众审美偏好上再加上新的信息量（与项目风格统一的完成度、表现力），以之吸引玩家。所以在概括到写实的滑条上取一个适合自己项目风格渲染方式才是最好的。

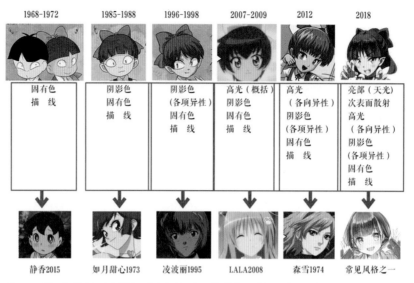

图 3-11　同一个动画在不同时期＆不同动画在不同时期的表现（渲染）方式，个人收集的动画截图

由此可以观测到，《幻书启世录》在渲染层面需要表达的内容包括：①计算部分－各向异性高光（见下文），②手绘部分－天光影响出现的灰色，有邻近色的亮部，跟随发丝分组的明暗交界部分，头发的次表面散射效果（3S），如图 30-12 至图 30-14。

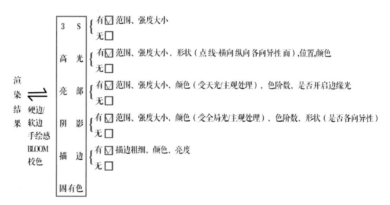

图 30-12　渲染分析

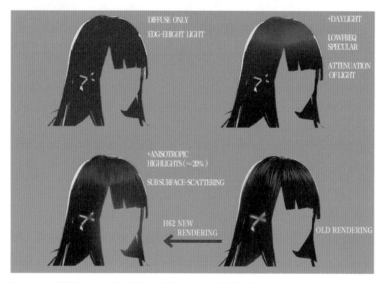

图 30-13　网易游戏《幻书启世录》内部基于 VRoid 的渲染预演

330

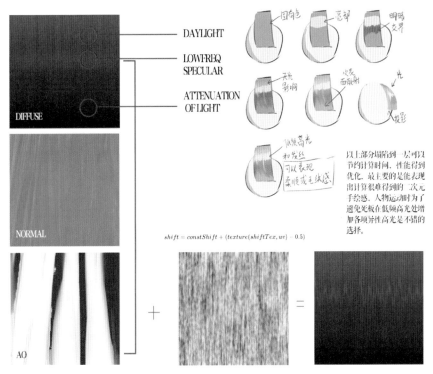

图 30-14　二次元头发渲染贴图表达方式

/ 计算部分 – 各向异性高光

各向异性高光属于风格化高光一种，沿着法线方向去偏移切线，如图 30-15。

$$Tshifted = T + shift * N$$

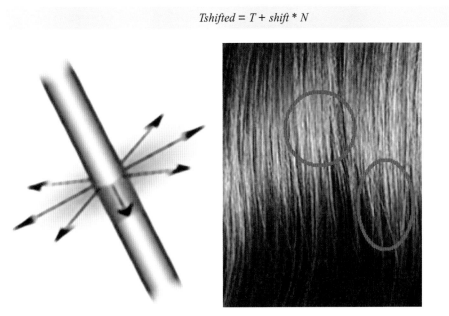

图 30-15　各向异性高光原理&各向异性高光表现

如图 30-16，很多漫画中角色头发上的高光区域的边缘就有很明显的不规则状锯齿，这也是对现实世界的概括得到的。

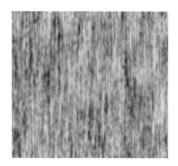

图 30-16　各向异性高光原理 & 各项异性高光表现

$$shift = constShift + (texture\ (shiftTex,uv) - 0.5)$$

/ 手绘部分 – TIPS

平常，我们在对头发进行整理的时候，前发、后发、侧发是进行分开思考的，如图 30-17。所以，在我们进行作画的时候也是一样的。以较大的单位来进行思考是否可以显得更加自然，如图 30-18。

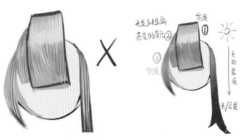

图 30-17　手绘部分注意事项

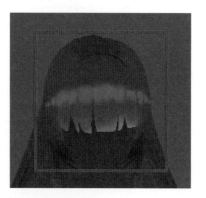

图 30-18　绘制大效果

现在手绘头发要表现次表面散射部分，背面透光部分，各项异性部分 所以红框部分很重要，因为之前是纯 PBR 头发，在 UV 的前发比重方面却很小，要表现的仿计算信息容纳度很低，效果会很糊，应该让前发占 1/4 左右效果才差不多。

更改方向见图 30-19。

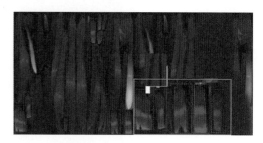

图 30-19　网易游戏《幻书启示录》项目贴图

聊斋前头发在 BP 中进行绘制见图 30-20。

图 30-20　绘制界面

侧发跟长 / 后发因为光的衰减进行了适当的压暗渐变，这也是二次元头发画法常用的技法，如图 30-21。

图 30-21　修改方向

/ 最终整合

聊斋前头发在游戏中的效果对比如图 30-22。

图 30-22　修改前后对比

整合各个部分的渲染结果，组成《幻书启世录》头发的最终效果。

改前：没有掌握好 NPR-PBR 的度导致油腻感不通透，没有节奏，不二次元。

人间词话修改前后头发在游戏中的效果对比见图 30-23。

图 30-23　修改前后对比

30.3.2　皮肤篇

皮肤的渲染，我认为是二次元渲染的重中之重，是最核心的部分。皮肤承载了二次元中最重要的脸的主要渲染效果，而其他的裸露皮肤，比如胸，腿也都是构成角色整体气质，是性感还是清纯，是阳刚还是阴柔的重要因素。

但是又会忽略一些细节来达到两个目的，一是回避恐怖谷，且要尽可能接近好感度的最高值。

一个是为了去掉真实皮肤中不完美的细节。这些细节恰恰是二次元用户理想中的完美肤质上不应该存在的。

做渲染的指导思想是，先观察再拟合，所以可以从研究皮肤的结构开始。

皮肤是一个多层的物理结构。光线在（不同的层）发生反射以及投射，有的光线经过多层透射和反射会回到表面，形成次表面散射。

目前主流的皮肤渲染方法是把皮肤看作两层模型。比如 3S，4S，5S 等。表达的内容包括像素漫反射，次表面散射，镜面反射，皮肤透射，边缘透光，以及 fresnel。

《幻书启世录》在选择渲染方案的时候，要考虑如下几点。

一、渲染风格，我们要回避写实的光影风格，以及传统的赛璐璐风格。

二、特性表达，我们要表达尽可能多的皮肤特性，使它像人类的皮肤，并要分析和概括表达次要细节以及重点强化主要细节。

三、性能优化，如何在中低配时保留最大限度的皮肤效果。

综合以上的考虑，我们最终采用了手绘 +3S 的做法，来表达漫反射，镜面反射，次表面散射以及 fresnel。

而这个方案的一个大前提就是，我们用于计算的光照向量，是由观察向量替代的，即用 VdotN 替代 NdoL。也因此，我们的脸部才有了完美的光照细节，正面的效果可以得到保障。

下面依此说明：

/ 漫反射部分

此部分是脸部的主要颜色细节，采用的是各项同性的光照模型，这部分由于 VdotN 的缘故，这部分主要是进行颜色空间的转换，以及计算自阴影。为了脸部的完美，我们是不计算自阴影的，而除去脸以外的皮肤则需要计算自阴影，这一点我们用宏来控制。

在颜色贴图上，我们需要绘制出一些二次元向的主观的复杂光照细节，一小部分 AO 细节以及皮肤润色的细节，如图 30-24。

我们绘制了下眼睑、唇线以及雀斑等细节。

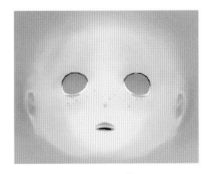

图 30-24　脸部贴图带雀斑细节

/ 镜面反射部分

此部分也是在贴图上绘制的，我们不在计算中表达这一点。另外在计算中，这个也难以表达，比如图 30-25 所示对称的苹果肌高光。这十分二次元。

图 30-25　手绘苹果肌对称高光

/ 次表面散射部分

次表面散射部分，我们采用三层染色的方式来制作。核心的想法是用三层 mask 来控制三种颜色在皮肤上进行染色。

控制三层染色的 ramp 效果如图 30-26。

图 30-26　自制的 ramp 图

其中 tintcolor3 是由 R 通道控制，tintcolor2 是由 G 通道控制，tintcolor1 是由 B 通道控制。可以看出，tintcolor3 是范围最大的红色，以此类推。此种方法旨在模拟一束白光打在无限大的皮肤平面上的各个通道的能量消散速度，如图 30-27。

图 30-27　一束光照射在无限大皮肤表面的实验采集图

由观察可以得出，红色衰减得比较慢，而蓝色和绿色衰减得比较快，并且绿色衰减的速度要大于蓝色。而在最后，各个通道衰减的速度又趋近于 0，因此，在最后，由于能量的消散，又趋于黑色。

我们通过对三层的基础颜色的设置，以及 ramp 图，来模拟上述结果，如图 30-28。

TintColor1		804E0000
TintColor2		808F0000
TintColor3		80FF0000
TintBaseColc		FFFFF5EB

图 30-28　三个通道的颜色设定值，以及皮肤颜色修正值

图 30-29 可以看到有 3s 和没 3s 的皮肤的差异。

图 30-29　皮肤 3s 渲染前后对比

/ Fresnel 部分，

卡通物体的 fresnel 边缘，我们分为两部分来表达，内描边和外描边，内描边即轮廓光，外描边即边缘描线。

内描边的特殊处理部分是采用 FakeLight，在代码中构建一盏垂直于相机的灯用于计算 NdotL：

```
highp foat3 realPointToLight0DirWS =
cross(pointToCameraWS, float3(0,0f,
1.0f,0.0f));
```

需要的 ramp 图如图 30-30。

图 30-30　自制的 ramp 图

用此图来控制轮廓光的粗细以及切面的软硬

与使用 1-NdotV 的描边方法的优势在于，锯齿更少。轮廓可直观控制。这部分近似表达的其实是皮肤的 fresnel 边缘特性。同时也相当于在暗示皮肤的粗糙度属性。（我们在皮肤的计算里没有粗糙度的概念）同时，在给予合理的颜色设置的情况下，也能近似表达皮肤的边缘透光特性，如图 30-31。

图 30-31　自制的 ramp 图

而外描边，也就是我们说的漫画式的勾线，其实是赛璐璐里对物体边缘 fresnel 的概括，这里勾线的方法就是 2-pass 的方法，这里不再赘述。

为了能精细地控制描边粗细，《幻书启世录》使用顶点色来控制描边的粗细，例如极端情况下，我们不想在嘴巴和牙齿上描边，所以要在顶点色中把这里涂黑，如图 30-32。

图 30-32　去掉嘴巴描边

/ 结果整合

在开启线性空间 HDR+Bloom 以后（后处理渲染部分后面可说明，这里不详细展开）。

整合上述结果就是《幻书启世录》的皮肤渲染结果，如图 30-33，在这里，使用多 pass 的方式，让皮肤可以单独设置 bloom 参数，刻意通过对比，强化玩家认为衣服是无生命，而皮肤是有生命的印象。

图 30-33　皮肤分阶段效果拆解与对比

这里截一张整体的效果图，如图 30-34。

图 30-34　角色整体皮肤渲染图

30.3.3　眼睛篇

眼睛在角色渲染通常要负责给角色注入生命活力，承担表现角色性格的功能，十分重要。并且在眼睛的制作过程中，也要考虑项目的整体风格，写实等级和细节等级统一的问题。不恰当的眼睛渲染设计，会在角色身上显得十分突兀，并且有可能会让角色陷入恐怖谷之中。想象一下，卡通人物长了一双人的眼睛，或者是写实角色长了卡通风格眼睛，无疑是十分违和，甚至有些令人不适的。

做渲染的指导思想是，先观察再拟合，所以可以从研究眼睛的结构开始，如图30-35。

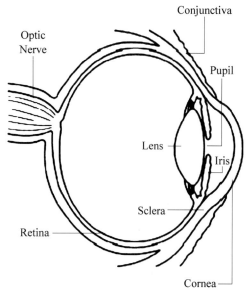

图 30-35　眼部结构示意图

由图片我们知道，眼球也是一个复杂的多层结构。其中虹膜，角膜，巩膜三个结构是我们能观测到的最主要的部分。而在它们之间的空间，可以看作灌满了液体的结构。虹膜部分对眼睛呈现的颜色贡献最大，巩膜部分贡献了眼白部分，角膜贡献的是反射和高光效果。而中间的液体由于折射，呈现的是一种类似视差贴图的效果。

漫画家在绘制漫画风格的眼睛的时候，往往会简化这些写实结构。

由此可以定义，《幻书启世录》在渲染层面需

要在表达的内容包括，巩膜的次表面散射效果（3S），虹膜卡通手绘的颜色和细节，角膜上的透射和反射，以及玻璃体的折射效果，如图30-36。

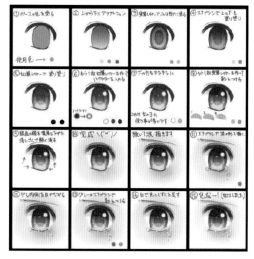

图 30-36　卡通眼睛的绘制过程

/ 巩膜

巩膜就是我们俗称的眼白，如图30-37。

图 30-37　一个真实的人类眼睛外观

我们从观测结果的角度来分析，可以暂定眼白的边缘是呈现和皮肤基本一致的3S特性。

于是我们在制作中把眼白和眼睛的其他结构拆开，而和头部模型合并，在同一批次进行渲染。如图30-38所示，眼白的渲染基本满足了我们预设的要求，比如边缘呈现血液的红润倾向。

并且，也在眼白颜色贴图的上半部烘焙了一些轻微的AO，来模拟睫毛的自阴影。这也是为了能在视觉上配合虹膜绘制的上半部压暗的效果。

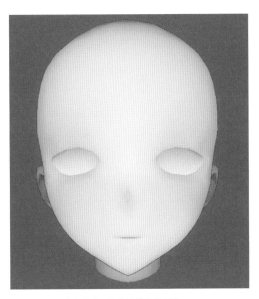

图 30-38　眼白和皮肤一起渲染的结果预览

/ 虹膜

虹膜是我们看到的眼睛的主要效果，也是最能体现眼睛二次元的部分，如图 30-39。

图 30-39　虹膜手绘贴图

这部分大部分参照的二次元漫画眼睛的绘制方法。然后从风格表达以及低配时的保底效果考虑，手绘部分环境反射结果到颜色贴图上。另外眼睛是不受 shadowmap 影响的，这一点对二次元渲染十分重要。由于高光部分改为在角膜模型上计算，所以此阶段只负责把颜色转到线性空间，然后直接输出像素颜色。

/ 角膜以及玻璃体

我们看到的眼睛的光泽和高光，主要来自于角膜和内部的液体构成的这个类玻璃体。所以角膜部分，我们按照正常的玻璃材质进行渲染就可以了。除了玻璃本身的透明以及光泽效果，

我们还增加了一个模仿 MMD 风格的动态高光效果，增加二次元的感觉，如图 30-40。

图 30-40　MMD 模型的正面截图

具体制作思路是，让眼睛在静态的时候，呈现和 MMD 视觉上一致的高光，如图 30-41，然后在观察视角移动时，做 UV 偏移，偏移的系数是美术来控制的，通过 UV 偏移来模拟折射效果。

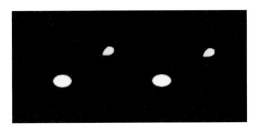

图 30-41　手绘的眼睛高光图

/ 最终整合

整合三个部分的渲染结果，组成《幻书启世录》眼睛的最终效果，如图 30-42。

图 30-42　眼睛整体渲染效果图

31 特殊材质
Special Materials

在 PBR 普及之前，我们并不需要区分出特殊材质的概念，因为在没有 PBR 的时代，所有的材质都需要根据审美要求进行特殊定制。而今，大部分重要的渲染已经被 PBR（基于物理的渲染）取代，那些不能完全应用 PBR 的头发、皮肤、眼球的材质就成为了 PBR 时代的特殊材质。这些特殊材质是如何定制的呢？我们首先以眼球为例来分析下特殊材质的特殊表现。

31.1 眼球

眼睛是心灵的窗户，3D 模型中眼球的材质和人的神态关系很大。传统做法使用绘制贴图来制作眼睛，将高光阴影 ao 全部绘制在一张贴图上。会导眼睛没有神，像绘制出来的假眼，如图 31-1。

图 31-1　假眼

从美术表现上来看，眼球的最外层有一个玻璃体，也就是眼角膜，眼睛的高光主要反射在这层眼角膜上，如图 31-2。

图 31-2　眼球结构

虹膜和瞳孔为一个凹陷的结构，以肉眼观察，这个内陷结构如图 31-3。

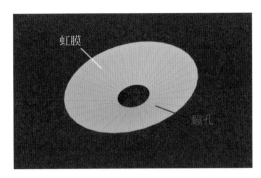

图 31-3　凹陷结构

在得到了眼球本身的球体的渲染后，还要解决眼睑对于眼球的 ao。这是由于上眼皮和睫毛对光线的遮挡产生的，如图 31-4。

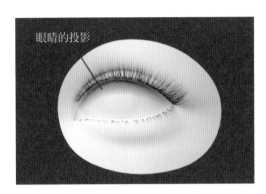

图 31-4　上眼皮和睫毛对光线的遮挡

最后，由于眼球是湿润的，在眼球和眼睑接触的地方会产生高光，也就是眼泪，如图 31-5。

图 31-5　眼泪

基于以上分析，我们能够理解眼球的特殊性，它的渲染我们可分为下面 4 个步骤：

（1）内陷的虹膜和瞳孔。

（2）角膜上的高光。

（3）眼睑和睫毛产生的光线遮蔽。

（4）眼泪。

31.2　制作实现

/ 实现虹膜和瞳孔（眼珠）

影视的做法是将真实的瞳孔凹陷用模型布线做出来，对于手游来说这样有点夸张，所以主要使用法线贴图模拟凹陷的部分。模型部分，只需要建一个正圆的球体就行了，也省了很多美术制作的力气，如图 31-6。

图 31-6　法线贴图凹陷部分

由于眼球是 sss 材质，所以加入了 sss 部分，如图 31-7。

图 31-7　SSS 材质

/ Diffuse 的视差效果

接下来解决的是眼球根据视角产生的视差错觉，由于法线贴图只能解决光照的凹陷，而无法解决实际顶点凹陷的感觉，所以上条用视差来做眼球 diffuse 的凹陷，如图 31-8 和图 31-9 所示。

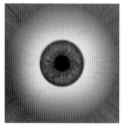

图 31-8　视差图

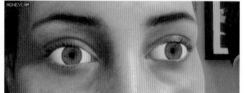

图 31-9　没有视差效果和加入了视差效果的瞳孔对比

/ 实现角膜上的高光

如图 31-9，经过观察发现，角膜上反射的高光类似玻璃的高光，亮度低的部分呈现眼球的

颜色，亮度高的部分呈现反射高光的颜色。基于这一现象，通过把 IBL 转化为黑白，作为透明度来做差值，最终输出的颜色来做玻璃高光，代码如下：

```
half grayIBL = SPEC.r *0.3 +SPEC.
g *0.58 + SPEC.b *0.114;
float3 diffuse = lerp((wrappedD +
GILighting ) * samplerBase.rgb,
SPEC, grayIBL );
```

但是此时高光并没有完美地呈现在眼球中心，图 31-10 是因为角膜是一个向外凸的结构，我们使用正圆球体的法线并不能表现这个效果。所以只要改变球体的法线就可以了。于是就有了如图 31-11 所示的法线图。

图 31-10　角膜高光

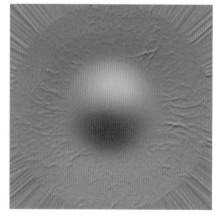

图 31-11　法线图

如图 31-12 和图 31-13，这样，眼球高光就能接近真实的眼球结构表现。

图 31-12 真实的眼球结构 (1)

图 31-13 真实的眼球结构 (2)

眼球材质面板以及属性见图 31-14。

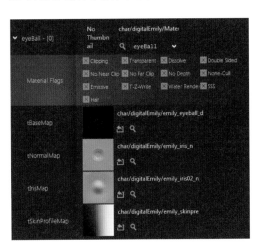

图 31-14 眼球材质面板

设计 shader 的理念尽量遵循简约的原则，而不暴露过多没必要的参数让人困惑，参数介绍见表 31-1。

表 31-1 眼球材质属性

可控参数	属性
tBaseMap (RGBA)	眼球的 colorMap，alpha 通道为视差图
tNormalMap	虹膜的法线贴图
tIrisMap	使眼球高光看起来外凸出的法线贴图
tSkinProfileMap	3s 贴图

/ 实现眼睑和睫毛产生的光线遮蔽

这部分比较简单。如图 31-15 在眼球前建一个类似隐形眼镜的面片，然后贴上以下贴图，shader 中，只采用贴图的一个通道作为输出的 a 通道，而 RGB 只输出黑色，如图 31-16。

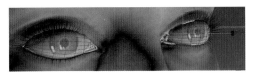

图 31-15 光线遮蔽

图 31-16 黑色 RGB

这是解决死鱼眼的关键，如图 31-17。

图 31-17 死鱼眼

眼睛遮蔽面板以及属性如图 31-18。

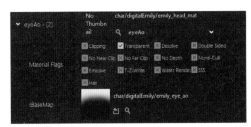

可控参数	属性
tBaseMap (RGB)	黑的地方镂空，白的地方为 AO

图 31-18 眼睛遮蔽面板以及属性

/ 实现眼泪

眼泪的渲染也很简单，只需要计算一个高光，连贴图都不需要。这里使用的是 ggx 高光。然后将高光 saturate 作为 alpha 的半透值，如图 31-19。需要注意的是眼泪也要乘以 shadowmap，在阴影不显示高光，如图 31-20。

图 31-19　高光 saturate 作为 alpha 的半透值

图 31-20　实现眼泪

眼泪面板以及属性见图 31-21。

图 31-21　眼泪面板及属性

在面板中的 cRoughness 可以控制高光，数值小高光越明显，这里我限定范围为 0.2~0.4。

我们通过眼球的特殊性让大家理解目前还有很多的 Shader 需要根据我们视觉的不同要求来进行分析定制，比如我们使用 SSS 的技术应用于皮肤、宝石、植被、冰雪等具有透光属性的材质中，模拟和实现光照穿透物体表面后的光学效应。

也比如利用各向异性技术特性，实现头发高光材质多样性表现，如图 31-22。

图 31-22　头发高光多样性

虽然使用的技术和眼睛的技术点不一样，但是也属于同等特殊材质，遵循着近似的实现方式。大家如果感兴趣，可以通过自学技术知识点的方式，来尝试研究和实现这些材质的效果。

32 后处理渲染
Post-Processed Rendering

后处理渲染能够让画面效果增益格外突出，我们熟悉的品质高端的游戏作品基本上都是在后期效果层面做足了功课，如《一梦江湖》（图 32-1）、《青璃》（图 32-2）等。

图 32-1 网易游戏《一梦江湖》

图 32-2 网易游戏《青璃》

后处理即为整个渲染流程渲染完整个游戏画面后，再对这个游戏画面进行各种不同的图像处理运算，实现不同于之前的画面效果，此过程我们称为后处理。常用的后处理技术包括 DOF、Bloom、Color Grading、Distortion 屏幕空间扭曲、色调映射与高动态范围（HDR）等。

作为技术美术人员，必须熟悉这些后处理的原理和应用价值，下面我们逐一进行简述。

32.1 Bloom

Bloom 是现实世界中的一种光学现象，我们日日夜夜无时无刻都在体验这一现象，它向我们提供了关于亮度和空气感的重要线索。具体表现为明亮物体边缘逐渐映射出的光亮，让人有亮者更亮的感觉。肉眼、照相机和摄影机都能记录到这一现象，尤其在与高亮区域相邻的较暗的区域。所以我们判断光源强弱的视觉依据就是它们周围的光晕。遗憾的是目前多数显示屏是 LDR（低动态范围）的，它们发出的光亮度非常有限（拿出手机在阳光下就能体会到）而且许多移动设备计算性能有限，我们实际上不能在屏幕上输出超亮的对象。替代方法是我们模拟了光晕效果，它们包含并且不仅限于以下这些效果：空气中的（光线散射产生），眼睛里出现的效果（穿过瞳孔的衍射，视网膜上的次表面散射），或是底片上出现的（底片薄膜内的次表面散射），滤镜上出现的（涂层内的次表面散射），镜头内产生的（折射球面像差），及爱里斑（光穿过光圈时的衍射）。从物理上来讲我们模拟的未必正确，但是因为模拟了人的真实感受，所以调整得当会使渲染的 LDR 图像看起来更真实，很巧妙地克服了实时渲染 LDR 图像平淡无奇的缺点，也有助于表现对象的相对亮度，即使添加一些细微的 Bloom 到 LDR 图像上也会让人有亮者在发光的错觉，如图 32-3 所示。

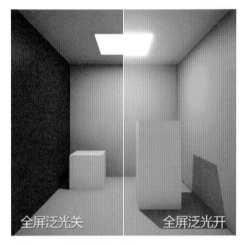

图 32-3　全屏泛光开关对比画面

在计算图形的世界中，Bloom 广义上有很多别名，包括 Diffuse Glow，Diffraction，Flare，Ghosts，Glares，Glow，Halos，Lens Scattering，Light Bloom，Specular Bloom；中文名称包括泛光、高光溢出、光溢出、全屏幕泛光、光晕及辉光等。柔光（Soft focus）则是 Bloom 在摄影艺术中的化名。这些名称有些只是名称不同，而另一些所指的现象和成因并不完全相同。为了简化，目前把它们笼统地归为 Bloom（Flare 在游戏图形中已经发展为一种独立效果，它模拟了光源发出的光线在包含一组镜片的光学系统中，多次折射后形成的几何图形，这一效果目前已经有被滥用的趋势，它属于镜头效果且不能被肉眼感知）。

Bloom 是非常戏剧性的效果，能唤起柔和朦胧而又浪漫的感受，使人想起魔法或梦幻般的环境，能使场景看起来截然不同。

32.2.1 Bloom 实现的思路

我们可以打开 photoshop 把图像复制一层，模糊它，再把图层混合方式改成"添加"看看是不是很像开了 Bloom 的效果。

32.2.2 Bloom 渲染原理分析

Bloom 效果在 PostProcess 后处理框架下是如图 32-4 这样进行的：

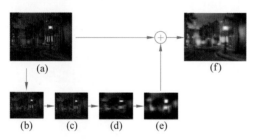

图 32-4　Bloom 效果处理框架

（1）首先实时绘制当前场景到渲染目标，然后对其进行像素级处理。

（2）对纹理进行 16 倍下采样。

（3）4 倍下采样并提取场景纹理亮度（亮度扩散 4x4 个像素的区域）。

（4）9 次横向采样加权重控制（得到横向模糊纹理）。

（5）在横向模糊基础上进行 9 次纵向采样加权重控制（得到最终模糊纹理）。

（6）模糊纹理与原场景纹理叠加输出最终效果如图 32-5。

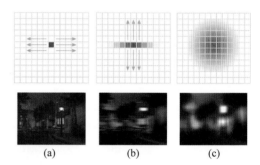

图 32-5　Bloom 渲染原理过程

32.2.3 要求与限制

目前的 Bloom 效果只支持 LDR 图像，光比差异很大的场景中（例如，带有爆炸火光的场景），这一现象不能在 LDR 渲染系统中得到完整准确的复现。其性能消耗也相对较大，并且，需要图形处理器支持 pixel shaders 2.0 或 OpenGL ES 2.0 才能够应用 Bloom 的处理。

32.2　Distortion 屏幕空间扭曲

Distortion 屏幕空间扭曲，是经常在游戏中见到的扭曲效果。经常用作刀光、火焰、水面等特效的表现也被称作：热扭曲、冲击波等效果，如图 32-6。

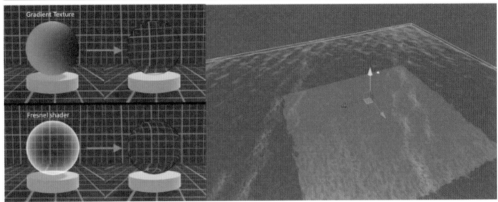

图 32-6　distortion 屏幕空间扭曲

32.2.1　Distortion 实现原理

我们从 Distortion 的从无到有的实现过程就能够更好地了解其原理表现：

（1）当出现需要扭曲的材质的时候，引擎会复制屏幕上的图像，如图 32-7。

（2）通过一张贴图（通常为法线贴图）修改屏幕图片的 UV，如图 32-8。

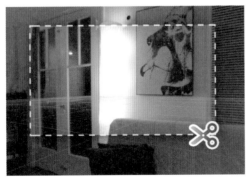

图 32-7　拷贝图像

图 32-8　修改 UV

图 32-9 是一张法线贴图。将发现贴图从 RGB 通道拆开，可以得到图像。

红色通道：

图 32-9 法线贴图（1）

法线贴图的作用在于：如果贴图颜色处于 128 的灰色（正好是纯灰色，黑色和白色的一半），那么将不会对 UV 进行修改。如果大于或者小于灰色，将会对 UV 进行偏移。

在红色通道中，大部分的颜色为灰色，所以不会改变图像，而箭头为更亮的白色，如图 32-10，所以会对截图的 X 轴进行 UV 偏移，偏移量和超出灰色的强度与偏移整体倍增相关。

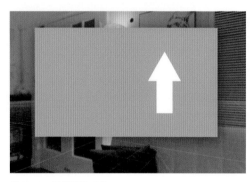

图 32-10 法线贴图（2）

同理，在绿色通道中，也有同样的箭头的偏移。

于是，在这个图像中，最终图像会得到一个往左偏移的箭头轮廓和一个往上偏移的镜头轮廓，如图 32-11。

图 32-11 箭头偏移

（3）得到一张被修改 UV 映射之后的图像，如图 32-12。

图 32-12 UV 映射

（2）将修改 UV 后的图像重新原位贴回屏幕，如图 32-13。

图 32-13 UV 修改

图 32-14 所示，扭曲是根据法线贴图的 RG 通道控制了屏幕的 XY 像素进行扭曲。所以理论上是可以和法线贴图通用的（有些项目中使用

图 32-14 扭曲的折射效果

的可能是更真实的折射函数来计算 UV 在屏幕空间的偏移，可以带来更真实的效果，但是需要额外的折射率等参数）。

通过屏幕空间扭曲制作的折射效果（玻璃）注意剧烈的扭曲效果会引起很强的锯齿感（可以通过生成屏幕贴图 mips 解决）。

32.2.2　性能问题

屏幕扭曲效果对性能损耗主要在于带宽较高，建议只有高端机型开启。

屏幕扭曲性能消耗，直接和屏幕扭曲材质使用所占的屏幕面积相关。

32.3　Color Grading

在 Color Grading 的概念里我们着重简述下：COLOR CORRECTION CLUTs 色彩调整的概念，NeoX 使用了色彩查找表（CLUTs）进行实时后期色彩调整。色彩查找表是一种便捷高效的后处理色彩调整方法，艺术家使用熟悉的图像处理软件，例如 Photoshop 调整游戏图像至期望的色调，着色器便可通过 CLUTs 将原色调（帧缓存）快速映射到目标色调（CLUTs）以实现实时色彩调整。NeoX 移动版目前使用的是 16x16x16 的 3D 查找表，为了便于存储和编辑可将该表展开至二维空间，即我们在 NeoX 引擎中调用的 256x16 纹理，如图 32-15 所示。

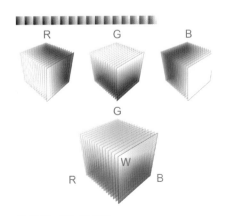

图 32-15　256x16 纹理

3D 查找表示示意图：红 R，绿 G，蓝 B，黄 YL，青 CY，品红 MG，白 W，黑 B 分列立方体顶点。

LUTs 纹理制作流程：

中性色调 CLUT 是所有调色的基础，如果使用了其他已经调整过颜色的 CLUT 会得到错误的结果。

（1）从游戏中截取一张色调有代表性的图像。

（2）把游戏截图导入 Photoshop，并把 LUT 纹理作为图层置于游戏截图图层之上。

（3）然后添加调整图层调整颜色（如对比度、亮度、彩度），直到达到一个令人满意的效果。

（4）选取 LUT 纹理（选中 LUT 层，打开菜单：选择 > 载入选区，确定）。

（5）将所有图层合并并复制（菜单：编辑 > 合并拷贝）。

（6）将 LUT 纹理粘贴保存为 PNG 文件（菜单：文件→新建→ Ctrl+v →存储为）。

（7）在 NeoX 场景编辑器后处理属性面板中勾选"启用"开启色彩调整，可以在相应的 LUT 纹理插槽导入调整后的 LUT 纹理。

默认 LUT 纹理路径通常存放在某一路径下，比如 common\textures\rgbtable1x16.png

为了能够让大家更加明白 Color Grading 的强大，我们可以从图 32-16 的对比中领会到。

图 32-16　网易游戏《第五人格》场景调色对比

32.4　高动态范围（HDR）

32.4.1　高动态范围显示器是什么

高动态范围（HDR）是指图像的亮度范围。在晴朗的现实世界中，明亮的高光区域和阴暗的背光区域之间的光比可达 1000000 : 1。作为参考目前单反相机可以记录的动态范围为 12 到 14 比特（16000 : 1）；主流 SDR 显示设备动态范围在 8 比特（非线性 600 : 1）；虽然各种版本的 HDR 定义略有不同，但它通常意味着亮度范围至少不低于 5 个数量级。虽然 HDR 渲染已经存在了十多年，但是能够直接呈现 HDR 的显示器现在才变得触手可及。普通显示器被认为是标准动态范围 SDR 或 LDR，只能支持约 2~3 个量级的亮度差异。

电影电视工程师协会（SMTPE）和 HDMI 论坛等行业组织已经为下一代显示器制定了标准。尤其是它们远超出 sRGB 和 Rec.709 所描述的动态范围和色域，而这两个标准推动了过去 20 年相关行业的发展。新标准能编码的颜色比传统显示器更明亮和更丰富。此外，"超高清联盟"（UHDA）也已制定了一项指标，以指明提供高质量体验的显示器应具备的功能。

高动态范围显示设备能够带来更生动和逼真的游戏图像。游戏开发者正处在变革元年，可以真正开始利用 HDR，如图 32-17。

图 32-17　网易游戏《一梦江湖》场景 HDR 和 SDR 色调映射对比

十多年来，HDR 已经成了游戏的重要组成部分，不过仅限于生成高动态数据，然后对其进行色调映射，以便显示在低动态范围的显示器上。期间，偶尔在公众面前露脸的 HDR 显示器演示画面也像海市蜃楼一样。不过未来已来，一些电视新品的最大亮度可达 1000nit（为现在主流电视的 5 到 10 倍），iPhone X 等最新款移动设备也已支持 HDR 显示。此外，UHD 联盟的 HDR 兼容标准（关于最小对比度和亮度范围）也日渐成熟。

传统显示器色域标准是 sRGB（高清电视则是 Rec.709）。而新一代标准通常被称为 HDR10 或 UHDA HDR，它建立在广色域 BT.2020（也叫 Rec.2020）之上。传统标准的参考亮度为 80nit（有时四舍五入为 100nit），而新标准的设计亮度最高可达 10000nit。初代 HDR 显示器支持 1000nits，而且可能不止一种。比如：OLED HDR 显示器较暗，但通过增强对比度来弥补亮度不足。除了增加上述亮度范围外，色域也在扩展。显示器能够显示更多的饱和色。受制于成本和技术发展规律的制约，初代设备比如 iPhone X 仅支持较窄的 DCI-P3 色域参考，如图 32-18。（不过仍然比过去常用的 sRGB 宽得多）。

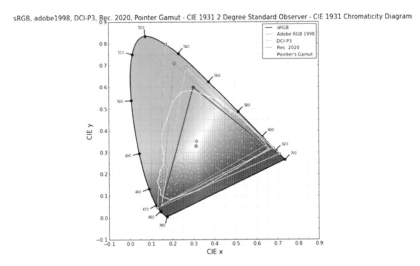

图 32-18　DCI-P3 色域参考

不同色域标准所支持的颜色范围的比较，指针框定的色域代表了现实生活中常见的颜色。

这就带来一个问题："渲染出的 HDR 图像该如何输出到显示器上？"这需要一点额外的努力才行，不是很难也不是很贵，但是要审慎才能得到一个好的结果。首先要理解的是场景引用与输出引用的概念。场景引用意味着图元数据表示虚拟相机记录下的线性光信号。输出引用是指对图像进行编码，以显示在相应亮度范围的设备上。因为即使是顶级显示器的亮度范围也远不及现实世界中的，所以仍然需要色调映射来压缩和转换场景引用到 HDR 显示器的输出引用。此外，还要考虑用户界面通常是在输出引用的 sRGB 空间中编写的。因此将它们合成到 HDR 场景时要特别注意。（没有人会愿意眯着眼睛看 1000nit 白色对话框，所以白色 sRGB 内容显然不能设为最大亮度）。

从场景引用到输出引用的一个很好的解决方案是 ACES，它包含了各种参考色调映射器用于覆盖不同显示设备的亮度范围，如图 32-19。处理过程的目的是使屏幕影像呈现出大众喜欢的胶片质感。ACES 的一个核心特点是能在极为宽广的颜色空间中应用 S 型的经典胶片曲线。这样处理后，过于鲜艳的颜色会自然地褪为白色。这是曲线压缩的数据在接近极值时的必然效果。S 型曲线实际上与眼睛的工作原理相似，饱和度降低意味着亮度得到更好的保留（要知道全亮纯蓝色的亮度只有全亮纯白色的15%）。总之，ACES 很赞，有了它不仅可以获得额外的功能而且还能解决各种输出亮度范围的一致性问题。

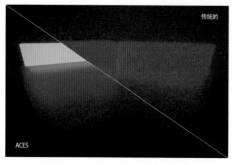

图 32-19　传统 ACES

UE4 提供的经典场景，ACES 胶片色调映射器会使自发光物体褪色，这是符合实际情况的。传统的色调映射器只会使其过于饱和，导致细节丢失，如图 32-20。

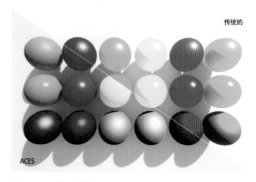

图 32-20　另一传统 ACES

另一个经典场景：

传统的色调映射器无法确定输出设备的亮度。只是盲目地定了一个最大亮度的概念。以 Reinhard 方法为例，在 [0-1] 上的中灰色（沥青的颜色）输出映射到 1000nit 亮度的显示器上看起来和 100nit 显示器上的白色一样亮，如图 32-21。而实际上并不需要把这些暗色提亮而是保持不变，同时把过去必须压缩的颜色显示在扩展的颜色范围内。在某些情况下，甚至可能希望这些深色变得更暗一些。

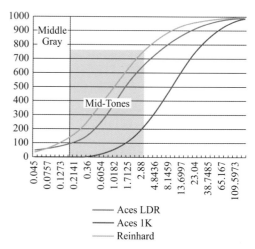

图 32-21　色调映射函数

色调映射函数（横轴表示输入颜色，单位为浮点亮度值，纵轴表示屏幕输出亮度，单位是 nit），比较在 1000nit 下 Reinhard 色调映射、标准 LDR 胶片色调映射和胶片色调映射的输出亮度。标准 LDR 胶片和 Reinhard 都把应该是深灰的颜色输出了 100 到 200nit。这和许多低动态显示器上的白色一样亮。高动态范围颜色的控制曲线能使这些值与低动态范围显示器产生的值接近，也可以让中高调和高光部分保留更多细节。

ACES 色调映射的优点很难在低动态范围显示器上体现出来。不过，还是可以计算出为应对有限输出亮度而泛白的色饱和度差异，及感知亮度的差异。图 32-22 和图 32-23 清楚地表明了改进后的动态范围可保留更多细节。即使是比较带有 LDR 和 HDR 内容的 HDR 显示器的翻拍照片也能看出明显差异。

图 32-22　LDR 色调映射场景

图 32-23　LDR 与 HDR 色度丢失

LDR 色调映射图像与 HDR 色调映射到 1000nits 的色度丢失比较图。

LDR 图像得牺牲一部分色彩丰富度才能适配显示器动态范围。而在 HDR 映射下，天更蓝，皮肤更粉，高亮泛白也更少，T 恤上的 logo 会有更多的细节。这是一幅没有极亮区域的场景。

EPIC 潜行者演示场景，色调映射到低动态范围亮度，如图 32-24。

图 32-24　低动态色调映射范围亮度

当场景色调映射到 1000nit 而不是低动态范围时，极亮区域的可视化效果。其中光亮变化是非线性的（大约是亮度的立方根），因此完全白色的区域实际显示为 3 倍的亮度。（即使它们的亮度是 12 倍）虽然这看起来比色度影响小，但实际上 1000nit 的高光亮得足以令人在暗室里眯起眼睛，如图 32-25。

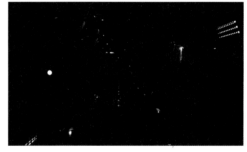

图 32-25　极亮区域的可视化效果

尽管在文中无法呈现一幅 HDR 图像，但是通过比较同一内容在 HDR 电视上的 LDR 色调映射和 HDR 色调映射照片，可以了解两种方式的区别。

要想在游戏中获得最佳的 HDR 体验，必须满足以下几个先决条件：

（1）确保渲染管线支持 PBR 和浮点表面格式；

（2）色调映射绘制阶段完成后清除所有的截断或归一化操作；

（3）理想情况下，把所有后处理效果移到在色调映射前进行；

（4）切换到能够感知显示器输出亮度的色调映射器，比如 ACES 管线。

32.4.2 具体来说要注意以下几点

/ 帧缓冲区里的内容是否达标

第一个挑战是渲染是否在 HDR 下进行的。一个比较好的检测方法是调整曝光后，帧缓冲区中的一些高亮值接近或超过 184.0，该值比摄影里的中灰 0.18 高 10 档。一般采用基于物理的渲染技术，获取这样的数据并不难。真实世界即这样运作的，而渲染算法只不过是真实世界运作的模拟罢了。

/ 美术环节

不是说有了基于物理计算生成高动态范围的技术，就能指望美术人员配置好所有的参数。如果某些材质或灯的参数没有开启，美术就有可能按照错误方式以惯用的美术手段做修改，以匹配那些参数开启时的效果。此时尽管仍可以生成足够的动态范围来满足 LDR，但在 HDR 中，得不到最佳体验。最后，很容易生成一堆应该契合但没有正确契合的美术素材。例如，灯光或是表示它们的代理几何体以及天空盒，由于这些并不总是紧密契合，很容易与光值不同步。可能会导致如下的问题，太阳实际上比它所创建的高光更暗。这个问题不会出现在 LDR 屏幕上，因为两者都超过了显示器的动态范围，然而，在 HDR 显示器上就是个问题，如图 32-26。

图 32-26　超过 HDR 显示器动态范围

/ 色调映射是否正确

色调映射是在 HDR 显示器上输出优质内容的一个关键点。传统游戏中使用的色调映射器都专注于参数化[0-1]空间，其中 1.0 是最大亮度。

这与 HDR 的显示方式不同。相同的色调映射器应用于亮度最大为 200nit 和 1000nit 的屏幕，两者都无法产生令人愉悦的图像。这和只把亮度调高是一样的。真正要做的是使显示出来的颜色和亮度范围保持一致。前面讲的中灰映射后变白的例子，很好地说明了今后应该切换到考虑了显示器输出范围的色调映射器。游戏行业正在开始使用的 ACES 输出设备转换（ODT）是一个很赞的映射器，能够模拟胶片的曝光曲线，它能够匹配今后出现的各种动态范围。

需要注意的是，虽然色调映射器需要修改，但是像自适应曝光这样的操作不需要更改。HDR显示器仍然远远不能覆盖人类体验的广度，所以你仍然需要采用适当的中灰色，以确定正确的曝光值。

/ 注意后处理

后处理管线在开启 HDR 后需要更新。第一个问题是，各种后处理操作在管线中的执行顺序。场景引用数据是指，图像数据具有与在场景中传播的光的亮度级别一致的值。输出引用数据是指，图像数据的值与从显示器发出的光一致。只要管线中所有后处理都在场景引用数据上进行，就能得到良好的结果，这也适用于调色。以前的调色技术采用的是美术人员在 Photoshop 中编辑的 LUT，LUT 并不能很好地映射到 HDR。因为 LUT 是低动态范围数据且直接在低动态范围下编辑，这个过程是有损的，用这种低动态范围 LUT 会毁了 HDR 数据。而色调映射器在输出引用数据上进行，这样最终经色调映射器输出到不同的显示器时，便可以得到一致的结果。

/ 检查 HDR 下的用户界面

通常用户界面输出到 HDR 显示器中不会遇到什么大问题。HDR 输出到屏幕的框架所采用的色彩系统源于且兼容 sRGB，因此把 sRGB 的 UI 合成到游戏画面中非常自然。但是其中还是要注意两点。首先，人的视觉感受易受周围环境的影响。当白色 UI 合成到一个非常明亮的场景中时看起来很容易变灰。如果人处在一个明亮的房间里，就更突显了这一问题。要知道白色的 sRGB 标准是 80nit。在更明亮的环境中许多人会把显示器调亮，这时白色就有150 或 200nit。把 UI 亮度提升 2 倍就可以消除这种问题。其次，如果 UI 使用了半透明，可能需要一个更复杂的合成绘制过程。比如，使用半透明混合的聊天窗口具有 80% 不透明度，盖在 LDR 图像上，UI 的易读性没有什么问题。但是，当 UI 盖在 1000nit HDR 图像的高亮区上的话，20% 的穿透率会产生 200nit的 UI 窗口，亮得让人难以阅读。将整个 UI 合成到 Srgb 的离屏缓冲区，然后在着色器绘制过程中合成，就可以用一些额外的手段来解决这种问题。只要对半透明 UI 下的 HDR 数据的亮度值做一次极简单的 Reinhard 操作x/（x+1），就可以确保 HDR 数据的亮度级别低于 UI，同时很好地保留了颜色和细节。

以 UE4 为例，支持 HDR 显示的核心部分是一条将高精度数据传输到帧缓冲的管线。首先，将交换链的数据精度配置为 fp16。其次，传统的调整阶段会破坏动态范围或颜色精度，因此

要加入增强的 ACES 色调映射路径并在其中转换色彩空间。最后一步是使其他渲染要素兼容，包括正确地处理覆盖在 HDR 场景之上的 sRGB UI，甚至可以用 EXR 格式记录屏幕快照供分析，或是外部工具处理之用。英伟达提供的一条路径是一个极佳的参考，它包括以下功能：

（1）用于 HDR 显示器的高精度输出；

（2）HDR 截图为 EXR 文件（数据存储为scRGB 文件）；

（3）用于 HDR 的扩展 LUT 编码；

（4）增强的 HDR UI 控件；

（5）ACES 色调映射支持；

（6）完整的 ALU 色调映射实现；

（7）动态范围可视化。

HDR 显示器是一次激动人心的硬件革命，游戏开发者因此有机会为玩家提供全新的视觉体验。越来越多的游戏渲染在 HDR 显示器上表现出优异特性，修改都是围绕后处理内容展开，如色调映射和显示输出，因此除了调色外这些变化对画面内容没有任何修改。

357

33 性能优化：如何发挥性能的最大价值
Performance Optimization and Maximization

33.1 性能标准是什么

性能标准从大的方面说是整个游戏能够安全运行的各项指标标准，包括影响内存、显存、渲染流程上的 DP、面数、像素填充率等，也包括包体方面的相应指标；若对性能标准进行细分至小范围，同屏下可能出现的任何视觉类型都应该进行单独计算其标准，包括同屏场景、同屏角色、特效、UI、音频等。除以上两个方面的定义外，对性能我们不能只观其表还需深思其理，思虑实现此标准背后的优化技术方法、美术资源开发规则等内容，让这些实际工作规则与预实现标准数据能够对应起来。

当你买了一辆新的跑车，在观其酷炫的外表之后，应该最关注性能指标如图 33-1。

图 33-1　跑车性能指标

而作为一款游戏产品，酷炫的画面和玩法背后一定也是由对应的性能指标来支撑，如图 33-2。

类别	目标分类	性能指标分类	高配	中配	低配	备注
全局		同屏渲染DP(含UI)	160	130	100	同屏DP是基准值是固定的，在高中低配情况下可以保证一定的表现以及目标机型帧率
		同屏渲染面数	12w	8w	6w	同屏渲染面数是固定的，在高中低配情况下可以保证一定的表现以及目标机型帧率
		同屏蒙皮角色面数(cpu/gpu)	4w	3w	2w	此为4同屏带动蒙皮角色的面数
		同屏Model DP	100	70	50	根据同屏渲染DP所分配的几个主要DP值，是可以变动的
		同屏特效DP	20	15	10	根据同屏渲染DP所分配的几个主要DP值，是可以变动的
		操作界面UI DP	20	20	20	只考虑主操作页面，其他页面不需要顾及，原因是其他页面打开时无法进行战斗操作
场景	出生点	同屏场景面数	6w	4w	2w	出生点人员理论上同屏可能会存在48人，场景建筑不多，场景面数应比战斗地图中偏低
		同屏场景DP	60	40	20	出生点人员理论上同屏可能会存在48人，场景建筑不多，场景DP应比战斗地图中偏低
	战斗地图	同屏场景面数	8w	5w	4w	根据同屏渲染面数推算，可视建筑较多，需分配较多的面数
		同屏场景DP	70	50	30	根据同屏渲染面数推算，可视建筑较多，场景DP比较多的DP
	贴图尺寸	场景最大贴图	512	512	512	手动合成的贴图可为1024，不建议超过1024.
	Lightmap	单个场景lightmap单张大小	1024	1024	1024	贴图上限为1024，场景贴图一般较大
		单个场景lightmap张数	-	-	-	
	植被	同屏DP				
		同屏面数				
	地形	同屏DP				
		同屏面数				
	加载距离	加载距离	400	250	100	这项数值为场景加载距离，超过这个距离显示的物体才程序计算的模型
	LOD显示距离	LOD0显示距离	80	50	20	根据面数推算而来，有配图文件，美术可调
		LOD1显示距离	160	100	60	根据面数推算而来，有配图文件，美术可调
		LOD2显示距离	350	200	80	根据面数推算而来，有配图文件，美术可调
角色	主角	LOD0显示距离	42	42	0.1	如果人物较多则会采用LOD方案，目标LOD0为大厅显示，LOD1为游戏第三人称，LOD2为看其他玩家
		LOD1显示距离	168	168	100	如果人物较多则会采用LOD方案，目标LOD0为大厅显示，LOD1为游戏第三人称，LOD2为看其他玩家
		LOD2显示距离	200	200	150	如果人物较多则会采用LOD方案，目标LOD0为大厅显示，LOD1为游戏第三人称，LOD2为看其他玩家
		同屏角色显示数量	21	15	8	(同屏蒙皮角色面数(cpu/gpu)÷自己面数)/曾个其他玩家面数，参考主角指标:标中数据玩家自己6570面，其他玩家1550面

图 33-2　网易游戏《终结战场》性能指标数据

33.2　性能指标和美术资源制作规格有什么区别和联系

很多人认为性能指标就是美术资源制作规格，作者并不反对这样的看法，因为游戏的性能指标当分解到非常细致之后，最终就变成了美术的制作规格。而性能指标的作用，本身也就是为了给予美术同学制定美术资源规格的参考。

举个例子，我们都说同屏的 DP 不能超过 150 个。150 个 DP 的优化要求对应的美术资源规格是什么呢？我们计算得到，每个建筑必须在 1 个 DP 的要求内，所有建筑的 DP 数量不得超过 10 个。这种数量的细分过程就是性能指标和美术资源规格之间的关系连接。

如图 33-3，我们通过计算得到了比较具体的美术资源规格。

	模型类型	（原模型）LOD0面数（上限）	LOD1	LOD2面数		LOD2面数	DP上限	种
易景	建筑（不可进入）S	1000	700	140	需要测试	视情况而定	1	空
	建筑（不可进入）M	2000	1400	280	需要测试	视情况而定	1	空
	建筑（不可进入）L	3000	2100	420	需要测试	视情况而定	1	空
	建筑（可进，单层多房间有窗）M	3500	2450	500	需要测试	视情况而定	1	空
	建筑（可进，双层带阳台多房间有窗）L	5000	3500	700	需要测试	视情况而定	2	空
	建筑（可进，大型多房间）XL	7000	4900	980	需要测试	视情况而定	2	空
	建筑（可进，小型单间，可能有窗）XS	1200	840	168	需要测试	视情况而定	2	空
	门	100	50			视情况而定	1	2
	围墙	300	150			视情况而定	1	2
整体	石头大\石头中\石头小	400\300\200	200\150\100			100\75\50	1	2~
	集装箱（可进入）	100	50			24		2~
	灌木，草(可以蹲进去隐蔽)	120-200	50-100			视情况而定	1	2~
	树	800	400					

图 33-3　美术资源规格

33.3　竞品目标标准参考

严格意义来讲，如果想要把标准定得非常准确安全，需要项目开发出 Demo，并植入所有与性能相关的项目特性，在目标的机型上运行流畅后，才可以梳理出可铺量的标准。而在实际开发中，往往项目的开发速度要求没有让性能试错的时间，尤其是目前市场环境下开发手游，终结战场就是一个典型的范例：

案例：离发行游戏还有不到两个月的时间，《终结战场》项目状态如下：

主策：不是说有标准了吗？为啥美术还是这么慢？

美术：程序目前给我们的标准可以做！但是太多细节不明确，怕做多少错多少！

程序：我们确实还有很多细节没考虑好！不过这个得等 QA 测试之后才能知道。

QA：嗯，我们有计划测试，但是优化规则还没确定，功能不全面，目前还无法测试。

主策：那是有标准还是没有？

如上，这种开发环境给到整个项目的开发周期非常短，给予定标准的时间就应该是即需即定的状态。而制定一个符合这种类型游戏的性能标准，还没有人在手机上实现过，也就没有人敢确定数据的准确性，从而出现上面的尴尬状况。当无法确定性能指标的时候，团队中所有职能的工作都会受阻。

那么如何才能够将准确的性能指标确定下来，使得整个开发组进行下去呢？

首先说一下最为重要的点，需要寻找最为接近的竞品参考项目，整理和统计其准确的性能标准。比如《终结战场》参考《光明大陆》，见表 33-1。

原因：

（1）《光明大陆》已成功验证市场机型性能考核。

（2）引擎相同。

（3）相机视角全开放。

（4）实现大地图。

（5）优化方式诸多相似等。

表 33-4　性能参考

类别	目标分类	性能指标分类	高配
全局		同屏渲染DP(含UI)	均值150
		同屏渲染面数	平均约15w
		同屏蒙皮角色面数(cpu/gpu)	3-4w
		同屏场景DP	80
		同屏角色DP	20
		同屏特效DP	15（战斗峰值40）
		同屏地形DP	15
		操作装备界面	40
		战斗界面UI DP	20

在这里有三个参考竞品项目性能标准的建议：

（1）也许你找的目标项目并没有系统地整理过性能标准，那么与其让别人整理好给你看，不如自己亲自参与整理，并了解定义这种数据背后的原因。

（2）每个指标数据背后都对应着相应的优化方式，包括美术的优化方式和程序的优化方式。你需要把这些整理出来，不然制定出项目的数据会存在不准确的可能性。

（3）技术横比推演。当你制定好项目的性能标准数据，可以和参考项目进行数据比较和技术比较，让参考项目的技术人员针对你制定的方案进行 Review，找出没有把握的技术点和别人认为有问题的点，总能发现一些比较特殊性质的问题。

33.4　性能指标推算研究

性能指标与玩法体验、程序优化方式、美术优化方式、美术制作要求和方法、目标机型承载能力等有直接关系。

如果说有人能独立确定下来性能指标，这是难以相信的，除非他真的是一个集技术、QA、美术于一体的超能专家。

所以《终结战场》的性能指标是由策划、程序、QA、美术、TA 共同分析推研得到的结果。

当我们有了一个参考项目的性能指标和对应指标背后的优化方式方法后。首先项目组要根据项目特性分析将要采用的性能优化技术、方法等。

如：

（1）billboard。

（2）openworld 远景优化。

（3）LOD 优化。

（4）自动化技术。

（5）开镜后资源切换 LOD。

（6）房子都只给一个 DP。

⋯⋯

以上的说法都很简化，但是确定这些优化的方式对于产品的开发尤为重要。

另外，每一个优化方式都对应着美术资源规格和优化规则，都需要分析和评估，并让策划、程序、QA、美术、TA 对所有优化方式和数据的逻辑关系达成共识。

举例分析如下问题：

（1）我们需要用 LOD 还是不需要用？

（2）如果用，和 Openworld 在设计上有什么样子的联系和限制？

（3）LOD 分几级呢？

（4）每一级的用法和设计目的是什么？

（5）LOD 的加载问题如何解决？

（6）2 级 LOD 的面数降低为 50% 的理由是什么，为何不是 40%？

⋯⋯

类似这种不明确的问题还有很多，而恰恰是这些问题使得整个开发组信息不同步，没有系统地梳理和整理会导致开发组效率低下，更有甚者用一个错误的数据做了很久之后，发现需从头再来！！！

33.5 预售机型平台确认和分析

当我们已经非常合理将项目的具体优化方式确定后，我们就能够算出每个数据的演变过程，但是我们并不知道最终的演变数据结果是什么，当然也还是得不出美术资源制作的具体数据。

所以这时候需要由 QA 部门给出当下市场手机机型的性能承载能力数据，并加以分析。从而得到，我们项目的目标机型下限是什么？从而定好机型数据对应的安全档数据，见图 33-4。

iOS配置	安卓设备	iOS层级设备对于Android市场占有率数据预测							
		2015-11	2017-06	2017-07	2017-08	2017-09	2017-10	2017-11	2017-12
A10	三星S8、小米6、中兴Z17	0.00%	24.18%	25.20%	25.80%	26.37%	26.92%	27.44%	27.95%
A9	三星S6、三星note5、魅族MX5	4.04%	24.03%	23.91%	24.21%	24.49%	24.77%	25.03%	25.28%
A8	三星S5、三星note4、索尼Z2	8.36%	17.23%	17.03%	16.79%	16.56%	16.34%	16.13%	15.92%
A7	三星S4、华为荣耀3X、LG Nexus5	18.42%	15.50%	15.32%	15.06%	14.80%	14.56%	14.32%	14.10%
A6	三星S3、三星note2、华为荣耀3C	19.62%	13.15%	13.19%	12.89%	12.61%	12.33%	12.07%	11.82%
其他	剩余低配Android机型	49.56%	5.91%	5.34%	5.25%	5.17%	5.09%	5.01%	4.93%
	总计	100.00%	100.00%	100.00%	100.00%	100.00%	100.00%	100.00%	100.00%

安卓高中低档机型定为：

高配：小米5、oppor9s、华为p9，三星s7（有同小米5芯片相同的手机）

中配：小米4、oppor9、华为荣耀8（mate8）、三星s5

低配：小米2s、小米3、oppor7、华为荣耀7、三星s4

图 33-4　预售机型平台确认和分析

比如我们预估当总 DP 不超过 150、而面数不超过 12 万的时候，小米 4 机型的性能是能够承担的。如果超过这个数据，就需要更好的机型，如果想要低于这个数据，还需更好的优化方式来降低数据。（定义此数据时，也需要考虑游戏本身的程序底层优化策略是否有更好的空间给予更高的数据指标，以上描述更多的是提供思路上的参考，数据有时不适合所有的项目）。

33.6　研算美术资源规格

我们已经清晰地知道同屏幕出现的所有渲染内容的优化策略，这相当于知道了计算公式的算法。

对同屏幕出现的总数据已经有了比较合理的推演，这相当于已经有了公式的最终结果。

接下来我们只剩下单个美术资源的具体数据未知，我相信通过以上已知信息，加上逻辑算法的尝试，可以快速得到一个美术资源的数据。

依然还有问题是：这个数据准确吗？

答案是：否，但是该资源数据有了以上充分的逻辑推演，相信更加有参考价值。

一个有效的实例参考：图 33-5 为《终结战场》的美术资源数据，自从通过上面的方式确定以后，至今未做大的调整。

同屏面数估算研算过程

另外针对同屏密度的估算昨天已经预估了一个数据版本。
估算环境：
可视距离：同屏可以看到400米范围
可视范围：定义6个chunk的横竖视野范围，整体为36*Chunk
openworld：400米范围内无Openworld。
参考杨晨给的密度图表现：
树是每个64m×64m的格子2-4棵，石头1-3个。我跟编辑说的是山上石头多树少，盆地树多石头少，平均4-6个掩体（树和石头是归为一类的掩体，可以藏人而且可以挡子弹）。
灌木丛（视觉上能挡住蹲下的人，但不能挡子弹）2-3个。
草和麦子、花（视觉上能挡住趴着的人，，但不能挡子弹）的话就是刷草工具的密度。

按照每chunk内含最大4棵树4个掩体石头，并且两个chunk数据范围内为base级别模型，两个chunk以外为Lod01模型。其中石头面数平均：（400+300+200）/3=300面数；树木统一计算为最高面数800面数。
估算同屏树木+石头面数为：
12（chunk）*4*300+12*4*800=52800
24（chunk）*4*150+24*4*400=52800
灌木的平均chunk中包含4个
12*4*150=7200
12*4*75 =3600
房子的面数估算：
根据策划提供的建筑密度考虑，站在其中一个据点最多同屏远景可以看到两个据点，加在一起是3个据点。每个据点设置4个最高级别的建筑，每个建筑为7000面数。
7000+7000*0.7*3+7000*0.2*8=7000+14700+11200=32900
由于以上是按照正方形32chunk来计算，考虑视锥的特性 整体数据*0.5
（ 52800+52800+7200+3600+32900）/2=74600

以上数据中并未考虑 围栏 栅栏等道具的计算，考虑可参考性，我们采用了最大面数的建筑当做标本，所有的视距和范围都设置为最大极限，无Openworld的计算，最终计算出来的数据为74600面左右。
考虑之前给予面数留下的空间为20000面左右。
整体面数为94600左右
满足不超过100000面的标准规划。

图 33-5　同屏面数估算研算过程

33.7　测试验证让推演的预算数据变成实际有效的性能优化标准

以上的数据不管经过多少论证、研究、推算，也没有任何人敢做出保证数据一定无误。因为不做测试验证就不能确保，到最终安全跑起来就不算安全。

以上所有的推演算法和逻辑都需要尽快地安排各类模拟环境进行 QA 测试：

（1）测试算法的合理真实性；

（2）测试预定好的优化方法确实能够得到预想的优化价值；

（3）测试程序计划写的优化功能确实可以起到预想的作用；

（4）测试美术的资源标准下是否能够得到预想的美术效果；

（5）测试美术的资源是否和预想的一样能够按照计划优化方式进行，比如 LOD2 级能否减到预期期望的原始级别的 15%。

……

上述内容重在描述定义优化标准的片面思路，理解起来连笔者都觉得有些复杂。原因在于整个性能优化标准的工作并非单人单技，需要精通性能优化工作的 TA 整合各职能之间的协作与联系，使得性能优化指标具备更好的合理性、共识性、可执行性等重要性质。

希望能够在 TA 和 QA 的团队中培养出更多能够整合以上工作的优化工作者，帮助项目更顺利的开发。

33.8　持续的质疑与迭代

当大家已经按照上面的指标执行完成，放在手机上玩的时候，往往会出现和预想结果截然不同的现象，这很正常！

例如，当我们第一次取得优化的可玩版本后：

老大：有点卡。

开发组：嗯，还是有些卡。

老大：很热。

开发组：嗯，确实很热。

老大：还是 Crash !

开发组：……

老大：是不是你们定的标准太高了？

不否认有标准定高的可能性，不过，此等"为什么"不仅仅是老大的问题，也是我们技术人员的问题，不管问题是什么，在做任何改动之前，都需要非常明确的原因和数据说明。这里，最忌讳的是根本不知道原因就要求修改美术规格、修改技术规则等。

在《终结战场》开发的过程中，我们屡次遇到此类问题，整个开发组因为性能不佳急愁难眠，但是依然需要静下心来通过这种测试方式来发掘影响性能的真正原因。

在这个阶段，《终结战场》查到和解决了很多问题：

（1）修改了音效的播放规则；

（2）查到了 Lightmap 合并 P 次的 Bug；

（3）查到部门美术资源并未合格处理；

（4）查到修改分辨率可以获得低端机型的性能提升。

等等。

以上内容是以一个成功项目《终结战场》的优化工作经验为媒介，介绍了项目优化的思考方式和理念，而性能优化的方式、策略和技术都远远不止如此，期望能够抛砖引玉，引起 TA 及读者们更多地学习和思考，确保项目开发的健康表现。

34 PC 和手机性能差距揭秘
Performance Gap Between PC and Mobile

对于 PC 的性能应该大部分同学都比较了解，我们如果想提高所使用软件的运行效率，首先想到的肯定是升级一下计算机的硬件，更换 CPU、显卡等。计算机的总体性能则是受到 CPU、GPU、内存、硬盘、甚至主板的影响。我们再来看看手机，因为两者框架不同，相比 PC 手机上的 CPU 实际是一个 SoC（系统级芯片）。在这块芯片上不仅有着 CPU 和 GPU，还包括了 ISP、DSP、DPU、VPU、SPU 等一整套处理单元。所以手机性能主要由 CPU，RAM，ROM 决定。

34.1 接下来我们一一进行对比介绍，揭秘两者的性能差距

34.1.1 CPU（Central Processing Unit）中央处理器

PC 的性能很大程度上来说是由 CPU 的性能决定，它扮演着人类大脑的角色，这是为什么我们最先从 CPU 开始讲起。在一切开始之前，我们需要先来说一下 PC 和手机的不同系统架构。PC 上的 CPU 采用的是 x86 的设计，x86 的设计是为了高端计算所使用，可以快速执行数百万条复杂的指令。但是，由于高速计算，会使 CPU 产生大量热量，同时消耗大量电力。而智能手机上的 ARM 架构设计则不同，起初智能手机使用 ARM 框架只是因为它优化成了简单的指令，更加注重的是性能和电池寿命，而非 PC 的功耗。

Intel x86 CPU 使用复杂指令集计算（Complex Instruction Set Computing，CISC）。CISC 指令集较为复杂，在 CISC 微处理器中，程序的各条指令是按顺序串行执行的，每条指令中的各个操作也是按顺序串行执行的。顺序执行的优点是控制简单，但计算机各部分的利用率不高，执行速度慢。

ARM SoC CPU 使用所谓的精简指令集计算（Reduce Instruction Set Computing，RISC）。RISC 指令集更小，需要用来处理的电量更少，并快速完成，释放系统资源或允许设备"闲置"以节省电。相对于 CISC 型 CPU，RISC 型 CPU 不仅精简了指令系统，还采用了一种叫作"超标量和超流水线"的结构，大大增加了并行处理能力。

说完了架构，我们接下来了解一下 CPU 的性能构成。在 CPU 上，其性能表现主要通过运行程序的计算速度来表现，而影响运行速度的性能指标包括 CPU 的工作频率、Cache 容量、指令系统和逻辑结构等参数。

就以 CPU 主频来说，主频也叫时钟频率，单位是兆赫（MHz）或吉兆赫（GHz），用来表示 CPU 的运算、处理数据的速度。通常情况下，我们可以粗暴地认为，主频越高，CPU 处理数据的速度就越快。正常来说，这点也适用于手机 CPU，苹果 A7 是双核 1.3GHz，A8 是双核 1.4GHz，A9 是双核 1.8GHz，A10 是四核 2.3GHz，而 A11 是六核 2.5G（会受开启核数影响）。

CPU 的主频 = 外频 × 倍频系数。主频和实际的运算速度存在一定的关系，但并不是一个简单的线性关系，CPU 的运算速度还要看 CPU 的流水线、总线等各方面的性能指标。

34.1.2 GPU（Graphics Processing Unit）图形处理器

在 PC 上通常用来描述计算机性能的主要是 CPU 和 GPU 的型号，所以我们讲完了 CPU 就来讲一下 GPU。GPU 又称为显示核心、视觉处理器、显示芯片以及我们常用的称呼"显卡"，是一种专门在个人计算机、工作站、游戏机和一些移动设备上进行图像运算工作的微处理器。

我们前面将 CPU 比作大脑，这边我们就将 GPU 比作心脏。其用途是将计算机系统所需要的显示信息进行转换驱动，并向显示器提供行扫描信号，控制显示器的正确显示，是连接显示器和个人计算机主板的重要元件，也是"人机对话"的重要设备之一。GPU 作为常用终端里的一个重要组成部分，承担输出显示图形的任务，对于我们这些大概率从事专业图形设计的人来说显得非常重要。

我们都很清楚显卡 2080ti 和 1050 的差距，但是这差距用来描述 PC 的 GPU 和手机 GPU 是远远不够的。而这一章节的内容主要是为了揭秘，给大家一个较为完整的概念，我们就到此为止，不继续往下深入。

34.1.3 RAM（Random Access Memory）随机存取存储器

RAM 随机存取存储器又称作"内存"，是与 CPU 直接交换数据的内部存储器，也叫主存。它可以随时读写，并且速度极快，通常作为操作系统或运行程序的临时数据存储媒介。它有着快速性，易失性，随机性，以及对静电的敏感性等特点。根据存储单元的工作原理不同，RAM 分为静态 RAM 和动态 RAM。那么内存对性能有什么影响呢？

首先我们先说上面提到独显和集显的坑，因为集显的计算空间会直接使用内存缓存，所以当 PC 不存在独显时，集显的内存消耗将增大 CPU 内存的空间占用。而 CPU 访问 PC 内部的速度由快到慢顺序为 CPU 内部（寄存器 > 缓存）> 内存 > 硬盘（SSD> 机械）。当计算机内存不足时会用硬盘作为虚拟内存，而硬盘的读写速度与内存相差百倍，从而导致 PC 整体速度大幅放慢。这些规则同样可运用于手机内存，目前手机内存的容量大部分为 2~8GB 内存之间，已经有点接近几年前一般办公计算机内存，差距并没有 CPU 和 GPU 那么巨大。

34.1.4 ROM（Read Only Memory）只读存储器

只读存储器英文简称 ROM。通俗地说就是我们的计算机硬盘，它本身与性能关系并不太大，影响最多的是在前面的内容中提到的关于 CPU 访问速度的影响。手机 ROM 和 PCROM 实际上是相同的。ROM 所存数据，一般是装入整机前事先写好的，整机工作过程中只能读出，而不像随机存储器那样能快速地、方便地加以改写。ROM 所存数据稳定，断电后所存数据也不会改变；其结构较简单，读出较方便，因而常用于存储各种固定程序和数据。

至此，我们对 PC 和手机性能差距有了一个整体的了解，就目前而言手机与 PC 的性能依然有着十至百倍的差距，短时间内依然是我们无法改变所需要面对的现状，这些也是为何手机游戏存在着如此大量限制。

34.2 手机上的性能空间还有多大

从上面一个章节我们已经了解到手机和 PC 端性能的巨大差距，那就是否意味着手机端在性能上一无所长呢？就以 20 年新发布的高端手机性能来说，单论性能方面，已经远远超越阿波罗登月时所用计算机的百倍。很多手机游戏的画面品质也可轻松碾压 10 年前的流行网络游戏。加之手机性能迭代速度迅猛，迭代周期逐步缩短，手机的性能空间存在着无数可能等待挖掘。

我们可以从手机 GPU 目前所支持的标准，以及手机端所常使用的图形技术两方面进行说明。

34.2.1 OpenGL ES 标准介绍

在说 OpenGL ES 之前，我们先来说说什么是 OpenGL。严格来说 OpenGL 被定义为"图形硬件的一种软件接口"。（注意，它不是一个软件！）它是一个 3D 图形和模型库，同时具有高度的可移植性和高效性。我们可以用它高效快速地渲染出各种让人惊叹的视觉效果。

随着时间的推移，OpenGL 被不断地扩张和补充，以支持新的特性。这导致了老版本 OpenGL 应用界面的膨胀和很多功能上的冗余。我们在老版本上可以采用 4 种不同的方式来绘制一个简单的点，虽然每种都有其自身优点加大了灵活性，但这也使得它需要一个十分庞大强大的驱动来支持它的运行。这在手机和一些特定的硬件上是无法被允许的。所以技术专家（Khronos 小组）编写了 OpenGL ES 规范。

OpenGL ES（OpenGL for Embedded Systems）是 OpenGL 三维图形 API 的子集，针对手机、PDA 和游戏主机等嵌入式设备而设计。简单理解就是 OpenGL 的缩水版本，去除了 glBegin/glEnd、四边形（GL_QUADS）、多边形（GL_POLYGONS）等复杂图元许多非绝对必要的特性。

目前我们在手机上所使用的图形技术需要 OpenGL ES 的支持，而我们的目标手机使用的 OpenGL ES 版本将直接影响到我们所能使用的图形技术。

/ OpenGL ES 1.0

1.0 是 ES 的第一版上古版本，而且使用的是固定管线，对于我们现在来说完全没有机会接触，所以我们这里就不做多余的讲解。

/ OpenGL ES 2.0

ES 2.0 的出现完全是突破性的，它不向下兼容 1.x 版本，和 1.x 最大的区别在于删除了固定管线部分，使用可编程着色器来进行顶点和片段的处理。ES 2.0 是以 OpenGL 2.0 规范为基础而修改的，它是目前市面上低端机使用的主要规范标准，硬件种类多种多样，只支持顶点和片段着色器，其他一概不支持。

/ OpenGL ES 3.x

OpenGLES 3.0 的技术特性几乎完全是来自于 OpenGL 3.x，如全面支持整数和 32 位浮点操作，高质量 ETC2/EAC 纹理压缩格式成为一项标准功能，不同平台上不再需要不同的纹理集等，这极大地方便了我们对图元的操作。

而 ES 3.1 则升级变成了 OpenGL4.x 的子集，支持了 Compute shader 这种很强大的计算优化操作的 shader。再说 ES 3.2 的新管线更是已经兼容了曲面细分，虽然支持的机型不多，但是这无疑使 PC 与移动平台的技术可实现差距达到了基本持平的状态（此处就不要想 2080 支持的实时光追了）。

通过对手机图形框架的粗略了解，我们可以知道，目前移动平台对于我们的开发并没太大的技术壁垒，虽然目前运算能力还无法与 PC 平台相提并论，但这只能在短期内一定程度地限制住我们的发挥，从长远来看，手机上的性能空间十分巨大。

34.2.2　手机目前常用的图形技术

通过本书之前的内容，大家也必定了解到了我们在开发中常用的操作，大家会发现这些技术与 PC 游戏上使用的并没有太多区别。假设我们只考虑面向最高配置的手机款式进行开发，排除那些消耗巨大的效果实现，手游与 PC 游戏制作其实并没有区别。各类 PC 上使用的 BRDF 光照模型同样也可以写到移动端，如果考虑性能消耗上的问题，还可以进行曲线拟合，计算优化等优化手段。

总的来说，手机性能除了受硬件本身的发展限制外，还可以通过优化算法流程，如同挤海绵般，还能挤出大量的空间。

35 TA 与工具开发
TA & Tool Development

游戏研发中，好的工具可以让负责美术的艺术家们更专注于创作，不浪费时间来进行繁复的导出过程，或是遵守那些难以理解的规范，更会帮助他们避免人为的失误等。因此，TA 的一项重要工作内容就是开发工具，不但可以帮助美术师更有效率地完成工作，而且还符合程序制定的规范。所以，本部分内容将通过介绍工具的重要性，工具开发的流程，以及几个案例分析，帮助大家更好地了解 TA 与工具开发之间的关系。

35.1 工具开发的重要性

在游戏的制作过程中，我们经常用到的工具可以大致分为以下四种：软件，插件，脚本，宏。

第一类是软件。我们平时经常用到的 Max，Maya，PS 这些都是制作模型，贴图时必备的工具。

第二类是插件。例如 Max 里的 SPEEDTREE，Maya 里的 XGEN，PS 里的 NDO 等。这些封装好的黑盒都是插件。我们看不见它具体如何工作的，或者只能看到一些接口，这些通常是由 C++ 编译而来的，只针对特定平台，性能高，处理速度快，界面完备，功能强大。

第三类是脚本。脚本的功能通常是解释执行而非编译。脚本语言通常都有简单、易学、易用的特性，目的就是希望能让程序员快速完成程序的编写工作。脚本一般是可读的，我们可以清楚地了解这个脚本的内容，功能，也正因为如此，脚本也非常适合新手快速上手，如 Max 的脚本语言 Maxscript，Maya 的脚本语言 mel，PS 的脚本语言 JavaScript，Unity 的 C# 都是我们平时接触最多的脚本工具语言。

脚本语言种类繁多，为了尽可能多的掌握美术流程中可能用到的所有软件，免不了要学习多种脚本语言。它们的语法都不尽相同，但是万变不离其宗，在掌握了一定的脚本语言的基础后，还是要尽可能的学习一遍 C++，这样更容易帮助我们理解和使用一些概念，比如引用等。

最后一类是宏，宏应该是最容易被使用的工具了，尽管"宏"这个字很抽象。玩过 WOW 的玩家应该都用过宏，还有一些专业鼠标支持按键自定义宏，World Machine 里的自定义节点，PS 的动作其实也是宏。如果经常使用 Office 的人可能会用一些 VBA 语言写的工具，VBA 本质上也是宏语言。宏主要指在某软件平台中，为方便用户以后进行相同的一系列"动作"或命令，把它们"录制"下来，另取个名或叫宏的名，以后只需运行此宏就可代替之前定义时的那些动作和命令。为了更灵活方便，软件还可引入编辑器使得宏不仅可录制还可以像编程一样进行创建、修改编辑。所以了解了这些，即使不会一点编程和语法的人也都可以用宏制作工具，比如一些网站上有很多用来做调色，风格化的 PS 动作，World Machine 也有一些封装好的宏来实现一些特定的复杂地貌效果。

35.2 TA 与工具开发

35.2.1 如何进行工具开发

既然要开发工具，那就要搞明白它的特征，目的，要求，应用领域，适用人员，在哪个阶段使用，它的性能，以及如何使用它，管理它，甚至更长久地维护它。

如何判断我们需要工具，举个例子，不妨检查一下接口人给外包的文档，如果频繁出现以下的字眼，就说明这个环节需要工具支持。"依次"，"挨个"，甚至出现以下字眼，"不出意外"，"保持耐心"，说明此流程几乎必定出问题，亟须工具来帮助快要崩溃的美术同仁。

分析完开发软件的目的和适用人群之后，就要明确工作过程和职责。美术需要负责什么，程序需要干什么，以及 TA 的职责。接下来，把整个流程拆分成几个部分，保证每个部分之间尽可能的独立，即解耦。这样做的好处是，我们可以把调试 Bug 的范围尽可能地缩小在一个独立功能中，也方便我们把这个功能直接移植或引用到其他工具中。

关于程序设计，有很多书专门讲程序设计思想以及设计方法，了解这些思想和方法，可以让我们的思维更"程序化"，分析问题更加全面，写出的程序更简洁高效和健壮。有兴趣的读者可以自学。

界面 UI（User Interface）。没错，我们的工具是要自己写 UI，因为这涉及我们想让用户如何操作这些工具。如何布局我们的工具界面（按操作顺序，还是按功能分区）？贴图是要调用资源管理器选择文件夹呢，还是直接复制粘贴贴图的路径呢，或者是直接拖曳到一个插槽中呢？

如果我们设计的是一个交互相对复杂，按钮比较多的工具，应该在程序设计的伊始就规划好大致的界面布局，也方便我们测试具体的功能。由于 UI 是直接暴露给用户的，所以 UI 的简洁明了也反映了工具设计的目的，多带些图片，操作反馈丰富（比如点击变色的按钮，警告提醒弹窗等）都会提升工具的质量，减少使用文档的篇幅，甚至不需要使用文档，使美术更容易接受，流传范围更广。

根据以往工具开发积累的工作经验，给读者介绍一下工具开发过程中可能会遇到的一些问题，并提出一些解决问题的方向，为大家提供一些思路。

（1）使用者并不能确切地知道自己需要什么。很多情况下，美术师并不清楚他们工作中的很多问题或很多复杂的步骤，是可以通过工具来解决或代替进行的。我们之前提到，开发工具的首要步骤就是了解使用者的需求，在这种情况下，TA 应该如何定位美术所需要的工具呢？最好的办法就是去了解当前的工作流程，然后自己实际操作几次，这样才能深刻体会到哪些重复性的劳动是可以避免的，哪些环节是人为操作容易产生错误的，从而分析出哪些环节是可以通过技术进行优化的以及哪些过程是可以省略的。

（2）尽可能地做到解耦。不同的项目需求千差万别，这就导致我们针对项目 A 所开发的工具可能并不能满足于项目 B 的需求。而解耦能让我们只针对需要改动的部分进行重新编写就可以了，降低了我们的工作量，提高工作效率，所以解耦是工具编写过程中非常重要的步骤。

（3）掌握快速查找 API 的技巧。脚本语言是我们编写工具所需要具备的最基础的技能，就如同盖一座房子一样，使用者的需求就是地基，那么脚本语言就是我们搭建房屋所需要的砖。但是，脚本语言数量巨大而且十分复杂，对于大多数人来说，除了经常用到的几个，其他的多数都难以记忆。这就导致我们工作的时候会有"书到用时方恨少"的感觉，不能及时有效地想到合适的解决办法。针对这个问题，学会搜索 API 是一个行之有效的方法。因为我们通常需要使用多种软件，而每个软件都有自己的脚本语言，它们的语法 API 都不相同。Max 工具要用 Maxscript，PS 批处理题图要用 javascript，Unity 写 C# 脚本，NoeX 写 python 脚本。完全记住所有语言的语法，和所有软件所有模块的 API 不太可能。通常的做法是遇到了问题现用现查即可，当然能记住最好，会节省大量查找 API 的时间。所以要知道常用模块常用的关键字，Unity 中界面相关的 EditorUtility 类，处理资源相关的 Database 类，变换相关的 Transform 类等。某些关键字，比如想"获取选取点的位置"，关键字有"获取""选中点""位置"。"获取"方法一般都是以 get 开头，"点"对象一般是 vertices、vert、vertice，"位置"属性一般是 pos、position 等。

我们还要学会利用 Google。平时我们遇到的问题，大部分都是前人已经跳过的坑，如果搜索的关键字准确，多半会把我们带到 strackoverflow 这类网站，可以很快找到所需要的答案。如果是一些我们不熟悉的 API 和命令就要尽可能的记住。如果是一些复杂难懂的算法，我们就只需要扮演一下代码搬运工的角色，不需要浪费时间摸索。

（4）建立自己的知识结构。过目不忘的人毕竟还是少数，我们跳过的坑，查过的网站，要整理成目录清晰的收藏夹，一些查了很久的 API 也要摘录出来写成笔记。可以按软件分类，按语言类型分类等，每个人都有自己分类的方法，重要的是要能够马上找到，久而久之这些网上的资源也成为了你大脑的一部分。

35.3 工具开发案例分享

◆ **案例 35-1**

一劳永逸

图 35-1 为大型工业炉设备展示，内部有大量不同功能的管道，用于加热的，冷却的，输送的，成百上千根错综复杂的管道。这种管道简模，如果没有工具支持，无疑是要消耗大量重复劳动的，之前的同事们一直是采用效率最低，精确度最差的通过移动旋转点来实现，这种"直觉"方式建模出来的管道只能远观，拉近一看：变形，拐角不圆滑，段数少，硬边，uv 拉扯，问题比比皆是。而且手动选点再移动旋转，还要匹配拐点的位置，效率可想而知，而且根本无法修改管道粗细，如果不符合要求就要从头再来。

针对这个问题我写了一个用于创建管道的简单工具，只要依次选定拐点的位置，便能自动计算拐点间的角度一键生成管道，管道的半径、转角半径、细分段数、模型类型都是可以修改的。当然这个流程也还有很多优化的空间，但是已经将原来至少 1 小时的工作量减少至 5 分钟。直到写本文的时候还特意问了前同事，他们直到现在一直都还在用这个工具建模（至少 4 年了）。像这种针对特定项目的工具，只要有项目就能一直为公司节省时间和资源，说是一劳永逸也不为过。

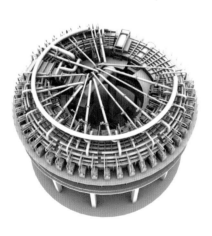
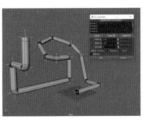
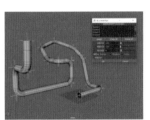
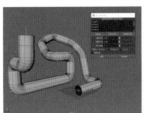
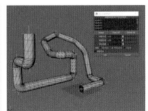

图 35-1　化工设备案例

◆ **案例 35-2**

不要为自己设限

图 35-2 所示为某换装项目，原画画了 200 多套服套装，需要导入引擎中，原画画套装的时候虽然是按照基本体画的，也按部件分了层，但是由于没有提前做好规划和规范，命名都是随便写的。现在导入引擎要求每个套装的每个部件都要以标准体身上的锚点为中心点，每个图层导出成 2 的整次幂大小的贴图。美术师需要先再设置一个大小差不多为 2 的整次幂的选框，将中心点设置在 Excel 中锚点坐标所在位置，再裁切，导出。项目组里的原画加 5 个 UI 同学天天都在导出这些套装，整个过程异常麻烦耗时，而且经常出错。首先想到了 PS 动作功能，但是动作只能对当前对象执行无差别的处理，无法执行判断等逻辑，即使问了公司的老司机也都表示无能为力。然而写惯了 Max、Maya、unity 脚本，自然而然地想到了 PS 有没有脚本？结果一搜还真有，但是是我没接触过 JavaScript，从头边学边写，没日没夜的搞了一个周末，做出了工具。后面只需要美术把套装的每个部位的 PS 层级名称按照规范重新命名一下（大概花费半天时间），然后批处理只花了 10 分钟就搞定了所有 200 多套服装。这样就把一个需要至少 20 人天的工作变成了 10 分钟，而且后面还有其他需要将套装分通道染色的功能，也是在这个工具基础上改的，又节省了不止 20 人天的工作量。

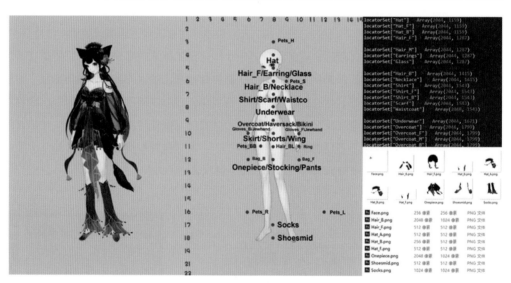

图 35-2　换装项目

◆ **案例 35-3**

我们可以比程序做得更好

程序也能解决的问题，我们能做得更好，比如图 35-3 所示某项目输出资源地挂接点的需求。

1. 外包返回一个资源地，里面包含所有房子，树木的单个模型的 Max 文件，以及这些单独模型拼合在一起的，并且烘焙了 lightmap 贴图的 Max 文件，目的是为了记录每个模型在资源地块中的相对位置。

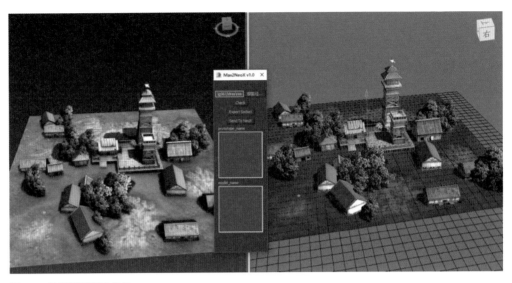

图 35-3　某项目资源地挂接点

2. 如图 35-4，部分接口人将所有单独的模型分别导出单独的 GIM 文件，然后在 NeoX 里根据地面阴影，调整模型位置（手动调整，肉眼校对……），最后根据模型位置输出一个挂接点的表。

场景接口人甚至在外包技术文档中使用了"要心平气和"这样的字眼，即便后来程序帮忙写了一个能自动生成挂接点的命令行工具，但是仍然需要美术在 NeoX 中摆放好模型对准位置，而且命令行工具，没有界面，需要美术拖文件夹进去，这是典型的程序思维——认为这种小功能不用写界面那么麻烦。但是美术一看到命令行或者终端肯定是会产生抵触情绪的，而且绝大部分美术连怎么进入 DOS 窗口都不知道。

我们分析这个问题的根源在哪里，用过 NeoX 的同学都知道，由于坐标系的不同，我们很难手动在 NeoX 内还原 Max 场景中模型的相对位置。如果只有位置移动的物体还好说，可以手动对调 y 轴和 z 轴的坐标，但是一旦有旋转参与就不行了，因为 Max 内部是使用四元数来计算旋转的，而我们熟悉的 Euler 角的旋转方式，只是暴露给我们的更加易懂的交互方式而已。同样地，Euler 角每次旋转轴向的顺序不同，得到的四元数也不同，结果也就不一样。Unity，Unreal 等引擎会在导入时候替我们完成这项工作，但是 NeoX 好像没有替我们做这个坐标系的转换，就只能在 Max 内去适配 NeoX 的坐标系，这样就可以统一 Max 和 NeoX 内物体的相对位置了。找到了痛点，解决问题就容易了。针对这个问题写了一个工具，不但解决了挂接点问题，还可以直接将整个场景发送到 NeoX 中，而且保留所有模型的引用关系，就是说 Max 内所有相同模型，导出到 NeoX 中引用的是同一份 GIM 模型，只要更新这个模型，场景里所有的实例化模型都会更新。省略掉所有那些繁复的导出工作，只给用户最终结果。

以上是作者过去工作中遇到的几个工具开发的案例。由于自己是从一个 3D 美术出身的 TA，所以上面这些都是一些比较简单的脚本工具，没有用到什么高深的技术，甚至很少用到 OOP（面向对象编程），但是在实际项目中却很实用，所以对 TA 感兴趣的美术同仁都可以稍微了解一下编程语言，写出更好的脚本工具。

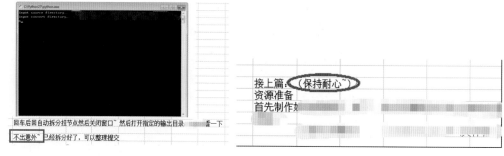

(部分接口人编写的文档截图)

图 35-4 gim 文件

35.4 成长

很高兴能够在以上长长的篇幅中给大家讲解了那么多而全面的技术美术知识点，让大家了解网易在各 TA 技术向的一些案例成果，这些展示出来的内容并不都是我们最好的案例，只能算是冰山一角。从 2013 年开始，网易互娱的 TA 团队在各种阻力和困难中重整旗鼓，正向成长，至今成为项目研发中不可或缺的核心成员，因此我们不得不讲一讲在网易的 TA 成长源泉：从需求中来，到需求中去。

游戏的制作因为其涉及不同领域的知识以及能力，向来都是一群人通力合作的产物。尤其是在游戏行业发展迅猛的今天，随着对于游戏品质的不断追求，游戏制作团队的规模也在飞速扩大，往往游戏中一个小局部的表现效果也意味着多位来自不同环节的同事的努力付出。在这种不同环节不同岗位相互配合的工作模式中，"需求"会是你经常听到的字眼，也是对所有人工作内容的总结——我们一方面需要他人配合我们工作，并为此提出了需求；另一方面，我们又会接受他人提出的需求，配合他人完成工作。

这样的工作方式，意味着所有的工作都是由需求决定的。无论是策划对美术提出的场景设计需求，还是对程序提出的玩法实现需求，都决定着工作的实际产出。通过对需求进行分类、排期，所有环节都能基于这一流程有效地产出。

虽然所有岗位的工作都与需求有着紧密的联系，但不同环节岗位之间的差异性，使得他们的工作模式各有不同，总的来说可以分为偏抽象与偏具体。

美术岗位的工作模式无疑是偏抽象的。美术岗位负责游戏的艺术表现，审美虽然有其规律与规则，终究还是难以被量化。面对一张完成度较低的图，你很难说需要把天空细化到什么程度才能达到要求，也难以预计具体的效果。所以说，美术岗位的工作者会收到较为抽象的需求，并且产出的工作内容也会随审美的不同而因人而异。

相比于美术的需求，程序工作模式是理性且具体的。工作需求计划都可以被归于一张类似于购物清单的列表，你可以在上面找到细致的分类、具体需要实现的功能，甚至有实现这类功能的方法以及所需的时间。程序依照这张具体的工作需求表来逐一划分工作内容，按部就班地解决问题，搭建游戏的逻辑框架与环境。

有趣的是，这种需求和产出的统一性并没有体现在技术美术的日常工作中。作为美术与程序之间的沟通桥梁，技术美术穿插于游戏的各个制作环节，接收的需求和产出的内容会同时兼具上述二者的特点——美术的一面会使得技术美术接到的需求是抽象的，但是产出的工作内容则是具体的。

正是这种特殊性，造成了技术美术与需求的特殊关联。

首先，技术美术需要有解读需求的能力。

技术美术存在的意义，是为了消解各个不同环节之间的差异性，能让美术的抽象概念与程序的具体实现方式相挂钩。这需要技术美术能站在美术的角度去理解需求。

在工作中，常常会遇到美术跟我说："现在水的 shader 不好，我要一个更生动的水面"，并且提供了许多端游甚至是影视作品中的截图与视频片段作为参考。但无论这些参考是否详尽，美术都无法给出具体的实现方式，因为那是需要技术美术来解决的。如果是程序，可能会找来资料中运用的技术，然后无奈地向美术解释，手机上没有足够的性能条件，时间久了这一需求可能因为优先级不足而被搁置。但实际上，美术其实想要的只是一个感觉——比如想要一个更为柔和的水面反射——这些资料中的画面能提供给他相同的感觉。这需要技术美术能理解需求所包含的实际内容，以及需求提出者的真实意图。通过运用对所有环节的了解，获取与美术需求提出者的"通感"，将需求转化为实际的功能实现。

更进一步地，技术美术需要有转化需求的能力。很多时候，技术美术都还是以需求为前提进行工作：针对项目的风格制定角色，场景的材质表现；根据玩法的需求，考虑同屏幕的角色数量以及该使用多少消耗的运算；规范美术资源的规模以及命名，形成流畅的工作流水线。而技术美术，作为游戏美术与程序之间的桥梁，具备了区别于其他环节、成为游戏开发团队核心人物的资质——对于需求的转化。

在负责《永远的 7 日之都》手游项目时，遇到过这样的一个问题：游戏的世界观中有个设定叫"活骸化"，简单概括就是指神器使（英雄）黑化的状态，当时美术环节的负责人提出希望有如图 35-5 所示的火焰包裹身体的效果：

图 35-5　网易游戏《永远的 7 日之都》原规划活骸化关卡界面效果

用符合当时机型性能可承担消耗的做法，只能实现图 35-6 的效果。当然，我们也测试了许多常规技术方案，但最终不得不承认，完全还原这一效果在当时是无法实现的。最终不得不承认，这一效果方案在当时是无法实现的。

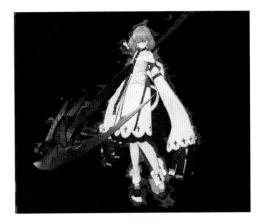

图 35-6　在可承受消耗下实现的效果

于是，为了说服美术能放弃这一方案，我选择了提出一种替代方案。考虑到美术提出的"体表燃烧紫色的火焰""发出吞吐不定的光芒"，他们是真的希望表现出火焰的效果么？我是说，单纯只希望表现火焰的效果么？还是说这类的表现实际上只是为了表现出角色黑化崩坏时的力量感、不稳定性以及崩坏后的邪恶面？想必更接近后者吧。于是，抽时间做了一个效果的方案图，见图 35-7。

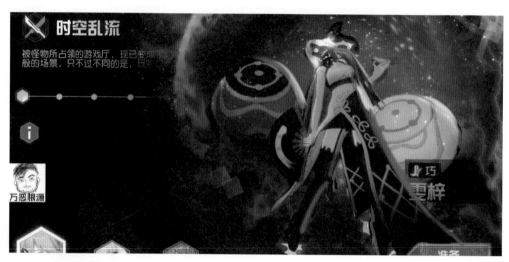

图 35-7　网易游戏《永远的 7 日之都》- 黑洞提出的活骸化界面新方案

给背景增加一个不断扭曲的漩涡或者是黑洞，表现出角色力量强大（到甚至形成了 XX 的立场），还配以一些闪电以及碎屑的特效。虽然因为我不擅长画场景，效果图显得有点简陋，但就是这样简陋的效果图最终说服了美术原画，并联合特效实现了效果。

所以，技术美术并非只能一味地被动接受需求。恰恰相反，正是因为有着对于各环节更全面的认识，技术美术更清楚什么样的效果是可以实现的，其中哪些又是更容易实现的。通过对需求的转化、改造，让技术美术能指导项目的技术方向以及美术效果，进一步提升游戏的竞争力。

我从不认为技术美术是高于美术的一个岗位。在我看来，任何一个环节的美术在本职工作方面的能力都是远超技术美术的，更不存在技术美术可以代替其他岗位的可能性。如前文所述，我更倾向于技术美术的作用是对需求的归纳与改造。技术美术通过对需求的深入调查与研究，将美术环节抽象的审美概念，转化为程序方面具体的实现方式，是对美术效果的系统化以及美术制作的流程化。同时，技术美术也基于对美术、技术的认知，对需求的合理性进行规划，从程序实现的角度检验这些需求的可能性，并将更好的实现方式与效果传达给美术环节，实现对需求的反馈作用。技术美术对于游戏的提升作用，不仅从需求中来，也终将到需求中去。

愿你我作为技术美术，不仅是忠实的需求执行者，也会成为需求的创造者，捍卫游戏更为精彩的表现，致敬网易游戏研发的匠心精神，成为网易游戏优秀 TA。

/ 优秀 TA 成长寄语

在游戏研发的流程中，TA 起到的作用是十分大的。网易是一个产品导向的公司，因此 TA 在研发产品的过程中，应该更多地从产品的整个流程上去思考，现有的产品有哪些问题，哪些是可以由 TA 去推动解决的。在此过程中，运用自己所学习的图形学、脚本能力和审美方面的综合优势，通过范例和文档的形式来提升整个团队的战斗力。

在网易做过很多事情，从角色模型到特效都做过，各路大佬给我提供了很多帮助，这给了我很多接触游戏渲染方面的经验。我们的游戏研发一直致力于探索中国手机游戏的最新方向，虽然没有达到业界领先，但能够果断打破传统思维，虚心学习国外 AAA 大作的经验，使我们能够从无到有，从最底层开始接触游戏开发的相关知识，和网易游戏一起成长。作为 TA，主要致力于探索能够使美术团队更科学高效的美术流程，这种感觉让人喜欢。

GUI
DESIGN

08

GUI 设计

36 游戏视觉设计
Game Visual Design

图形用户界面（Graphical User Interface，GUI）在游戏中从事相关设计工作的设计师们，也就是我们，被称为游戏视觉设计师——GUI 设计师。

制作游戏是一个艰辛的过程，展示在玩家面前的最直观成果就是游戏的美术表现。设计团队编织了精巧的魔术世界，游戏视觉设计——GUI 设计就是将你拉进游戏世界的那双手。

相信大家都是深爱游戏，有着从业的热情才汇聚在此。希望这部分游戏视觉设计的内容可以向大家介绍相关技能和经验，使我们通过学习能够将自己的想法付诸实践，并能在各个项目团队中占据一席之地。

这部分内容不会把答案直接给到各位，因为关于设计、关于体验并没有一个绝对正确的答案。但希望它可以让大家掌握到作为游戏设计者的思考方式，帮助大家做出更优秀的设计。

36.1 认识游戏视觉设计

36.1.1 游戏视觉设计（GUI）在游戏中的作用

世界上第一款名为阴极射线管娱乐装置（Cathode ray tube amusement device）的电子游戏面世于 1947 年，这款简单的互动游戏没有编程且不使用存储设备，只有电机旋钮控制移动的小光点，单调稚嫩，但却为世界"点"开了一扇门。时至今日，游戏美术经历过几轮兴衰和载体变革，并在从业者的不断努力下，将游戏的美学标准不断拔高，最终被认可为人类第九艺术。如图 36-1，从 PC 端、街机、掌机、家用机，到现在新兴的手机为媒介，以及 VR 的发展尝试，游戏开发者在为追求娱乐性、终极体验、美术表现极致以及思想深度上，一直在不断尝试达到极限和发掘新的领域。

阴极射线管娱乐装置   SEGA街机   PC

Nintendo Switch 掌机   ps4 Xbox 家用机   智能机   VR

图 36-1   娱乐装置发展

从每年世界顶级游戏厂商新作中不难发现，游戏所承载的精神力量已经远远不止提供娱乐这么简单。在对世界的认知、历史追溯、人性反思这些方面，许多优秀游戏作品都已经给出了不弱于文学、音乐、影视的惊喜。例如《女神异闻录 5》真实还原城市，《刺客信条》还原历史事件，《底特律》AI 发展中对人性的思考等。这都让世界对游戏有了新的认识，同时更坚定了游戏从业者有更高追求的信心。

"视""听"等方式，游戏在这基础上增加了一项——"操作体验"，这就增加了用户接受作品新的维度。交互就是这一维度的最直接体现，我们称之为游戏与用户连接的桥梁。

36.1.2 感性 & 理性

GUI 在游戏制作环节中，是游戏交互操作的美术包装，是对交互稿的美化和升华。需要同时考虑对游戏美术风格延续和交互操作手法合理表达这两点的融合。可以说 GUI 是艺术（感性）和人类行为学（理性）的双重化身，对相关从业者有着以上两点不可或缺的能力要求。GUI 做得好，玩家投入游戏中会有加倍的沉浸感和体验感。

作为玩家，我们会认为图 36-2 中哪个界面会更吸引我们去执行操作？

图 36-2   （左）画面多处视觉重点，信息较多（右）《绘真·妙笔千山》引导清晰，目的明确

体验足够数量优秀的游戏，我们可以尝试分析一下这些游戏在 GUI 设计中成功的因素有哪些。经过提取和分类我们可以大致得出，构成一部游戏 GUI 语言的重要元素，包括：

（1）特有的美术表现

（2）特有的交互形式

（3）特有的动效节奏

特有的美术表现——基于独特的故事主题，结合技术层面可实现的最优 GUI 美术效果，能够给玩家留下深刻印象。如果有系列作品，进行美术延展也是不错的选择，可以减少学习成本，增加产品识别性。例如：贯穿《古墓丽影》三部曲的浮空面板和线索检视动效。

特有的交互形式——游戏开发商在进行游戏制作时，会使用一些具有品牌识别性的手法来传达，例如任天堂，R 星针对游戏细节做出的极致刻画。在 GUI 设计和交互习惯上，也有开发商会在系列作品使用 GUI 和交互的风格延续，这可以形成该企业旗下独特的产品识别形象。例如育碧的多款作品在交互和美术表现上延续其代表性功能特征，并加以优化，如《刺客信条 奥德赛》《刺客信条 起源》《碧海黑帆》《刺客信条 黑旗》等作品中鹰眼、海战操作模式等。

特有的动效应用——GUI 的动效通常直接影响玩家对游戏节奏的感受，对于情节流畅、避免剧情打断，游戏适手性，以及角色情绪带入都有助益。

例如《战神 4》中，角色站位同视角、背景到 GUI 界面的平滑切换，大大降低游戏进程被打断的可能性。如图 36-3《第五人格》中，场景内的方位引导效果。

这都是我们潜意识中对于一部游戏 GUI 最直观的记忆点，美术表现是外表，交互形式是骨骼，动效节奏是脉搏。一部游戏的 GUI 设计需要同时将这 3 点相互关联融合为一体。

大家可以回忆一下印象深刻的游戏，GUI 是什么样的？

图 36-3　网易游戏《第五人格》

36.1.3　达到忘我

上面说到，作为游戏的第三维度——操作体验，GUI 是引导用户走完游戏全流程的唯一手段。这很容易理解：通过玩家操作，游戏才会得以进行，所以 GUI 是玩家最直接接触到的游戏部分。

我们提供的操作体验，需要为玩家带来舒适和自尊。

好的设计可以引导玩家明确目标、提高对行动及环境的驾驭感。玩家在游戏中从事任何行为都能得到积极反馈，当然玩家以为的自发行为，其实都是经过精心设计的，由 GUI 对玩家执行引导。正是这些引导，才会增加玩家的自信，帮助玩家攻克困难，使玩家感受不到时间的改变。

最让人投入的忘我状态，必须有丰富的感官经验和强烈的认知参与，GUI 的重要程度同游戏玩法、情节、美术外观表现、音乐一样，共同构成游戏的完整内核。

这也是后面会说到的 GUI 隐形特征，玩家在操作游戏过程中，GUI 做得好会提升游戏整体体验，做得不好缺点就会被无限放大。

36.2 移动端游戏 GUI 分类

通过智能手机普及，大量优秀游戏在丰富我们的生活，它们玩法各异，题材众多。再挑剔的玩家，都会有倾心的游戏。但毕竟众口难调，在游戏开发中，精准选择到一个类别的用户，针对性地给出对应题材、玩法、美术表现的游戏，才有可能创造成功的产品。

作为游戏开发者，我们会希望知道有没有办法能够对用户进行有效的分类，找到我们想要的那群人，这时我们会进行用户分析。

根据年龄阶段、性别、教育程度、职业、收入、地域、性格、兴趣爱好等进行粗分。但这不足以确定有效的目标用户，再进一步我们会通过用户调研、市场调查，根据对游戏依赖程度、游戏平台选择倾向、消费能力、传播能力、操作能力等，筛选后得到更精准的一批用户，作为我们优先满足的对象。

我们可以按照题材举例，进行目标用户特征描述：

《女神异闻录 5》二次元 + 剧情 + 回合制——偏女性向，目标年龄 15-30 岁，日式文化，动漫文化爱好者。

Mad Max 废土 + 第一人称动作 + 解谜——男性向，目标年龄 20-35 岁，原著粉，动作游戏，废土战争爱好者。

《古剑奇谭》中式武侠 + 第一人称动作 + 剧情——偏中性向，目标年龄 18-30 岁，武侠，IP 电视剧，系列游戏爱好者。

《坦克连 2》军事 + 历史 + 策略——偏男性向，目标年龄 25-40 岁，军事题材，二战题材爱好者（图 36-4）。

图 36-4 网易游戏《坦克连 2》

除上述类型以外还有科幻题材、恐怖题材，目前网易游戏开发资源大量倾斜至智能机领域，因此我们针对智能机游戏类型来进行分类举例。

按照沉浸程度进行区分，可以对游戏类型进行分类。

1. 重度

多数操作相对复杂并依赖即时反馈——多需要双手配合：横屏为主。例如有：

FPS（第一人称射击游戏）《现代战争 5》

MOBA（多人在线战术竞技游戏）*Vainglory*

ARPG（动作角色扮演游戏）*Transistor*

MMORPG（大型多人在线角色扮演）《剑灵革命》。

这类游戏 GUI 设计特征多倾向于支持强化操作体验，例如控件位置排布更强调适手性、造型清晰可快速识别、界面及控件的快速点击反馈、结构分明、功能集中、精简包装、强刺激氛围等。

2. 中、轻度沉迷，休闲

操作相对简易，手法多为点击——单手，双手（竖屏 + 横屏），例如：

Turn-based RPG（回合制角色扮演游戏）*Fate/GrandOrder*

Simulation（模拟类游戏）《模拟人生》

Sandbox Game（沙盒类游戏）《饥荒》

益智游戏、音乐游戏 *CYTUS*，*Gorogoa*。

由于智能机高传播性的特征，越来越多优秀的独立游戏基于智能机进行开发，或移植到智能机平台上。GUI 设计范畴相对更加宽泛，在功能框架搭建上可以做更有故事性的情节设计，为相对简单的游戏玩法丰富体验。

以上罗列出较为常见的智能机游戏种类，及其偏好 GUI 的表现差异，但并不绝对。这里只是宽泛地加以区分，大家可以自己多体验，尝试来做总结。

呈现在智能机上的游戏，会受到：

使用时间限制、操作设备限制、显示区域限制、受众群体、引擎编辑器因素限制等多重制约，在实现和表现上略差异于其他游戏类型。

在 GUI 的表现上也产生了一些独有的特征：

/ 降维的操作习惯与操作映射区

游戏玩家接受 PC，主机等设备近 50 年，已经养成了眼——手——显示终端循环的处理信息习惯，如图 36-5。这 3 个环节操作平面是两两交叉垂直，在大脑处理信息的节奏上这其实是增加额外成本的，同理生活中各种遥控面板等。好在现代人们已经学会并且习惯。

图 36-5　操作习惯

触屏智能机的出现，将垂直的操作行为还原成最古老直观的单维度眼手操作。通过降维后的智能机，就像我们拿在手中的书，握在手里的笔，信息的输入和接收都是同一平面内完成，大大节约了大脑处理信息成本。可以回忆并对比一下教家里老人学用电脑和学用智能机时，哪个更快？

但在早期的手机端游戏上，操作模式反而移植了 PC 端、主机端 GUI 的键位，毕竟游戏诞生于 PC、主机，人们熟悉的游戏都是多维操作框架。这样就导致玩家在手机上操作游戏还使用着设计给多维平台的操作键位，虽然记忆习惯相同，但并不是最优答案。

首先在 PC 端的映射区域，是以右手手势习惯为主，显示器对应鼠标映射区域比例大致是 10 倍，操作者可以通过在 5cm 内移动鼠标到达显示器最远的位置，如图 36-6。所以目前的游戏控件、信息的权重排布是以快捷右下 + 重要左上的习惯来安排的。主机以及掌机则是根据双手手柄或键位，和玩家主要视觉区域来对应安排 GUI 位置。

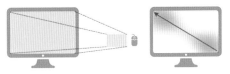

图 36-6　PC 映射

智能机操作范围更多依赖手指的活跃区域，视觉引力（左上 - 右下）反倒是低一级别的考虑因素。根据横竖屏操作热区，智能机游戏的操作键位就产生了适应性的变化，见图 36-7。

图 36-7　热区 - 键位权重区域等级

触控屏终端的操作热区研究和应用，为智能机游戏屏幕权重进行了重新分配。

/ 展示内容受限

智能手机的操作媒介是手指，在有限的屏幕内滑动触控，会产生有效点击区域放大以及界面密度缩小，以及不可避免的手指遮挡问题。

PC 游戏界面和智能机游戏界面密度对比，见图 36-8 和图 36-9。

图 36-8　PC 画面密度

图 36-9　智能机画面密度

由于智能机受限于手指触控，控件最小触控区域真实物理尺寸不得小于 7mm，需要注意控件间距均匀并有呼吸感，如图 36-10。

图 36-10　控件间距均匀

/ 碎片化时间

智能机用户相对 PC、主机用户很大区别在于：如图 36-11，智能机游戏玩家更多是利用碎片化时间，例如通勤、等餐、睡前、蹲厕等一些分散、较短的时间进行游戏，单次游戏时长不长，专注力较低。

图 36-11　碎片化时间

所以智能机游戏更倾向于呈现吸引人的故事、相对短回合的战斗、便于快速理解的清晰规则，GUI 表现就突出更易于操作的界面、单个页面内只解决一件事情、深入浅出的功能包装便于理解、便捷的线上分享机制、强交互等特征。

/ 相关引擎编辑器

网易目前智能机游戏开发最常用的引擎是 NeoX 和编辑器 CCS，在实现过程中有 UI 层置顶的设定，导致 GUI 表现上不能得到特效的支持，效果会大打折扣。但使用虚幻引擎 UE4，或其他引擎开发的游戏，在 GUI 实现上会相对更宽松，例如图 36-12 所示模型实现等。

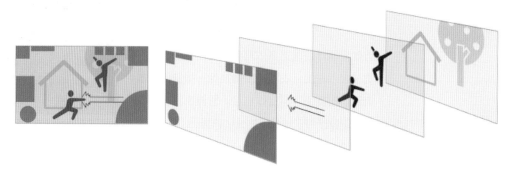

图 36-12　模型实现

越来越多的手游交互设计师和 GUI 设计师意识到：移动端的 GUI 需要有更符合其操作习惯的、符合玩家心理的相应设计。在游戏市场技术和用户要求共同提升的发展趋势下，各平台游戏发展方向也趋于一致：高精。期待技术更迭发展更快，在智能机上可以有更大的创作空间。

36.3　GUI 设计原则

GUI 设计需求等级

根据马洛斯需求层级理论，我们参考设计需求等级，整理出 GUI 设计的对应需求等级（见图 36-13）。在满足高等级需求前，务必先满足基本需求：

功能性需求：可以使用；

可靠性需求：稳定，一致的操作体验；

实用性需求：好不好用，包容性高不高；

熟练度需求：其表现帮助玩家在游戏中做得更好；

创意需求：在满足以上需求后，设计本身与玩家产生的新的连接和有益探索；

在 GUI 设计中：

基本会从以下三方面由浅至深架构游戏 GUI 设计原则。

图 36-13　GUI 设计原则

/ 基础框架搭建，流程的合理性——意在满足玩家功能性需求

在最初就要对整体 GUI 做定制化设计：基础框架搭建。这涉及交互稿理解、功能性与实用性取舍。在明确游戏类型、目标用户以及项目未来预期后，需要确定基础美术风格，以最简练的包装表达交互目的。

/ 世界观架设——意在满足玩家可靠性需求和实用性需求

很多优秀游戏的 GUI 设计在游戏世界观架设上已经实现得很到位，使用元素与游戏背景故事以及主题相融合，动效节奏能够带动游戏主体基调，这时 GUI 已经融入进游戏，成为密不可分的完整体（这也是优秀主机或独立游戏的最基本要求）。玩家游戏过程中能够获得统一的游戏操作体验，界面衔接合理，反馈恰到好处，让玩家始终保持高度沉浸状态。例如《炉石传说》《冰汽时代》。

/ 操作创新 + 价值输出——意在满足玩家的熟练度需求和创意需求

在游戏设计发展史上，会因为技术进步、设备更迭、玩家对新游戏类型的追求而阶段性地产生一些操作上的创新设计，例如最早期家用机外置操作键盘（任天堂），到 PC 的 Windows 模式带来的鼠标热区 UI 设计，再到触屏手机带来的一系列新颖技术，和目前新兴 VR 的全息操作模式。

新技术带来并延展出的交互方式，都成为 GUI 设计上表现和操作创新的新鲜土壤。例如智能机陀螺仪、多点触控这些适应于移动端操作的技术带来全新的交互模式。缩放 + 延迟（页面切换）、映射反馈（扇形映射）、遮罩 + 父级关系等延展操作类型。

配合游戏故事性提升。在主题表达上，GUI 通过情节引导、操作体感的配合、时间维度的加入等影响玩家意识从而引导游戏走向的方式，起到很好的价值输出的作用。

例如：《底特律：变人》的全局 QTE 设计，只在正常 QTE 操作中加入了等待时限，这个听起来不甚重要的设计，直接影响了玩家对选择的预判，以至于影响到游戏故事线走向。玩家会为自己仓促中所做的决定而带来的后果感到惋惜和后悔。这正切合了游戏主题：人类的局限性，AI 与人类发展前途未知的悲喜结果，以及对人性的探讨。可以说 GUI 操作设计是整部游戏核心价值观的重要输出渠道。

36.4　GUI 设计方向

36.4.1　环境——按游戏类型和主题选择合适的 GUI 表现框架

/ 界面分层设计的基础：树状结构，阶梯状结构

图 36-14 展示了游戏中相对比较常用的结构类型为"树状结构"和"阶梯状结构"。

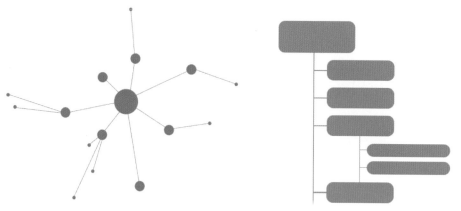

图 36-14　树状结构阶和梯状结构

其中树状结构层级不易特别复杂，常用于表现强调故事性的重度包装 GUI 设计，集中入口通常是角色本身（《战神》）或集中的场景（《怪物猎人》）。通常一个场合解决一件事情，多用全屏界面或剧情场景进行包装，打断性较强，资源量较大，制作难度相对较高。

阶梯状结构更容易表现复杂架构，入口选项集中，需要快捷操作的系统。多窗口简易全屏包装的列表化界面，连贯性较强，资源复用率更高，包体相对较小。例如 DOTA2 操作界面。

这里需要最大化考虑玩家的喜好和惯用操作，前面有介绍不同类型游戏的表现偏好，这里可以进行参考。

/ 80/20

搭建框架是需要注意：80/20 原则——20% 的设计决定整体效果，隐藏 80% 的次要信息。筛选出 20% 关键性功能外置，其余收起隐藏。

/ 逐级展开——让呈现方式变得简洁整齐，帮助用户驾驭复杂功能

可以用游戏新手引导来举例说明：国内游戏新手引导的流程设计经历了几年手把手无脑引导教学

阶段，体验极差。通常要么是玩家在漫长的 10 分钟流程中只能点击游戏安排的区域，要么是不间断连续教学，信息量来不及消化，最终先学的都忘记了。

学习是渐进的过程。关于提升新手体验，现在更倾向做剧情推进式的分段教学，介绍游戏背景故事同时逐步介绍新的操作功能，隐藏尚未学习的功能，拆分进度，减少学习难度。例如《荒野大镖客 2》，跟随剧情分阶段教学，UI 对应功能依次展示。

36.4.2 情绪——主导设计的 GUI 语言

/ 元素

如何确认我们选择的元素可以成为 GUI 设计中的代表性语言？

首先，相对于普通事件或物体，人们往往会倾向于记忆有特色的事件和物体。通过"背景不同"和"经验不同"来筛选游戏主题中相对更有记忆点、话题性的元素，来进行提炼和升华。

例如图 36-15，同一背景下，明显差别于其他元素的某一元素；

图 36-15　网易游戏《永远的 7 日之都》中 GUI 和战斗特效共用的设计，是主要的代表性语言。

或不同于过往经验的表现形式（特殊文字或美术形式），见图 36-16。

元素选取范围广泛，可以是自然元素，可以是生活元素，可以是抽象的动态节奏艺术形式等等，如图 36-17。

图 36-16　网易游戏《非人学园》拼贴形式 GUI

图 36-17　自然元素和实物元素

着重对这一元素进行塑造，多处重复使用，增加曝光，使之成为代表符号。需要注意的是：选择少量 1-2 种元素成为包装语言，搭配使用贯穿游戏始末即可。处处强调即为没有强调。

/ 一致性

1. 美感一致

GUI 本身设计需要有统一的语言元素、色彩元素，并贯穿设计始终。设计要成系列。

2. 功能一致

在功能表现设计上尽量遵守玩家已有的知识，减少学习成本，增强使用性。例如绿色肯定反馈、红色提示、黄色预警，或自然生活中的通用标识图形。

3. 内部一致

在游戏中，GUI 语言元素需要与游戏系统中其他环节的语言元素保持一致性。例如《战神》的 GUI 特效元素与角色打斗特效保持一致，最大限度强化玩家观感体验，虽然切换成了全屏界面但玩家并没有很强的被打断感。

4. 外部一致

是内部一致的延伸，在游戏 GUI 设计中可以理解为游戏外的设计与功能一致性。一般要达成比较困难，不过可以引申为企业文化的一致性表达，增强品牌识别度。例如系列游戏的 GUI 语言延续和进化。

/ 情绪的稳定聚合

在 GUI 设计元素的选择和运用中，最佳方案永远是能够与游戏故事大环境最为接近融合的方案，它同时代表功能与美术形式最优解的组合。

但需要保证必须达成基础功能需求，并以此为前提根据不同的游戏背景进行表现形式的部分创新，这才是设计的最初目的。这为游戏玩家创造了一个稳定的体验环境，既避免了对功能操作感到陌生，也会沉浸于创新的乐趣。例如：《全境封锁》中的手腕传感器 GUI 设计与《底特律：变人》中的案发现场还原交互手法等。

残缺，时间酝酿的美

这属于自然之美。使用和选择元素时，如果能够考虑加入自然形式的、不对称的、经过时间锤炼的变化因素，这种不完美的设计往往可以为全局真实性、美学性带来绝对优势。

例如图 36-18：金属材质的磨痕和锈迹、充满使用痕迹的纸张、信号扭曲失真的投屏等。

图 36-18 《不"完美"的材质设计》（来自网络）

36.4.3 色彩——约定俗成与色彩的性格

在游戏美术的配色选择中，并没有十分严格的用色规范需要遵守，在美术效果和整体表现上风格一致即可。但有一些习惯，希望大家可以牢记。

/ 游戏颜色层级规律

一款游戏的美术制作中，按照颜色表现的顺序来排列的话，我们遵循：

特效 > GUI > 角色 > 场景

我们可以使用色差对比、明度对比来达到这一目的。检视方法可以用黑白去色方式来观察 GUI 关键信息的可识别性。

特效处于最上层，场景位于最底层。这个次序在所有包含全部或部分以上内容出现的场合都成立，例如图 36-19 所示全屏包装的 GUI 界面场景。

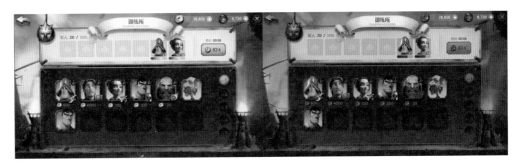

图 36-19　界面配色比例

/ 界面层级规律

在界面中的层级规律，我们会以优先功能的顺序来进行配色安排。这时就不会局限于明度由高到低的梯度排序了，反之亦可，目的都是使功能区域成为视觉中心。

一般的顺序为：

第一优先级控件 > 第一优先级图标、角色、关键道具 > 次要控件 > 场景

/ 配色——80/20

在界面配色原则上，也应遵循 80/20 比例用色原则，如图 36-20。即画面内 20% 为关键控件占比，这部分为最吸引玩家视线的部分，是界面内操作核心，用色通常为界面色轮的对比色。其次是 80% 的通用底色，是整个界面美术风格代表色，可以理解为当前界面包装元素的主色。然而在这当中，又是占比 20% 的补色以及画面细节用色，建议色相更靠通用底色。

当然会存在特殊需求界面，例如表达对战、特殊活动或有特殊情绪要求的，除了整体色调风格统一，注意保持操作控件识别性以外，其他不限。

图 36-20　界面配色比例

/ 色彩的性格

色彩性格见仁见智，很多配色书籍都有大量介绍，GUI 包装中的用色也是要根据当前项目的美术主题而定，这里仅举几个例子供大家体会，如图 36-21 至图 36-23。

图 36-21　提高阅读效率 = 饱和度低

图 36-22　饱和度高 = 友善，集中注意力

图 36-23　饱和度低 + 明度低 = 严肃

所选择的颜色又受包装风格和主题影响，例如写实——沉稳用色；时尚——高亮高对比；低幼休闲——果冻色等。当然，设计师紧追国际流行趋势，多参考最新的色彩搭配方案，为自己的设计加分。

例如：黑白灰 + 荧光色、插画 + 复古、高饱和撞色、3D。

/ 各民族文化的色彩应用区别

值得注意的是，世界上各个不同文化传统，民族对色彩赋予的意义都不同，考虑到未来本地化制作，需要对目标国色彩文化进行了解，进而做出相应规避。

例如：在中国比较避讳的白色，在西方反而代表庄严正式的正面含义。

36.4.4   海绵——吸收一切可调动的资源丰富 GUI 体验

一个游戏中有趣的操作特征：

经测试，成年玩家在游戏中倾向做"正确的事"，更依赖交互的引导和遵循既往经验；

少年玩家则更乐于在游戏世界中忽略引导，沉迷探索；

但在减少交互引导后，成年玩家也会呈现出积极探索的状态，这相当于激发成年玩家的童心。

有什么是比能让玩家像孩子一样快乐更令人欣慰的事呢！对于游戏开发者而言，适当地减少交互比重，减少界面中的 GUI 数量，让玩家能更纯粹地沉浸到游戏情节中去，是很积极正面的做法。

但是不是每一部游戏的玩法设计都有条件支持无限制的探索，给予玩家一定程度的驾驭权限是增强正面体验的必要条件。那么，有没有办法"假性隐藏"掉 GUI 呢？

/ 讲故事

讲故事是得到验证的传递信息最令人信服的方式，形式有很多，口述、图画、文学、电影以及数字媒体 PPT 形式等（图 36-24）。

图 36-24   讲故事

在游戏中，讲故事成为丰富游戏体验，增加情感共鸣，增加游戏情节深度的最有效办法。首先游戏作为视、听、行动高度统一的媒介，本身就有放大玩家情绪的作用，这时配合好的故事对玩家进行引导，就真的很难不让人沉迷了。一个好的故事，通常是包含这些基本元素：故事背景、角色、情节、隐形、气氛、进展。

故事背景、角色、情节这 3 点不过多描述，下面几点是想详细介绍的，因为在游戏中，以下才是 GUI 重点发力的环节：

1. 隐形

观众沉迷于精彩故事时，会忘记讲述人，也就是媒介的存在。

高沉浸形式的 GUI 设计是会达到"隐形"的效果，GUI 的搭建和元素都源自故事以镜头中的道具形式出现就是其中一种方法。包装结合情节进展，也可以是故事的核心元素，可以让玩家产生强烈情感带入。例如《生化骑兵 3》主菜单界面。

2. 气氛

音乐、灯光、文体可以营造故事的情调。

在这里 GUI 通常会使用灯光渲染，配合音乐情节的动态反馈来营造气氛，图 36-25 展示的是《第五人格》灯光渲染。

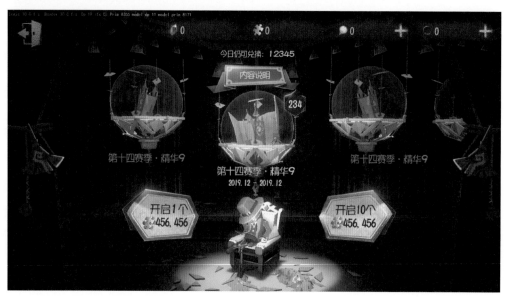

图 36-25 网易游戏《第五人格》灯光渲染

同时可以引申出 GUI 独有的动态节奏把控，通过动态反馈或转场体现出来，或是舒缓、或是明快、或是庄严等。对玩家理解游戏不可言说的情感基调有很明显的作用。这类似于电影蒙太奇手法。

3. 进展

事件顺序和发展要清楚有趣，游戏故事成体系，由时间、空间的转换引领进程。GUI 的搭建一定要符合故事脉络，前后衔接合理，随着进程需要有相应的变化。反之会打乱游戏情节，玩家瞬间出戏。例如《炉石传说》的界面设计就包装为暴雪酒馆的牌桌。

/ 空间感知

在有限的屏幕区域内，我们常用一些欺骗视觉的方法来增大空间广度和深度，分配功能权重，引导用户行为：

（1）根据重要程度强弱调整点击距离和大小，目标越大，离手势预备位置越近，越快被点到，反之移动到目标点的时间越长，如果有不喜欢用户操作的控件，不如缩小，放远些，如图 36-26。

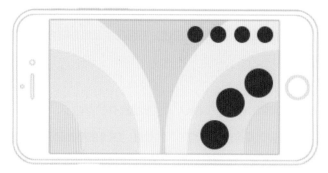

图 36-26 操作控件权重

（2）玩家对画面的留白比例的感受，通常是留白越多，价值感越高，反之越低，正对应现代极简主义。那么在 GUI 布局设计中，如何巧妙留白，这和如何筛选信息以及如何进行包装信息密切相关：重点信息放在画面黄金分割点、操作位置符合热区交互习惯，如图 36-27。

图 36-27　画面留白

（3）利用三维立体投射构图技巧：比如叠加、明暗、大气透视等，如图 36-28。

图 36-28　叠加 + 透视

/ 致敬

如图 36-29，在设计中配合故事性，采用致敬的方式做一些知名场面的关联是比较讨巧的，也是在玩家反馈中较为正面的做法。但关联时需要注意分寸，只需要做到让玩家产生熟悉感，并不是直接翻版，避免抄袭。

图 36-29　网易游戏 Joker 工作室 logo 形象衍生到工作室研发游戏的角色设定中

36.4.5　形式与功能的取舍

如果要实现以上效果，这里不得不提到游戏开发的成本效益以及形式与功能的取舍。

我们从商业设计的原则来分析：一个项目只有在收益等于或大于成本的情况下，才会持续研发或运营。这在细分的 GUI 设计中亦然：我们需要考虑设计的实现成本。这包括时间成本、人力成本、资源消耗成本，以及迭代成本。

设计时通常会产生的疑问：

美感形式是否应该省略或代之以功能？

我们看图 36-30 展示的这几款形式到功能占比不同设计中，哪个最好？

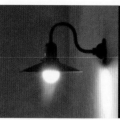

图 36-30　形式—功能

其实在不同环境中，这些设计都有各自的优势。这就是过度设计的矛盾所在。对应交互设计中扁平化设计的流行，这个问题在游戏 GUI 设计中愈发常被提及。我们如何判断自己的设计在形式和功能之间选择是恰到好处的？

要回答这个问题，是否应该先思考：设计的哪些地方会是成功的关键？

我们进行评估的原则为不损害成功率——分析对应的目标玩家以及游戏类型，游戏预期标杆竞品，以及产品开发成本预估。

在这些先决条件的限制下，形式化程度就已经有一个明朗的答案了。需要确保在可控范围内，将美术设计最大化赋予核心关键点：就如之前提到的 20/80 中的 20 部分。设计不滥用，但也绝不矫枉过正。

首先我们会评估玩家需要在一个功能界面内停留多久，从而决定对该页面的包装力度。停留越久，形式感就需要做足。另一个考虑因素，是针对界面的使用率，如果希望玩家频繁使用，那么，合理的做法是让玩家在该界面停留时间短些，操作速度快些，那么就要控制包装力度，强化功能性。

当然，所有界面的停留时间不可超过 30 秒，否则会打断游戏进程连贯性，进而造成玩家流失。

36.5 制作流程

35.5.1 风格稿

/ 情绪板

应用情绪板精准设计范围——如何通过搭建情绪板来快速得到策划的需求?

情绪板(Mood Board),常是指一系列图像、文字、样品的拼贴,它是设计领域常用的表达设计定义与方向的视觉做法。情绪板的本质是将情绪可视化。在设计风格稿前期制作情绪板,可以更高效地和产品沟通,打磨设计内容,同时能够更快捷、直观地向团队传达自己的设计灵感。

(1)向产品索要关键词——客观时间地点,主观情绪词(有色彩倾向最好);

(2)大量搜图,拼接内容包括纹理、材质、插图、字体、色相;

(3)简单制作情绪象限图,用色轴和时间做区分为上述素材划分区域,组成色彩组;

(4)展示给团队,并进行选择,逐步精ращ范围,直到确定方向;

同时在这一步,我们可以寻找贯穿游戏的主题元素了,这将决定后续设计的方向。

在我们的游戏开发流程中,更常见的情形是原画概念设计先行,这样 GUI 环节初始会同时拿到已经完成的角色和场景概念,这样就能够作为色调,时空背景的参考,缩小情绪板范围。

/ 包装、界面类型选择

界面类型需要在初稿阶段一起敲定,这涉及画面包装选择范围。前面的游戏 GUI 分类部分,说到游戏题材对界面类型的影响,在这里就需要优先考虑到。同时交互设计师会给到初版交互设计稿,咨询交互设计师的意见,这也是我们选择界面类型的一部分参考。

界面类型:基本围绕"窗口—全屏""扁平—厚重""Q 化—写实"这 3 个维度进行搭配组合,见图 36-31、图 36-32。

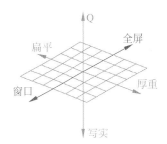

图 36-31 界面类型

根据界面类型,确定包装强度以及形式,我们几乎用到的方法都是对现有客观世界进行模拟。只是不同游戏占比不同而已。

最常使用的就是**拟物**。

在重度包装的情形下,我们会使用到**功能模拟**如图 36-33,也就是直接模拟参照物的功能。玩家操作可以带来极强的代入感。但需要注意控件位置需要符合交互习惯,以及后期技术实现是否可行。

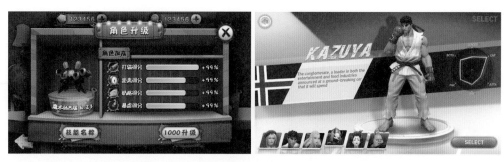

图 36-32　网易游戏内部插图：Q+ 窗口 + 厚重 = 网易游戏《猫和老鼠》写实 + 全屏 + 扁平 = 网易游戏《无尽战区》

图 36-33　网易游戏《第五人格》拟物

其次可以使用**行为模拟**，是特指运动状态的模拟。一般会应用在控件反馈的概念设计和转场的设计中，可以增加设计的亲切度、增强玩家对界面用途以及操作的理解。我们在初期概念阶段可以使用影片合成，视频剪辑等形式将动态设计理念传达给产品。

灵感来源一般是各种影视作品等。

/ 初稿设计

输出**简单，不完整**的设计概念。这一步骤的目的不是依照交互稿进行美术装填，而是 GUI 设计师理解需求。这个时间是沟通关键设计点，思考设计延展性，添加概念想法和改进表达方式的最佳时机。

如图 36-34，这个时段不必考虑顾及到策划以及 UI 的全部功能要求，因为所有人提出的计划都是"饱含错漏的初稿"。此时经过新想法的讨论与磨合，产出的设计往往是能够贯穿游戏的核心设计。

图 36-34　交互概念图——*最终 GUI 实现效果*

做设计说明时，尽量制作 PPT，需要清楚表达灵感来源以及设计优势。产品更倾向选择画面完成度更高（不是指功能）、世界观合理，没有明显漏洞的设计。设计说明建议分为以下阶段：

第一次：参考沟通——向产品反馈针对开发方向，我们选择的参考是否准确，这时拿出一些成品图，如图 36-35，帮助产品具象化需求。通常产品会给反馈："是的！我们要的就是这种风格。"或"差点意思，我们希望可以更……"

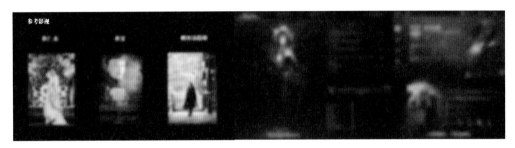

图 36-35　*成品竞品（来自网络）*

第二次：设计说明——精化到关键词对应的色调、材质、元素，界面布局的参考如图 36-36。

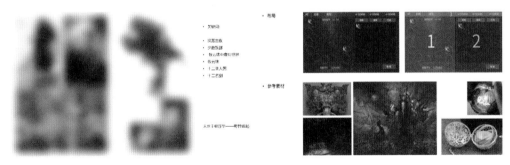

图 36-36　*设计说明（来自网络）*

第三次：初稿——输出布局方式、主色调、主元素方向确认，如图 36-37。

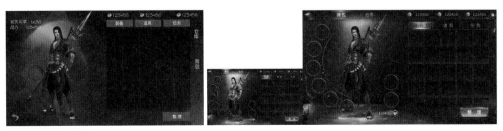

图 36-37　*初稿*

最终形成完成稿，如图 36-38。

图 36-38　完成稿

36.5.2　界面设计

游戏的界面量是很庞大的，这是 GUI 设计师主要的工作量。在这里我们以智能机游戏作为示范，做以下说明：

/ 通用功能性界面

在初稿的设计中，我们都会优先制作通用功能界面，因为这是全部界面中能够最完整表达包装概念的部分，设计师可以充分表达自己的想法。我们简单介绍设计窗口界面及全屏界面时需要注意的。

1. 窗口界面

比较有规律可循，目前针对窗口界面的布局创新不大、设计要求较小、满足世界观、选择适合的元素即可。除了遵循前面介绍过的界面配色规律外，还需要注意：

● 窗口面积需要占到显示区域至少 80%；

● 注意文字可识别性，例如通用 iOS 设计规范 1334x750px 分辨率下，文字字号不小于 20 像素；

● 内容到弹窗边距保持一致，不同层级之间间距保持一致，同层级内文字间距保持一致，如图 36-39。

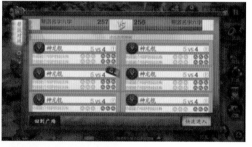

图 36-39　窗口界面

如果是做 MOBA 类项目，就会经常接到策划要求，希望能够在界面操作过程中，时刻关注战斗内情形，那么窗口模式界面无疑是最佳选择，因为这是对游戏连贯操作打断性最小的界面类型。

2. 全屏界面——仿窗口

和窗口设计布局方式类似，但是因为可以全屏展示，在气氛营造上可发挥的空间更多，需要注意的是配色层级和风格统一，如图 36-40。

图 36-40　全屏界面

按照视觉顺序布局范例见图 36-41。

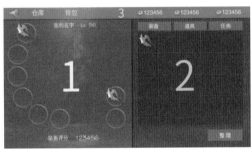

图 36-41　视觉顺序布局

3. 全屏界面——情景

对设计品质要求较高，优势是有极强的代入感，劣势是资源量大，相关延展制作难度大。

首先设计情景，再根据情节安排控件包装和展示位置，以及场景切换效果，后续衔接界面包装等，如图 36-42。设计师需要考虑界面情景相对于功能的合理性，控件布局合理性和包装的合理性。

图 36-42　网易游戏《第五人格》

/ 大厅界面、战斗界面

这基本是一款游戏曝光率最高的界面。根据之前介绍过的两种界面层级结构来看，界面的表现类型有 MMO 仿端游的核心玩法界面，如《剑侠世界》；树状结构的重包装全屏大厅界面，如《非人学园》；阶梯状结构注重快节奏功能集中化的大厅界面，如《荒野行动》。

图 36-43 和图 36-44 展示的这两个类型界面特征都是图标比较多。大厅界面几乎会汇集大部分主要功能入口，需要注意进行重点功能筛选，保留最重要入口，根据操作热区梯队进行安排，次要功能进行隐藏。

图 36-43　网易游戏《非人学园》

图 36-44　网易游戏《荒野行动》

/ 设计规范制作

界面风格确定之后，在铺量之前，需要输出关于当前游戏的设计规范（见图 36-45）。主要针对界面类型、色调、元素库、制作尺寸信息以及图标风格尺寸、字形字色等可延展的内容进行系统归纳和介绍，方便其他读者可以快速掌握。

图 36-45　设计规范

/ 角色创建界面、结算、活动等特殊功能界面

相对风格化较强的界面类型，角色创建界面是MMO 类型游戏玩家最早操作的界面，特别适合培养玩家的好感，所以大部分游戏会在这部分放出最高品质的美术效果，最优质角色套装，动作特效，如图 36-46。GUI 设计需要给出最优画面呈现方案，例如合理的控件排布、GUI 风格表现、场景氛围、角色站位等。

图 36-46　网易游戏内部角色创建界面效果图

/ 结算，活动界面等界面

如图 36-47，有特殊情绪需求的界面类型，需要在风格范围内表达尽量多样化，尽量丰富。

图 36-47　活动界面

注意：

基于人类本能对光源认知是由上至下照射而来的原则，在设计中如果没有明确交代光源来源，普遍默认光源在上。

36.5.3　图标设计及应用

图标是 GUI 设计的另一大组成部分，是用图形指代游戏中绝大部分需要强调的功能和信息。

为什么我们会在游戏中选择大量使用图形？这就要从图标的设计原则介绍：

/ 设计

（1）首先，美化过的内容更容易增强记忆——图片比文字更容易记住。快速增强记忆点，正是游戏希望向玩家所传达的。

（2）其次，生活中充满类似、举例、象征、强制等图像特征的应用，经年累月，这已经成为现代人写入文化的、约定俗成的认知烙印，在设计中使用可以事半功倍。所以大家不要为了创新而创新，要做玩家容易理解的设计。

类似：贴近生活实物的具体形体，如图 36-48。

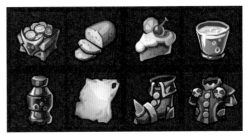

图 36-48　类似

象征：充斥在日常生活中的行为引导，多半猜得出来，如图 36-49。

图 36-49　象征

强制：真实世界赋予概念，只能硬记，如图 36-50。

图 36-50　强制

（3）游戏内的图标设计，是游戏风格传达的通道，在不同游戏中，我们有大量不同表现类型的优秀设计，见图 36-51 至图 36-54。

413

图 36-51　扁平设计

图 36-52　Q 版设计

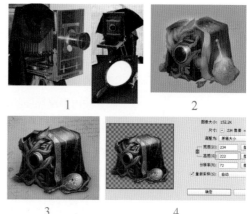

1　　　　　　2

3　　　　　　4

图 36-55　制作图标步骤

图标设计稿尽量做大，以预防后期复用或印刷等用途（256px 或 512px）。输出遵循同类型尺寸一致、居中摆放或根据界面需要对位摆放。衬底与图标内容分开输出，输出资源尺寸像素边距为双数（iOS iphone6、7、8）或 3 的倍数（iOS iphone X），如图 36-56。

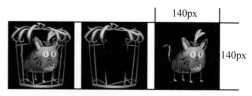

140px

140px

图 36-56　组合应用图标需要综合考虑

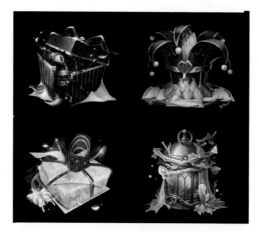

图 36-53　写实设计

（5）在图标设计中注意造型饱满，明度饱和度统一，剪影简练识别性高，同一类型图标大小一致，倾斜角度一致，环境光源一致，如图 36-57。

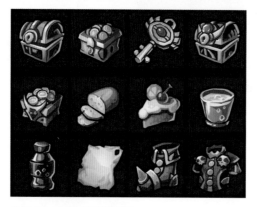

图 36-54　网易游戏内部效果图

图标在 GUI 设计中相对限制最少，在制作图标前多积累文化和艺术资源，在设计中充分利用，丰富图标表现。

（3）制作图标有：取材—草图—细化—规范输出几个步骤，如图 36-55。配色上同样遵循 20/80 的比例。

图 36-57　图标设计稿（饱满）

（6）对齐：当图标造型并不规则时，我们需要采用一些对齐手法，例如面积对齐——当图标位于同一轴线上，我们不会根据图标本身边缘或单纯以中心点来对齐，而是让轴线两侧的图标面积相同或在视觉上比重相同，或者图标在衬底内进行构图，然后让衬底对齐，如图 36-58。

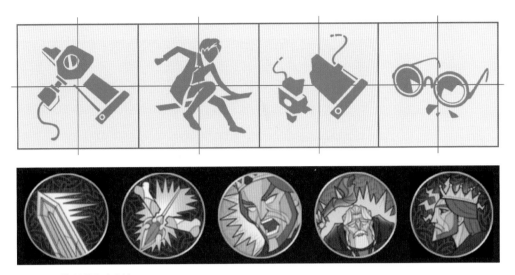

图 36-58　图标设计稿（对齐）

（7）相应的文化规避：例如宗教、民族禁忌、版署规定等，避免出现在图标设计中，例如十字架、万字符等。

/ 功能

按照功能类型区分，图标被分为：**系统功能图标、角色技能图标、消耗道具图标、商城内售卖图标、头像、头像框**，需要根据游戏风格和对应界面包装进行设计。我们可以做一个作业：打开任意一款游戏，汇总所有上述图标类型，观察设计风格和应用场合。

其中有品质功能区分的或可售卖的图标类型都需要有品质分类，常用方法有加设品质底衬，或者简单些，增加品质外发光。目前通用的等级色为白、绿、蓝、紫、橙，如图 36-59。

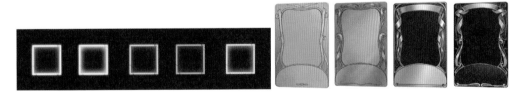

图 36-59　颜色和包装品级

36.5.4　动效的运用

动效是一部游戏中 GUI 语言重要的组成元素。以往 GUI 设计常常忽视了这一点，多数动效都作为附加效果，添加在有限的特殊提示控件上。最近我们逐渐发现动效对于 GUI 体验的提升起到了极大作用。后续的 GUI 设计，都需要同步考虑界面转场效果和画面统一通用的动效元素。GUI 设计师要有更高的全局规划能力。

/ 动效设计内容

动效设计内容大体分为两部分：界面切换效果设计、控件操作反馈设计。

界面的转场主要针对不同画面衔接方式，以及 UI 出现的表现形式，节奏把控要求较高。在设计转场时可以参考情节发展，做针对性设计。类似影视表现，如图 36-60 所示《第五人格》进战推镜头流程。

图 36-60　网易游戏《第五人格》进战推镜头流程

其次一些弱包装的 GUI 过场设计相对简单些，做切合游戏主题的动态即可，例如图 36-61 和图 36-62 所示。

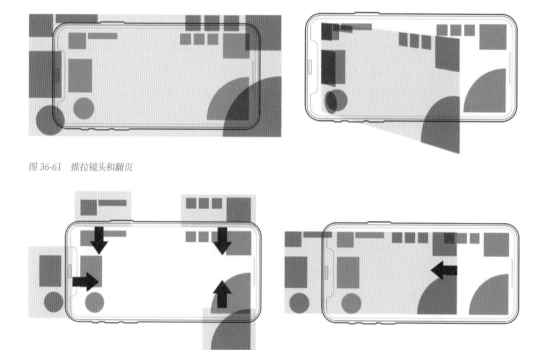

图 36-61　推拉镜头和翻页

图 36-62　聚集和平移

需要注意 GUI 中信息出现的顺序正是玩家视觉的引导顺序，所以尽量按照操作顺序来安排动态。

我们对于玩家操作对应的反馈设计需要满足：反馈及时良好、节奏自然。操作行为和对应结果的效果需要一致，这能有效提高玩家感官体验。同时，针对触控反馈语言，我们需要统一的一套设计：例如 DESTINY2 流畅的界面进出场节奏，以及《冰汽时代》里所有触控反馈和界面转场全部使用煤渣烟尘的扩散效果。

禁忌：单一操作对应多重效果。

如图 36-63，设计动效时，需要充分考虑物理现象，例如惯性、阻力、重力、加速度等；自然现象，例如光效、烟尘、液体等运动规律。运动节奏可以依照气氛做出差异，但不可以出现反物理常识的设计，除非是特殊需求。

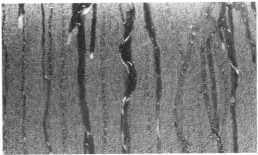

图 36-63　动效设计

/ 根据不同情景选择实现方式

目前网易大部分项目 GUI 层的所有效果，都需要在 Cocos 中编辑实现。以目前编辑器的功能来说，基于 GUI 的表现大多数是序列帧动效，也就是 ccs2D 动画。在一部游戏的上线包体中，留给 GUI 的资源量是极其有限的，所以我们需要对已做好的动效进行拆分，利用最小资源量来实现最佳效果。

另外，对于一些动效效果，如果没有对画面内任何 GUI 资源有遮挡，那么就可以由镜头特效环节来实现，节省 GUI 包体，如图 36-64。

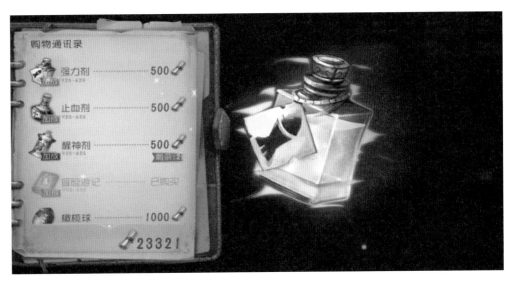

图 36-64　无遮挡动效效果

/ 2D 动效

如图 36-65，在 ccs 动画编辑器中，可以实现简单的位移、缩放、旋转、淡入淡出、叠加滤镜等基础动画效果。利用这些功能，可以对规律运动变化的相邻素材做过渡动画。其次对于一些需要序列帧支持的特效效果，我们在其他软件中制作完成后，同样可以利用 ccs 缩放和淡入淡出功能，模拟自然过渡效果进行抽帧，从而减少资源量。

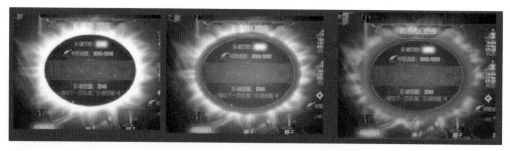

图 36-65　2D 动效

20 帧抽 3 帧使用

ccs 粒子动效＋材质动效——EffectHub Cocos2dx 特效编辑器、Splendor 材质编辑器。

相对比较规律的动效粒子，我们可以用 ccs 的粒子特效编辑器 EffectHub Cocos2dx 进行制作，输出的只有单张粒子素材＋粒子效果脚本文件，优势在于资源量极小，劣势在于效果较为单一，适用范围不广，如图 36-66。

 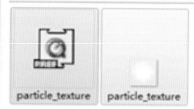

图 36-66　EffectHub Cocos2dx 制作

36.5.5　Logo，icon 以及游戏衍生设计

源于商业中的曝光效应，作为游戏重复度最高的商标元素、logo、icon 应满足相对有趣的设计特征，用于放大玩家对产品的正面接受度，同时也要满足能够在短时间内易于识别的特征，便于短时、多次的宣传应用。

/ Logo

和商业 logo 设计多采用简化图形有些差异，游戏 logo 通常会使用游戏名称美术字或游戏名＋图形组合为基础造型，汲取游戏中关键美术元素和风格，具有高度差异性和代表性，如图 36-67。

图 36-67　网易游戏《倩女幽魂》和《战意》游戏 Logo

在 logo 的设计中，减少记忆难度的有：剪影以及内部结构清晰、使用元素数量少、不冷僻、元素体块尽量少切割、面积占比适中、分区用色简单。

《天谕》logo 使用文字 + 金属 + 图腾元素构成，如图 36-68。

图 36-68   《网易游戏》天谕 logo- 使用文字 + 金属 + 图腾元素构成

会增加记忆难度的要点有：命题自相矛盾、元素不易识别、剪影复杂无张力。

例如图 36-69，左：剪影不够清晰利落，层次过多，不适用多场合。右：字形表意传达直观，用色清晰，识别性高易复用。

图 36-69   《第五人格》logo

设计 logo 需要注意设计中的**命题密度**，设计使用元素越简单，所传达的意义越多，设计越有趣，越容易被记忆接受和传播。命题密度范例，见图 36-70。

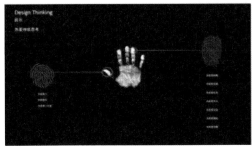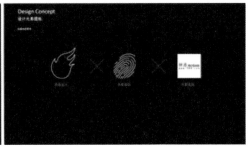

图 36-70   命题密度 logo

根据"网易游戏，游戏热爱者"的品牌定位，想表达人机交互的特征，选择了"指纹"和"火焰"来诠释指尖上的热爱，和"易"字融合。

设计规范性要有保障，每处细节处理都要经得起推敲，对复杂造型尽量拆分成简易几何结构，再进行拼接是好办法。

/ Icon

作为智能机专用入口图标，Icon 制作特征与 logo 要求接近，同时需要在智能机桌面和同类 Icon 比对，识别更清晰，如图 36-71。

图 36-71　智能机专用入口图标

iOS 和安卓制作规格略有不同，网易互娱有专门的 Icon 加角标模板提供，设计时统一画布为 1024px，72ppi 尺寸方形无圆角，如图 36-72。需要注意预留出圆角和角标位置，以防重要设计内容最终呈现时被切割。

图 36-72　预留圆角和角标

icon 会根据不同使用位置输出成不同尺寸，不能一味全部压缩大小输出，如图 36-73。针对小尺寸 icon 需要特殊处理下细节取舍，提高清晰度。

/ 官网、品牌相关宣传、周边店、周边等设计

如图 36-74、图 36-75，每一部游戏都应输出统一的视觉规范，可以在界面相关内容确定好后，拾取关键视觉元素重复使用，例如：logo、游戏内界面、图标等素材、游戏内配色方案、字体等。不能有差异性很大的设计出现，这会导致目标玩家出现抵触。

152 * 152
App图标
(iPad Retina)

144 * 144
IOS应用程序图标·网站使用的图标
(iPad 3+)

120 * 120
IOS应用程序图标·网站使用的图标
(iPhone 4+)

114 * 114
IOS应用程序图标·网站使用的图标
(iPhone 4+)（iOS 6.1 and Prior）

100 * 100
搜索结果图标·Spotlight
(iPad 3+)

90 * 90

80 * 80
Spotlight
(iPad Retina)

76 * 76
App图标
(iPad Non-Retina)

72 * 72
IOS应用程序图标·网站使用的图标
(iPad)

60 * 60
标签栏图标
(Retina Display)

58 * 58
设置图标(视网膜屏)·搜索结果图标
Spotlight
(iPhone 4+)

57 * 57
IOS应用程序图标·网站使用的图标
(iPhone 3G/3GS)

50 * 50
搜索结果图标·Spotlight
(iPad 1-2)

40 * 40
工具栏和导航栏图标·Spotlight
(Retina Display)

29 * 29
设置图标·搜索结果图标·Spotlight
(iPhone 3G/3GS)

图 36-73　icon 尺寸表

图 36-74　色彩表现

图 36-75　网易游戏《大话西游》天猫周边主页

36.5.6 多语言制作注意事项

目前成功项目进军海外是必然形势，在项目初期铺量就要考虑到资源的本地化。

/ 系统字

首先在系统字体选择上，尽量选择通用性强、不带有过强地域风格的字体，这样在其他语言适配时，比较容易找到相仿的字体，如图 36-76。

图 36-76　带地域风格的字体

/ 美术字

如图 36-77，非必要情况下尽量控制美术字素材的制作，这在日后都将成为本地化的工作量。在必须出现美术字的场合，注意素材输出时多保留些像素，因为本地化的资源尺寸必须以最初版本一致。我们对比下同样内容不同语言下字符长度：

——获得时装【珊瑚夫人】可获赠求生者——调香师

——Terima Kulit Madame Coral dan karakter Pembuat Patrum。

——Для того, чтобы получить награду "мадам бабочка", я могу дать вам нового героя

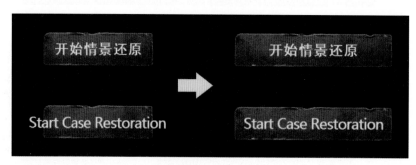

图 36-77　美术字

/ 资源归纳整理

养成制作美术字资源后集中保存源文件的习惯，见图 36-78，根据相同字体进行分类，方便日后制作统计工作量。

图 36-78　资源归纳整理

/ 版权

在本地化字体选择前，设计师需要先和商务确认字体在目标国是否有版权，使用公司购买过版权或免费商用的字体。图 36-79 为公司字体库。

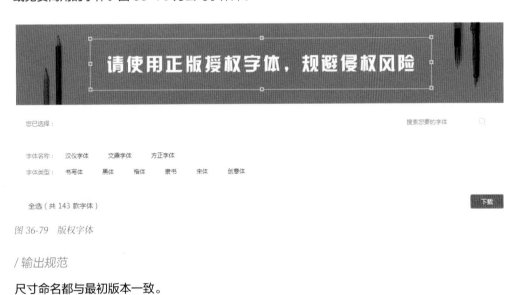

图 36-79　版权字体

/ 输出规范

尺寸命名都与最初版本一致。

36.5.7　自我验证——设计系统模式对应结果互动模式

设计师需要建立验证模型，从而检视设计作品是否易用以及合理，从而得出理想的设计。

模型工具：Adobe XD、Pop、Ps Play 等。

Adobe XD、Pop：将设计稿根据不同操作以及映射结果按顺序导入模型内，将上下级控件页面进行关联，可以设定反馈时间、反馈方式、转场样式等，然后简单操作，实际感受结果互动，从而对体验感受不合理的设计进行调整。

图 36-80　模型工具

Ps Play：相对 Pop 更直观，通过建立远程连接直接将 PSD 内制作画面同步到智能机，实时观察设计在智能机终端上的表现效果，提高效率，如图 36-81。

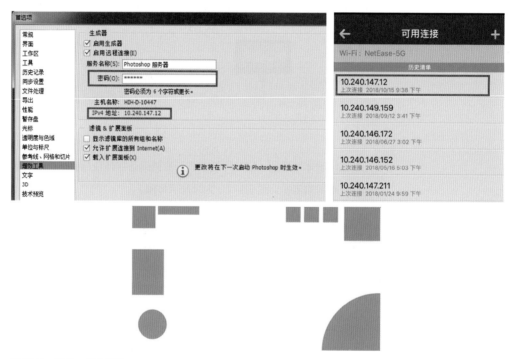

图 36-81　PS Play 操作页面

36.6　多环节协作

任何项目的成功推进，都是遵循固定的阶段，这包括：需求提出、设计、开发、测试。这个流程根据不同产品需要，大致会有两种开发模式：线性周期和反复式周期。游戏通常使用线性周期，如图 36-82。

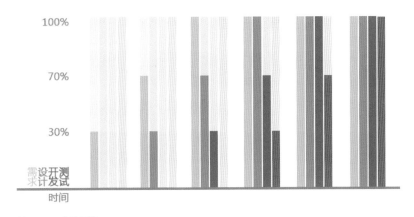

图 36-82　线性周期

游戏内容庞大，团队成员众多，为了有条不紊地推进进程，细分需求，会更偏向反复式开发模式，无数细分的任务依照这个循环不断累积，最终得以呈现在玩家面前。单一的设计从来不是我们的工作重心，所以 GUI 在团队中主要需要注意排期、多环节协作。

36.6.1 排期

如表 36-1，在一个完整需求流程中，GUI 处于中段环节，在需求截止前，GUI 需要负责沟通、设计、完善、多环节跟进、最终效果检查等步骤，才算完整完成需求。时刻关注每一处进展和时间安排，责任精确到个人，避免各实现环节质量下滑和延期，如果有风险及时报备 PM。

表 36-1　GUI 设计排期表内容

时间	系统	审核	对应策划	需求补充	处理结果	制作方式	内容	综合优先级	时间优先级	功能优先级	UI 环节		GUI 环节			CCS 环节		增补内容
											交互稿到位时间	负责人	计划完成时间	当前完成度	负责人	计划完成时间	负责人	

GUI 制作内容流程如图 36-83。

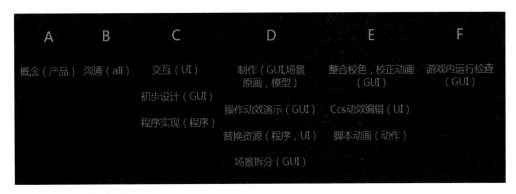

图 36-83　GUI 内容制作流程

36.6.2 多环节协作

每个项目团队都有提高生产效率的核心需要。在游戏团队中，拆分需求是为了让最合适的人来做最合适的工作，这是调动起团队，提高生产效率的方法。目的是用最小的成本达到最优效果。

用下面的案例来说明：初步设计方向确认后，同期开始程序开发和 GUI 细化工作，如图 36-84。

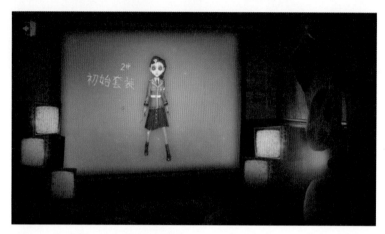

图 36-84　网易游戏《第五人格》设计草图

根据操作需要，将画面细分为以下环节：前景 GUI 部分、场景原画、场景编辑、角色动作，如图 36-85。

图 36-85　网易游戏《第五人格》

经过在编辑器中最终合成效果，如图 36-86。

图 36-86　最终效果

游戏视觉设计 /36
Game Visual Design

交互规范 /37
Interface Guidelines

37 交互规范
Interface Guidelines

同样是致力于提高用户体验，与 GUI 的直观感受不同，交互设计的核心目的是设计行为。

交互设计，即针对用户操作行为的设计门类。自数字产品问世以来，交互设计师便致力于提供给使用者有效、简易、有尊严的体验。网易也有专门的用户体验中心研究和提升交互品质。

对于交互规范，市面上有非常多优秀的书籍给大家提供参考。所以在这一部分内容中，我希望可以从游戏 GUI 设计的角度出发，列出一些 GUI 设计师在工作过程中经常遇到的问题。让大家提前了解相关交互规则，及时做规避，少走弯路，轻装上阵。

37.1 了解交互的目的

如果想要让玩家顺利达成需求目标，降低玩家错误行为，需要人为加强目标内容的可见性和行为约束。

/ 习惯塑造与心理约束

习惯的塑造通常在无意识情况下发生。尤其在游戏中，针对玩家操作给予的正向反馈和负面反馈，是完全可以对玩家行为进行干预的。在 GUI 设计时，需要注意根据需求进行适当的情绪传达。例如：在新手教学阶段，善用正向鼓励，避免玩家产生挫败感，常使用"小目标＋奖励——增加难度＋奖励——过渡到复杂进度完成＋奖励"这样的流程来逐步引导玩家进行分段学习。在 GUI 表现上要给出积极正面的表达形式。反之，就要制造负面情绪阻止玩家继续。总之我们的目的是：通过正向引导，强化或者暗示让玩家去进行开发者希望的行为，对于开发者不希望的玩家行为，制定限制方案或者视情况不作为。

同时在 GUI 设计中应用心理约束技巧增进功能清晰度和玩家对设计的使用直觉。我们会使用**图文象征，生活惯例以及利用玩家对操作元素关系的联想**来对玩家进行心理约束，以达到引导和规避目的。

例如警示标识，生活常用工具印象等，如图 37-1。

图 37-1   模仿"滑条"的真实元素联想

/ 可见性

同样，所有功能入口都有引导职责，它们的设计需要保证可见性，这包括：

1. 易用性，识别性：操作无障碍——不得阻挠玩家进入，如图 37-2。

图 37-2   操作无障碍

2. 正确的排版引导：制造导视点——提供足够的时间，空间，以及导视系统方便玩家进行选择，
   如图 37-3。

图 37-3   操作无障碍

3. GUI 整体包装：渐进式引导——优良的登入点形象设计，用于吸引，拉拢玩家。

37.2 操作区域规范

手机游戏操作热区

如图 37-4，在操作智能设备过程中，以拇指伸展所划半圆，距离：

20mm-50mm 范围内为可轻松触及的舒适区；

50mm-60mm 区域为中等舒适区，

60mm 以外难以触及区域和 0-20mm 以内为难以触及的低效区域。

越远离舒适区的控件越难点击到。重要控件的安排需要尽量在高效舒适区以及中等舒适区，避免安排在低效区域。

越远离舒适区的控件，尺寸需要适当放大。

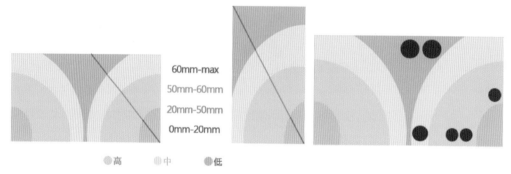

图 37-4 操作区域规范

37.3 适配原则和规范

市面上智能机机型更新迭代迅速，我们在进行界面设计时需要了解最新机型屏幕适配的相关规范，并根据产品的目标定位来确定基准分辨率。

不同设备适配

在各异的移动设备屏幕适配上，通常选择以 iOS 机型作为标准。我们首先需要了解 3 个单位概念：

/ 点（Point/PT ）

真实物理尺寸，1PT=0.376 毫米 =1.07 英美点 =0.0148 英尺 =0.1776 英寸

/ 像素密度（Pixels Per Inch/PPI ）

每英寸内包含像素数量，PPI 值越高，显示密度越高，清晰度越高，如图 37-5。

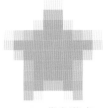

16PPI(4像素/英寸)　　　100PPI(10像素/英寸)　　　1600PPI(40像素/英寸)

图 37-5　像素密度

/ 像素（Pixel/PX ）

显示设备的单位尺寸，受 PPI 所影响，是我们常说的屏幕分辨率的单位。

随着 iOS 产品换代，屏幕的 PPI 逐渐变高，见表 37-1。Px/Pt 从 @1x: 1 倍，到最新 iOS11 的 @3x: 3 倍（最终缩放为 @2.46x）。在输出资源时，输出像素尺寸需要对应为不同机型的缩放倍率，即 2 的倍数或 3 的倍数。

表 37-1　iOS 输出像素尺寸

设备	系统	真实屏幕尺寸（对角线）	物理分辨率（pt）	设计分辨率（px）	缩放倍率
iPhone 2G	IOS 1	3.5寸	480 x 320	480 x 320	1x
iPhone 3	IOS 2	3.5寸	480 x 320	480 x 320	1x
iPhone 3GS	IOS 3	3.5寸	480 x 320	480 x 320	1x
iPhone 4	IOS 4	3.5寸	480 x 320	960 x 640	2x
iPhone 4S	IOS 5	3.5寸	480 x 320	960 x 640	2x
iPhone 5	IOS 6	4.0寸	568 x 320	1136 x 640	2x
iPhone 5S/5C	IOS 7	4.0寸	568 x 320	1136 x 640	2x
iPhone 6	IOS 8	4.7寸	667 x 375	1334 x 750	2x
iPhone 6 Plus	IOS 8	5.5寸	736 x 414	2208 x 1242（1920 x 1080）	3x
iPhone 6S	IOS 9	4.7寸	667 x 375	1334 x 750	2x
iPhone 6S Plus	IOS 9	5.5寸	736 x 414	2208 x 1242（1920 x 1080）	3x
iPhone SE	IOS 9	4.0寸	568 x 320	1136 x 640	2x
iPhone 7	IOS 10	4.7寸	667 x 375	1334 x 750	2x
iPhone 7 Plus	IOS 10	5.5寸	736 x 414	2208 x 1242（1920 x 1080）	3x
iPhone 8	IOS 11	4.7寸	667 x 375	1334 x 750	2x
iPhone 8 Plus	IOS 11	5.5寸	736 x 414	2208 x 1242（1920 x 1080）	3x
iPhone X	IOS 11	5.8寸	812 x 375	2436 x 1125	3x

针对不同屏幕的适配原则是：边缘对齐 + 中心点对齐，如图 37-6。

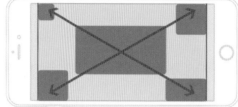

图 37-6　不同机型适配方式

首先我们选择选择市面上最主流的机型屏幕分辨率为基准设计分辨率：

（1）如果目标机型分辨率宽于基准分辨率，我们会将界面基于基准分辨率比例，缩放至目标分辨率高度一致，然后各控件移动到对应位置。

（2）如果目标机型分辨率窄于基准分辨率，我们会将界面基于基准分辨率比例，缩放至目标分辨率宽度一致，然后各控件移动到对应位置。

目前我们最常用于开发项目的屏幕分辨率为输出尺寸 1334x750px，设计尺寸 1920x1080px，72dpi。

由于目前主流新机型多采用全面屏，边角多是圆角，在 GUI 设计中需要注意：

/ 圆角区域

不能有信息被遮挡，以目前 2018 年已有机型数据来看，圆角半径为 76px-100px，如图 37-7。每年最新机型规范需要实时更新。

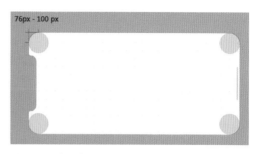

图 37-7　圆角区域

/ 曲面屏，iPhone X

如图 37-8，部分屏会有的物理曲面边缘以及 iPhone X 的异形全面屏，在设计时需要考虑边缘适配。首先带有曲面边缘的全面屏，在曲面范围约 50px 之内，不能出现控件中心点。

图 37-8　曲面屏

如图 37-9，对于 iPhone X 机型适配，有独立规范：控件需要保留在安全区域内，目前可以适配通用设计尺寸和输出尺寸。以横屏为例：左右需要向外扩出圆角区域距离边框各 44pt（94px）向下扩出 home 指示器高度 21pt（45px）。

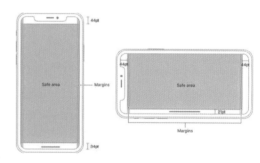

图 37-9　iPhone X 机型适配规范

如果有底衬延伸至边缘的设计，为避免产生边缘硬切效果，有两种解决方案：

（1）调整设计，去掉实边底衬，如图 37-10。

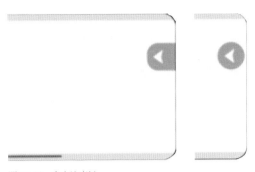

图 37-10　去实边底衬

（2）将底衬无功能部分单独延伸至遮挡区域和辅助触控区域，注意设计效果，如图 37-11。

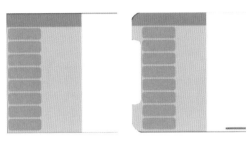

图 37-11　单独延伸至遮挡区域和辅助触控区域

/ iPad 适配

对于 iPad 适配，在资源制作中，需要对有边缘贴靠的设计特殊处理。一般针对 iPad 屏幕的通常适配分辨率输出尺寸为 1722x1200px（其中最小适配范围为 1334x750px），GUI 有边缘贴靠的资源：如果是以画面中心点对齐，那么需要外扩补充资源（如图 37-12 的树）；如果是以画面边缘对齐，那么不用进行外扩，跟随适配移动即可（如图 37-12 左下角登录控件区域）。

图 37-12　边缘贴靠特殊处理

图 37-13 展示了中心点对齐：

1722×1200

1334×750

图 37-13　中心点对齐适配

图 37-14 边缘对齐：

1722×1200

1334×750

图 37-14　边缘对齐适配

37.4 功能界面层级规范

如图 37-15，通常同一功能的界面层级数，不超过三层。信息逐级变少，最后一层多为确认弹窗。

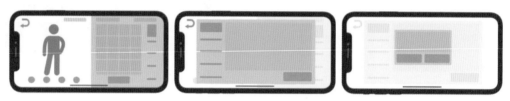

图 37-15　界面层级关系

前面介绍过不同的界面类型，无论是重包装或是窗口化界面，都建议结构深度不超过 3 层。所以需要特别注意重包装类型界面，下层的画面包装信息需要不多于上一级，如果较为依赖包装，情节设计上需要有层层推进的感受。

在单个界面内，功能区域同样不可超过 3 层，如图 37-16。

图 37-16　不超过 3 层的单个界面

37.5 常用组件规范

37.5.1 通用控件

（1）前面我们介绍过，控件需要按照功能的重要程序，优先在屏幕操作热区按序排布，另外还需要注意界面控件风格统一，距离尽量保持一致，疏密有度。控件尺寸不小于 44pt（@2x 即为 88px）控件之间距离最少不小于 13pt；

（2）同一系统内，所有通用控件的可用状态、不可用状态、选中态等表达形式要有明确区分，并在各环节形式统一；

（3）关于信息的强调：游戏全局内，将强调的范围控制在 10% 以内。可以使用字体差异、颜色差异、高对比、闪动等形式表现。

/ 返回控件、关闭控件

需要离开当前页面，经常会使用返回控件、关闭控件以及窗口界面常使用的"点击空白区域关闭当前界面"。返回控件经常被使用在全屏环境下和部分窗口界面下，一般安排返回按钮在画面左上。关闭按钮在弹窗界面中较为常用，一般在界面右上。

如图 37-17，控件位置需要保持全局统一，素材尽量通用或造型一致。同一套系统内，尽量保证统一只使用返回控件或关闭控件。

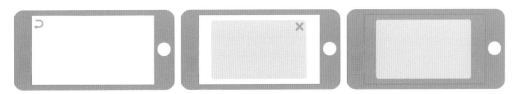

图 37-17　全局统一的控件位置

/ 九宫

针对资源量问题，弹窗类可复用资源尽可能输出九宫，如图 37-18，需要注意可拉伸部分质感，颜色均匀，不会经由拉伸产生材质扭曲。

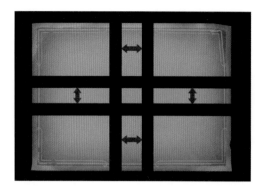

图 37-18　九宫资源

37.5.2　反馈设计

关于反馈，首先是希望可以及时回应玩家需求，与玩家保持正面互动。同时也希望提供清晰的反馈，以避免因为设计不到位而产生的错误发生。以下为几种 GUI 设计中需要注意的反馈形式：

/ 颜色反馈

如图 37-19，多用一些日常生活中具有关联性的颜色来做反馈：

图 37-19　颜色反馈

例如，战斗过程中常用的状态表达色：正常状态为绿色或无色、危机提示为黄色、极度危机提示为红色；或提示进度条增减区间的提示色：在这里我们会人为增加情绪引导，比如增加的

进度部分提示绿色，减少的进度部分提示为红色。同理在文本提示中，警示色为红色，图标控件提示为红点。设计时注意色相和位置的选择，不可以与其他同色状态重合混淆。

/ 动态反馈

利用动态效果对当前状态进行提示，例如：在不需要时进行隐藏、必要时弹出、需加强时加入动效闪动。

/ 控件反馈

通用控件通常 4 种状态：常态、不可点击态、按下态、选中态，如图 37-20。其中按下态的反馈形式依照要求针对性设计，例如暗下、发光、动效反馈、音效配合等。

常态　　　点击态

图 37-20　控件反馈

/ 弹窗，二次确认

一种打断性较强的反馈，是避免错误的方式之一。一般作为活动提示或最终操作前的行为确认，如图 37-21。

图 37-21　弹窗二次确认

37.6 资源量

37.6.1 打大图方法和工具

在游戏资源包中，各类资源是以资源大图的形式保存的，我们会将相关资源按照功能分类，打成 2048x2048px 或 1024x1024px 的大图，见图 37-22，程序会调用相应的素材，在游戏中还原成我们的界面设计。资源越少，大图就越少，相应游戏包体就会更轻便。这也是 GUI 制作时经常被告知的控制资源量的原因。

图 37-22　游戏资源打包

我们想要知道自己的设计资源有没有超标，可以使用 TexturePacker 工具自检，如图 37-23。

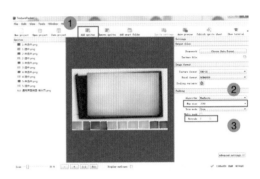

图 37-23　TexturePacker 操作界面

（1）导入制作好的素材；

（2）选择贴图尺寸资源类一般选择 2048 动效序列帧一般选择 1024；

（3）素材间距设置为 2；

以及其他详细参数，我们可以根据具体项目要求执行。

可以实时观察资源排布结果，为减少大图量，原则是将资源尽量拆解 + 复用 + 压缩。

（1）拆解：同一元素不同表现拆分后再拼合，如图 37-24。

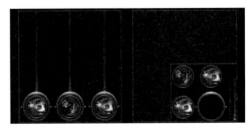

图 37-24　拆解拼合

（2）复用：使用叠色让单一资源变多个资源，如图 37-25。

图 37-25　复用

（3）压缩：能接受模糊效果的大资源先缩小再放大，如图 37-26。

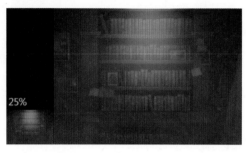

图 37-26　压缩

37.6.2　资源量预估与转移

游戏内保持统一元素语言和统一动态节奏，除了保证美术风格外，另一个好处就是在资源复用上有着极大的优势。

经过一段时间的深入项目设计工作，大家基本可以对自己负责的环节有一定了解。针对产品需求重要程度来评估对应 GUI 部分的设计工作量，判断是否是 20% 范围内的核心设计，如果不是，尽量使用通用资源解决；如果是，那么预估会使用到的设计类型，其中有哪些部分是可以依赖其他美术环节支持达成的，事先沟通分配任务，尽量减少 GUI 相关资源。